工业网络与现场总线技术

Industrial Network and Fieldbus Technology

主　编　范其明
副主编　李云龙　曾华鹏　乔　佳
参　编　吕书豪　刘建强

西安电子科技大学出版社

内容简介

工业网络与现场总线技术是自动化类专业学生必须掌握的一门核心技术。它基于PLC控制技术和计算机通信技术，是自动化与信息化相互融合的产物。本书介绍了工业网络与现场总线技术相关的基础知识，并结合实际应用案例，将这些核心技术重新整理，融入到不同的案例中，通过对各个案例的分析、设计、安装、接线、编程和调试，帮助学生学习和掌握各项核心技术。

本书分为上、下两篇。上篇为博学明知篇，包括工业网络与现场总线概述、计算机网络通信基础、典型现场总线技术三章内容；下篇为笃行致远篇，包括基于S7-300 PLC的污水处理厂升级改造项目、基于多个S7系列PLC的钢厂改建与升级项目、基于TIA PORTAL的自动检测生产线的设计与调试项目等内容。本书在重印时补充了课程思政内容以及融入了党的二十大精神。

本书是"十四五"职业教育国家规划教材。本书既可作为应用型本科自动化类、电子通信类专业教学用书，也可作为高职院校电气自动化技术、机电一体化技术等相关专业的教学用书，同时可作为电气、机械工程等相关专业工程技术人员和有关专业师生的参考用书。

图书在版编目(CIP)数据

工业网络与现场总线技术/范其明主编. —西安：西安电子科技大学出版社，2020.10
(2025.1重印)
ISBN 978-7-5606-5181-1

Ⅰ. ①工… Ⅱ. ①范… Ⅲ. ①工业控制系统 ②总线 Ⅳ. ①TP273 ②TP336

中国版本图书馆CIP数据核字(2018)第276350号

策　　划　毛红兵　明政珠
责任编辑　雷鸿俊
出版发行　西安电子科技大学出版社(西安市太白南路2号)
电　　话　(029)88202421　88201467　　邮　　编　710071
网　　址　www.xduph.com　　电子邮箱　xdupfxb001@163.com
经　　销　新华书店
印刷单位　陕西日报印务有限公司
版　　次　2020年10月第1版　2025年1月第8次印刷
开　　本　787毫米×1092毫米　1/16　印　张　14
字　　数　304千字
定　　价　55.00元
ISBN 978-7-5606-5181-1

XDUP 5483001-8

前　言

当前，移动互联、云计算、大数据、工业机器人、高端数控、协同制造、云制造、人工智能、VR/AR、3D打印等概念纷纷涌现。然而，人们在对智能制造涉及的这些概念抱有美好憧憬的同时，也开始疑惑：原有的自动化技术应该如何发展？

智能制造所描述的众多场景（如"无人工厂""个性化定制"等）没有一个能够在一朝一夕完成，也没有一个场景的实现是依靠单一的技术来完成的。智能制造的实现必然要涉及多方面的技术，同时需要各种技术的高度集成，而这其中又以自动化技术和信息化技术的高度融合为典型代表。因此，原来的单体自动化系统纷纷向着网络化、智能化方向发展，原来单纯从事自动化技术的人员也加快了向信息化方向发展的步伐。

针对这种形势，本书编者认真分析了行业企业对电气自动化技术相关专业人才的技术需求。分析结果显示，对于电气自动化技术专业的学生而言，电工电子技术、交直流电机驱动技术、电气控制与PLC技术、嵌入式单片机技术、传感器技术、HMI技术等仍然是需要掌握的基础，同时伺服电机驱动技术和工业网络通信技术已经悄然上升为自动化专业两大必备技术，尤其是工业网络技术的应用范围更广。

本书的主要内容是介绍工业网络与现场总线技术，通过对本书的学习，学生应可以解决控制系统中各个节点的数据通信问题。希望本书对自动化、电气自动化技术（国际化专业）等相关专业的教学改革起到较好的示范作用。

本书以面向工作过程和行动导向教学为出发点，以应用技术技能培养为核心，加强对学生职业能力和情商的培养，同时基于校企合作的开发，凸显职业教育特色，保证教学内容的前瞻性，倡导用创新思维解决目前的教学难点。本书的编写思路如下：

(1) 针对目前工业网络与现场总线技术的最新发展和应用情况，引入企业真实案例，从而提高学生的学习兴趣。

(2) 既有理论知识的讲解，又有实践操作的指导，重在培养学生对新知识、新技术的应用能力。

(3) 理论知识讲解部分力求语言简练，不追求知识体系的完整性，而是突出对知识的应用能力的培养，以够用为度。

(4) 实践操作指导部分结合市场应用情况，以西门子厂家常用的各种工业网络与现场总线为主进行介绍，同时对宜科(天津)电子有限公司等厂家的远程 I/O 模块和工业 APP 也进行了介绍，以拓展学生的技术应用视野。

本书为天津中德应用技术大学"一流应用技术大学建设项目"的成果之一，也是自动化、电气自动化技术(国际化专业)等相关专业教学资源的开发成果，包括教学用书、课件、习题等数字化教学资源。

全书分为上、下两篇，上篇以理论讲授为主，下篇以实训指导为主。其中，第 1 章由范其明编写，第 2 章由曾华鹏和乔佳编写，第 3 章由范其明和李云龙共同编写，项目一由乔佳和刘建强共同编写，项目二由范其明编写，项目三由李云龙和吕书豪共同编写。全书由范其明进行统稿。本书在编写过程中得到了宜科(天津)电子有限公司、天津职业技术师范大学、天津机电职业技术学院、天津轻工职业技术学院等单位领导和同仁的大力支持；另外，吴超、邢斌、王贺、赵辉等人也为本书资料的搜集和整理做了很多工作，梁浩为本书的画图工作给予了大力支持，在此一并表示感谢。

和本书相关的岗课赛证相融合的知识点如下：

岗课赛证融合知识点

由于编者水平有限，书中难免有疏漏之处，恳请广大读者批评指正。

编　者

2019 年 4 月

(2023 年 8 月修改)

目 录

上篇 博学明知

第1章 工业网络与现场总线概述 …… 2

1.1 现场总线的产生与发展 …… 2

1.1.1 现场总线的定义 …… 3

1.1.2 现场总线的产生 …… 3

1.1.3 现场总线的现状 …… 7

1.1.4 现场总线的发展 …… 9

1.1.5 现场总线的特点 …… 10

1.2 工业网络与现代企业网络 …… 12

1.2.1 工业网络的定义 …… 12

1.2.2 工业以太网的定义 …… 13

1.2.3 现代企业网络系统的结构 …… 14

1.2.4 多种工业控制网络的集成 …… 16

1.2.5 现场总线的各种标准 …… 19

课后练习与思考 …… 20

第2章 计算机网络通信基础 …… 21

2.1 组织与结构 …… 21

2.1.1 拓扑结构 …… 22

2.1.2 节点与地址 …… 24

2.1.3 传输介质 …… 27

2.2 数据通信 …… 32

2.2.1 数据通信的基本概念 …… 33

2.2.2 数据编码技术 …… 35

2.2.3 数据传输技术 …… 42

2.2.4 多路复用技术 …… 45

2.2.5 数据交换技术 …… 47

2.3 通信协议 …… 50

2.3.1 通信协议的基本概念 …… 50

2.3.2 媒体访问控制 …… 52

2.3.3 差错控制技术 …… 56

2.4 计算机网络体系结构 …… 60

2.4.1 计算机网络体系结构的定义 …… 60

2.4.2 OSI参考模型 …… 61

2.4.3 TCP/IP参考模型 …… 64

2.4.4 OSI参考模型和TCP/IP参考模型的比较 …… 65

课后练习与思考 …… 66

第3章 典型现场总线技术 …… 68

3.1 典型串行通信接口 …… 70

3.1.1 RS-232/RS-232C通信接口 …… 70

3.1.2 RS-485与RS-422 …… 74

3.2 PROFIBUS与PROFINET …… 76

3.2.1 PROFIBUS …… 76

3.2.2 PROFINET …… 84

3.3 CC-Link与CC-Link IE …… 88

3.3.1 CC-Link …… 88

3.3.2 CC-Link IE …… 91

3.4 CAN与DeviceNet …… 93

3.4.1 CAN总线 …… 93

3.4.2 DeviceNet …… 98

3.5 EtherCAT …… 105

3.6 OPC技术介绍 …… 106

课后练习与思考 …… 111

下篇　笃行致远

项目一　基于 S7-300 PLC 的污水处理厂升级改造 ……………… 114
项目背景及要求 ………………………… 114
一、项目背景 ………………………… 115
二、项目要求 ………………………… 115
项目准备 ………………………………… 117
一、认识 S7-300 PLC ……………… 117
二、STEP7 V5.5 基本操作 ……… 119
三、ET200 远程 I/O 模块 ………… 121
四、MM4/G120C 变频器 ………… 123
项目演练 ………………………………… 131
一、S7-300 PLC 与远程 I/O 之间的 DP 通信 ……………………… 132
二、S7-300 PLC 与 MM440 之间的 DP 通信 ……………………… 137
三、S7-300 PLC 与 G120 之间的 PN 通信 ……………………… 141
项目实战 ………………………………… 146
一、网络结构图设计 ……………… 146
二、STEP7 网络组态 ……………… 147
三、编程与调试 …………………… 148
项目拓展：如何在 STEP7 中添加 GSD 文件？ 150
一、什么是 GSD 文件？ ………… 150
二、如何添加 GSD 文件？ ……… 150
项目二　基于多个 S7 系列 PLC 的钢厂改建与升级 ………… 152
项目背景及要求 ………………………… 152
一、项目背景 ………………………… 152
二、项目要求 ………………………… 153
项目准备 ………………………………… 153
一、MPI 通信 ………………………… 154
二、PROFIBUS-DP 通信 ………… 154
三、PROFINET 通信 ……………… 156
四、S7 系列通信处理器模块 ……… 157
项目演练 ………………………………… 158
一、两台 S7-300 PLC 之间的 MPI 通信 ………………………… 158
二、两台 S7-300 PLC 之间的 DP 通信 ………………………… 162
三、两台 S7-300 PLC 之间的 PROFINET 通信 ……………… 168
四、S7-300 与 S7-400 PLC 之间的 PROFINET 通信 ……………… 172
项目实战 ………………………………… 174
一、网络结构设计 ………………… 175
二、STEP7 硬件与网络组态 ……… 175
三、编程与调试 …………………… 177
项目拓展：西门子冗余系统简介 …… 180
一、冗余的概念 …………………… 180
二、西门子 PLC 硬冗余系统 ……… 181
三、西门子 PLC 软冗余系统 ……… 184
项目三　基于 TIA Portal 的自动检测生产线的设计与调试 ………………………………… 190
项目背景及要求 ………………………… 190
一、项目背景 ………………………… 190
二、项目要求 ………………………… 191
项目准备 ………………………………… 191
一、认识 S7-1200 PLC …………… 191
二、TIA 博途 V13 基本使用方法 ………………………………… 195
三、SPIDER67 网关及 I/O 模块 ………………………………… 200
项目演练 ………………………………… 202
一、S7-300 PLC 与 SPIDER67 之间的 PN 通信 ……………… 202
二、S7-1200 PLC 与 SPIDER67 之间的 PN 通信 ……………… 204
三、S7-300 与 S7-1200 PLC 之间的 PN 通信 ……………… 206
项目实战 ………………………………… 209
一、网络结构图设计 ……………… 209
二、TIA 博途网络组态 …………… 209
三、编程与调试 …………………… 210
项目拓展：快速工业 APP 生成 ……… 213
一、宜科工业 APP 快速开发套件概述 ………………………………… 213
二、WorkBench 及配套应用组件简介 ………………………………… 213
参考文献 ………………………………… 216

上篇

博 学 明 知

第1章　工业网络与现场总线概述

岗课赛证融合知识点1

课程思政1

学习目标：

（1）了解现场总线的产生、现状和发展情况；

（2）理解现场总线的定义、作用和主要特点；

（3）理解工业网络和现场总线的主要区别；

（4）理解现代企业网络系统的主要结构；

（5）掌握工业以太网与现场总线的主要应用场合；

（6）了解现场总线的各种工业标准。

严格来讲，工业网络与现场总线原本是两个不同的概念，但目前在很多场合，这两个概念常常被划上了等号。广义上的现场总线就是应用于工业领域的网络，因此可以认为现场总线就是工业网络；狭义的现场总线主要是指应用于控制层与现场设备层的数字通信网络，属于工业自动化的范畴。广义的工业网络泛指应用在工业领域中的一切网络，不仅包括控制层和设备层中应用的网络，还包括监视层、执行层以及管理层中应用的各种网络，属于信息化的范畴；而从狭义上讲，工业网络是指符合工业标准的各种通信网络，特指现场总线。

1.1　现场总线的产生与发展

课程思政2

问题导入：

在某污水处理厂的调节池中，需要根据池中的水位高度以及酸碱度来决定向池中投放的药剂量。原本该项工作由人工来完成，现要对该污水处理厂进行升级改造，整个调节池改由PLC来控制，池中的水位高度以及酸碱度都由专门的传感器将测量值转化成模拟量信号送给PLC，调节池中药剂的投放也改由水泵来自动完成。思考一下，用PLC以及自带的DI/DO、AI/AO模块能否完成该系统的控制？

1.1.1　现场总线的定义

现场总线是指伴随着计算机通信技术发展起来的、应用在工厂自动化领域的一种工业数据通信总线。它主要解决工业现场的智能化仪器仪表、控制器、执行机构等现场设备间的数字通信以及这些现场控制设备和高级控制系统之间的信息传递问题。现场总线具有使用简单、经济、可靠等一系列突出的优点，因而受到了许多标准团体和计算机厂商的高度重视。

现场总线是由英文单词“Fieldbus”翻译过来的。众所周知，bus 的本义是公共汽车，而公共汽车是一种连接城市内部各个站点以及城市与城市的专用交通工具，多在某个区域内穿梭，属于短途和中短途运输工具；而 Field 的本义是指领域、田野、场地。因此，Fieldbus 可以理解成在某一区域运行的一种交通工具，在工业领域中就被翻译成了现场总线。日常生活中的 bus 和工业领域中的 bus 示意如图 1-1 和图 1-2 所示。

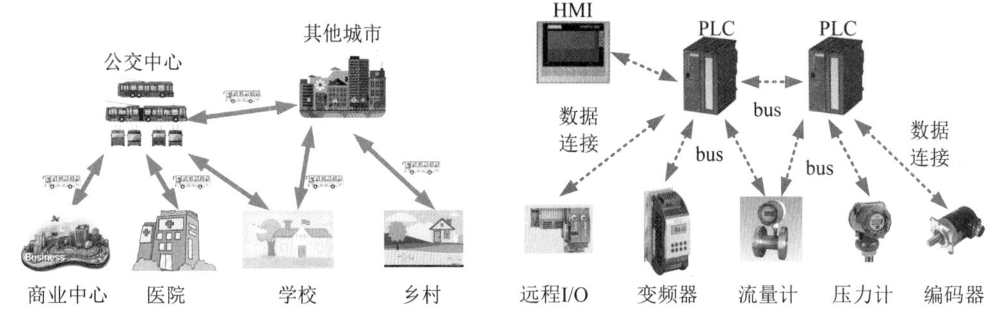

图 1-1　日常生活中的 bus(人的连接)　　图 1-2　工业领域中的 bus(数据连接)

按照 1999 年 IEC(International Electrotechnical Commission，国际电工委员会)给出的标准定义，现场总线是指安装在制造或过程区域的现场装置与控制室内的自动装置之间的数字式、串行、多点通信的数据总线。因此，现场总线系统以数字信号的传输替代了普通开关量信号及传统模拟量信号的传输，是连接智能现场设备和自动化控制系统的全数字、双向、多站点的通信系统。

现场总线的出现对自动化领域的技术发展产生了重要影响，是当今该领域技术发展的热点之一，尤其是近三十年来发展迅速，被誉为自动化领域的计算机局域网。现场总线是一种工业数据总线，是自动化领域中的底层数据通信网络。

1.1.2　现场总线的产生

现场总线的产生经历了以下几个阶段：

(1) 机械式检测仪表阶段。20 世纪 50 年代之前的生产规模较小，检测控制仪表尚处于初级发展阶段，因此采用的是只具备简单测控功能的、直接安装在生产设备上的基地式气动仪表，其信号仅在本仪表内起作用，一般不能传送给别的仪表或系统，而且操作人员也只能通过巡视生产现场来了解生产过程的状况。机械式检测仪表如图 1-3 所示。

(2) 电动化检测仪表阶段。随着生产规模的扩大，要求操作人员必须综合掌握多点的运行参数与信息，并按照这些信息对多个点实行操作控制，于是出现了气动、电动系列的单元组合式仪表，以及集中控制室。生产现场各处的参数通过统一的模拟信号，如0.02～0.1 MPa的气压信号，1～5 V的直流电压信号，0～10 mA、4～20 mA的直流电流信号等，送往集中控制室，在控制柜上连接。操作人员坐在控制室就可以纵观生产流程各处的状况，可以把各单元仪表的信号按需要组合成复杂控制系统。电气化检测仪表如图1-4所示。

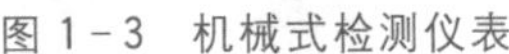

图1-3 机械式检测仪表

图1-4 电气化检测仪表

(3) DDC系统的出现。由于模拟信号的传递需要一对一的物理连接，信号变化缓慢，信号传输的抗干扰能力也较差，此外提高计算速度与精度的难度和开销都较大，因此人们开始寻求用数字信号取代模拟信号，于是出现了直接数字控制(Direct Digit Control，DDC)系统。早期的数字计算机，其技术尚不发达，且价格昂贵，人们试图用一台计算机取代控制室的几乎所有仪表盘，于是出现了集中式数字控制系统。但这种控制系统的可靠性还较差，一旦计算机出现某种故障，所有控制回路就会瘫痪，因此这种系统结构很难被生产过程所接受。当然，随着数字计算机技术的飞速发展，DDC系统的可靠性已经有了很大的提升。目前，市场上也有许多直接数字控制器，多用在楼宇自动化系统(Building Automation System，BAS)领域。DDC在楼宇自动化系统中的应用如图1-5所示。

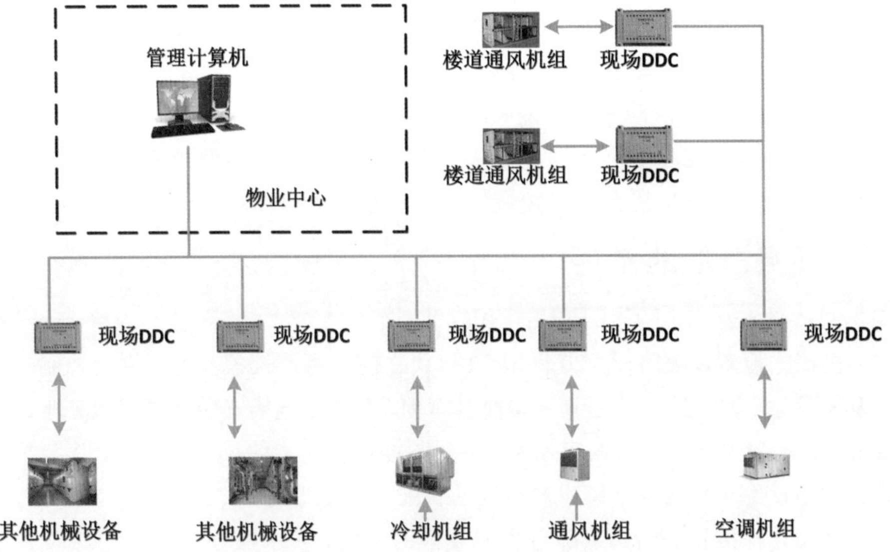

图1-5 DDC在楼宇自动化系统中的应用

(4) DCS的出现。随着计算机技术的不断发展，计算机的可靠性不断提高，价格不断下降，于是出现了由数字调节器、可编程控制器以及多个计算机递阶构成的集中、分散相结合的集散控制系统，这就是今天正在被许多企业采用的DCS(Distributed Control System，集散控制系统)。DCS属于模拟数字混合系统，其中测量变送器一般采用模拟信号，而控制器一般采用数字信号。这种系统在功能、性能上较模拟仪表、集中式数字控制系统有了很大进步，可在此基础上实现装置级、车间级的优化控制。但是，在DCS形成的过程中，由于受计算机系统早期存在的系统封闭缺陷的影响，各厂家的产品自成系统，不同厂家的设备无法实现互联、互换与互操作，因而很难组成更大范围信息共享的网络系统。DCS的典型结构图如图1-6所示。

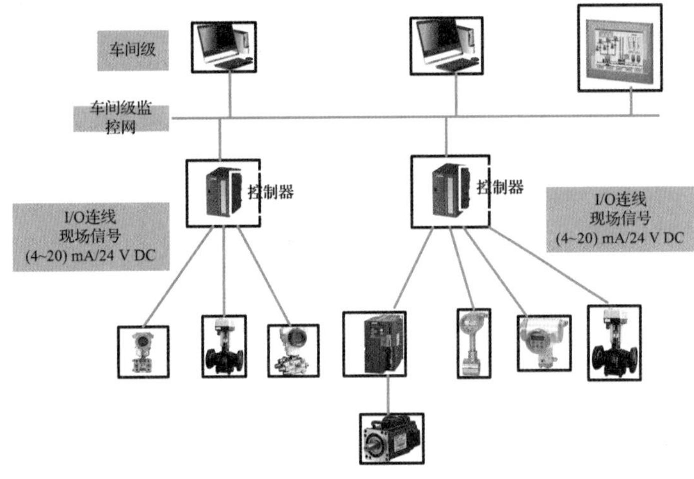

图1-6　DCS系统的典型结构图

(5) 现场总线控制系统的出现。新型的现场总线控制系统(Fieldbus Control System，FCS)克服了DCS中采用专用网络所造成的缺陷，把封闭、专用的解决方案变成了公开化、基于标准化的解决方案。这样可以把来自不同厂商而遵守同一协议规范的自动化设备通过现场总线网络连接成系统，实现综合自动化的各种功能，同时把DCS的模拟数字混合系统结构变成新型的全分布式网络系统结构。这里的全分布是指把控制功能彻底下放到现场，在生产现场实现PID等基本控制功能。这样做的好处是优化了控制系统中各个控制器的计算负荷，最大限度地提升了系统的运行效率。FCS的典型结构图如图1-7所示。

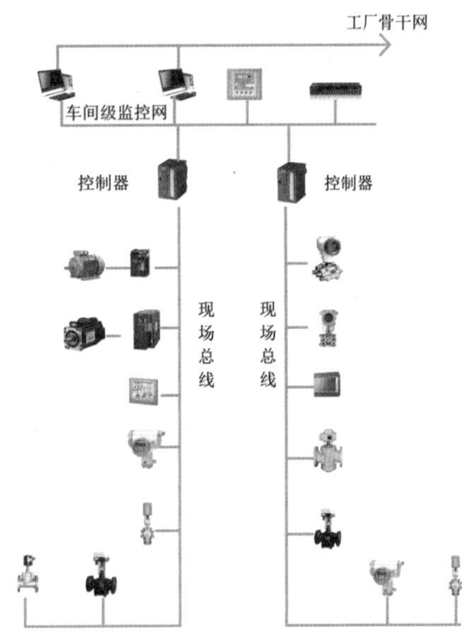

图1-7　FCS的典型结构图

其实，DCS与现FCS之间并没有明确的界限，两者常常相互渗透，可以说，DCS吸纳了FCS，而 FCS 改变了 DCS。DCS 综合了计算机、控制、通信和显示(Computer，Control，Communication，CRT)等技术，其基本思想是分散控制、集中操作、分级管理、配置灵活以及组态方便，是一个由过程控制级和过程监控级组成的以通信网络为纽带的多级计算机系统。而 FCS 是在 DCS/PLC 基础上发展起来的新技术，其主要特点是采用开放的现场总线标准，具有高度的互操作性。

FCS 既是一个开放的通信网络，又是一个全分布式的控制系统，在基于 IEC 61131 - 3 的编程组态方法、人机界面操作站、远程 I/O、热备冗余思想和方法、现场变送器和阀门定位器等仪表的两线制供电、本质安全防爆等方面都有详细的标准和规定。因此，FCS 在技术层面相对于 DCS/PLC 产生了质的飞跃，超越了 DCS/PLC 框架，也不适合再称为“改进了的 DCS/PLC”。FCS 最深刻的改变是现场设备的数字化、智能化和网络化。DCS 多为模拟数字混合系统，FCS 则是分布式网络自动化系统。DCS 采用独家封闭的通信协议，FCS 则采用标准的通信协议。DCS 属多级分层网络结构，FCS 则为分散控制结构。故 FCS 比传统 DCS 性能好、准确度高、误码率低。FCS 相对于 DCS，组态简单，由于结构、性能的标准化，因此便于安装、运行、维护。FCS 与 DCS 之间的区别可通过表 1 - 1 中的内容进行对比。

表 1 - 1　FCS 与 DCS 之间的区别

性能	FCS	DCS
结构	一对多：一对传输线接多台仪表，双向传输多个信号	一对一：一对传输线接一台仪表，单向传输一个信号
可靠性	可靠性好：数字信号传输抗干扰能力强，精度高	可靠性差：模拟信号传输精度低，而且容易受干扰
失控状态	操作员在控制室既可以了解现场设备和现场仪表的工作情况，也能对设备进行参数调整，还可以预测或寻找故障，使设备始终处于操作员的过程监控与可控状态之中	操作员在控制室既不了解模拟仪表的工作情况，也不能对其进行参数调整，更不能预测故障，导致仪表相对操作员处于“失控状态”
控制	控制功能分散在各个智能仪器中	所有的控制功能集中在控制站中
互换性	用户可以自由选择不同制造商提供的性能价格比最优的现场设备和仪表，并将不同品牌的仪表互连，实现“即插即用”	尽管模拟仪表统一了信号标准(4 mA～20 mA)，可是大部分技术参数仍由制造厂自定，致使不同品牌的仪表互换性差
仪表	智能仪表除了具有模拟仪表的检测、变换、补偿等功能外，还具有数字通信能力，并且具有控制和运算能力	模拟仪表只具有检测、变换、补偿等功能

现场总线技术的形成是控制、计算机、通信、网络等技术发展的必然结果，智能仪表则为现场总线技术的应用奠定了基础。自 1983 年 Honeywell 公司推出智能化现场仪表 ST-3000 100 系列变送器后，全球各厂家都相继推出了各有特色的智能仪表。为解决

开发性资源的共享问题，从用户到厂商都强烈要求形成统一标准，这样极大地促进了现场总线技术的发展。目前有影响的现场总线技术有基金会现场总(Foundation Fieldbus)线、LonWorks、PROFIBUS、CAN、HART 等，除 HART 外均为全数字化现场总线协议。

现场总线的应用意味着将取消模拟信号的传递方式，构建一个全数字化的通信系统，这就要求每一个现场设备都具有智能及数字通信能力，使得操作人员能实时得到现场设备(传感器、执行器等)各方面的情况(如测量值、环境参数、设备运行情况及设备校准、自诊断情况、报警信息、故障数据等)，同时也能向现场发送指令(如设定值、量程、报警值等)。此外，原来由主控制器完成的控制运算也分散到了各个现场设备上，这样大大提高了系统的可靠性和灵活性。现场总线技术的关键在于系统的开放性，强调对标准的共识与遵从，打破了传统生产厂家标准各自独立的局面，保证了来自不同厂家的产品可以集成到同一个现场总线系统中，并且可以通过网关与其他系统共享资源。

1.1.3　现场总线的现状

工业自动化技术应用于各行各业，要求也千差万别，一种现场总线很难满足所有行业的技术要求。而且，现场总线技术的发展很大程度上会受到市场规律、商业利益的制约；技术标准不仅是一个技术规范，也是一个商业利益的妥协产物。因此，不同于计算机网络，人们将会面对一个多种现场总线技术标准长期并存的现实。

由于各个国家各个公司的利益之争，很多公司都推出了其各自的现场总线标准，但彼此的开放性和互操作性还难以统一。虽然早在 1984 年国际电工技术委员会/国际标准协会(IEC/ISA)就着手开始制定现场总线的标准，但至今统一的标准仍未完成。目前现场总线市场有以下特点：

1. 多种现场总线并存

目前世界上存在着大约四十余种现场总线，如法国的 FIP、英国的 ERA、德国西门子公司的 PROFIBUS、挪威的 FINT、美国的 DeviceNet 与 ControlNet、国际标准组织的基金会现场总线 FF(Foundation Fieldbus)等。这些现场总线大都用于过程自动化、医药领域、加工制造、交通运输、国防、航天、农业和楼宇自动化等领域，不到十种总线，占有 80%左右的市场。遗憾的是，在这些影响力较大的现场总线中，并没有一种是由中国的企业提出来的。

现场总线技术一直是国际自动化和仪器仪表发展的热点，它的出现既使传统的控制系统结构产生了革命性的变化，又使自控系统朝着“智能化、数字化、信息化、网络化、分散化”的方向迈进了一步，形成了新型的网络通信的全分布式控制系统——现场总线控制系统 FCS。然而，到目前为止，现场总线还没有形成真正统一的标准，目前 IEC 61158 认可的八种工业现场总线标准分别是 Fieldbus Type1、PROFIBUS、ControlNet、P-NET、Foundation Fieldbus、SwiftNet、WorldFIP 和 InterBus。除此之外还有多种标准并行存在，并且都有自己的生存空间。同时，支持现场总线的仪表种类还比较少，可供选择的余地也小，且价格偏高，用量也较小。

各种现场总线的技术特点和应用场合都不相同，表 1－2 给出了典型现场总线的比较。

表 1－2　典型现场总线的比较

总线类型	技术特点	主要应用场合	价格	支持公司
FF	功能强大，本安，实时性好，总线供电；但协议复杂，实际应用少	流程控制	较贵	Honeywell、Rosemount、ABB、FOXBORO、横河、山武等
WorldFIP	有较强的抗干扰能力，实时性好，稳定性好	工业过程控制	一般	Alstom
PROFIBUS-PA	本安，总线供电，实际应用较多；但支持的传输介质较少，传输方式单一	过程自动化	较贵	Siemens
PROFIBUS-DP/EMIS	速度较快，组态配置灵活	车间级通信、工业、楼宇自动化	一般	Siemens
InterBus	开放性好，与 PLC 的兼容性好，协议芯片内核由国外厂商垄断	过程控制	较便宜	独立的网络供应商支持
P-NET	系统简单、便宜，再开发简易，扩展性好；但响应速度较慢，支持厂商较少	农业、养殖业、食品加工业	便宜	PROCES-DATA　A/S
SwiftNet	安全性好，速度快	航空	较贵	Boeing
CAN	采用短帧，抗干扰能力强，速度较慢，协议芯片内核由国外厂商垄断	汽车检测、控制	较便宜	Philips、Siemens、Honeywell 等
LonWorks	支持 OSI 七层协议，实际应用较多，开发平台完善，协议芯片内核由国外厂商垄断	楼宇自动化、工业、能源	较便宜	Echelon

2. 应用领域各异

每种现场总线大都有其应用的领域，比如 FF、PROFIBUS-PA 适用于石油、化工、医药、冶金等行业的过程控制领域；LonWorks、PROFIBUS-FMS、DevieceNet 适用于楼宇、交通运输、农业等领域；DeviceNet、PROFIBUS-DP 适用于加工制造业。这些划分也不是绝对的，每种现场总线都力图将其应用领域扩大，彼此渗透。

3. 国际组织与制造商参与

大多数的现场总线都有一个或几个大型跨国公司为背景，甚至成立了相应的国际组织，以求扩大自己的影响，得到更多的市场份额。比如：PROFIBUS 以 Siemens 公司为主要支持，成立了 PROFIBUS 国际用户组织；WorldFIP 以 Alstom 公司为主要后台，并成立了

WorldFIP 国际用户组织。此外，为了加强自己的竞争能力，很多国家和地区都纷纷制定了自己的总线标准，比如 PROFIBUS 已成为德国标准，而 WorldFIP 已成为法国标准等。

1.1.4 现场总线的发展

现场总线系统是实现整个生产过程信息集成、实施综合自动化的重要基础，它适应了信息时代自动化系统智能化、网络化、综合自动化的发展需求。

随着技术的不断发展和更新，现场总线已经成为控制网络技术的代名词，并在离散制造业、流程工业、交通、楼宇、国防、环境保护以及农、林、牧等各行各业的自动化系统中具有广泛的应用前景。与此同时，现场总线技术本身亦在不断的发展中。总结起来，现场总线呈现出以下发展趋势。

1. 信息处理现场化

一个控制系统，无论是采用 DCS 还是采用现场总线系统，所需要处理的信息量至少是一样多的。实际上，采用现场总线系统和智能仪表后，可以从现场得到更多的诊断、维护和管理信息。现场总线系统的信息量大大增加了，而传输信息的线缆却大大减少了。这就要求一方面要大大提高线缆传输信息的能力；另一方面要让大量信息在现场就地完成处理，减少现场与控制机房之间的信息往返，减少多余信息的传递。如果仅仅把现场总线理解为省掉了几根电缆，则没有理解它的实质。信息处理的现场化才是智能化仪表和现场总线所追求的目标，也是现场总线不同于其他计算机通信技术的标志。

2. 实时性不断提高

现场总线不仅要求传输速度快，在过程控制领域还要求响应快，即具有实时性要求。这体现在以下三个方面：

(1) 传输速度快。传输速度快指单位时间内传输的信息要多，这可以通过简化网络形式来实现，例如将通信模型简化为只有一、二层，实际上此时网络的结构已经由网状简化为线状。

(2) 响应时间短。响应时间指突然发生意外事件时，仪表将该事件传输到网络上或执行器接收到该信息后执行所需的时间。这个时间不仅由信息在通信协议的应用层与物理层之间的传输时间决定，还需要考虑仪表或执行器控制中断的能力、等待网络空闲的时间、避免信息在网络上碰撞的时间等方面的因素。由于这个时间对大多数通信协议是一个随机数，因此大部分通信协议不给出这个参数。过程控制系统通常并不要求这个时间达到最短，但它要求最大值是预先可知的，并小于一定值。因此，降低响应时间的不确定性，从而改善现场总线的实时性，是现场总线的重要发展趋势。

(3) 巡回时间短。巡回时间指系统与所有通信对象都至少完成一次通信所需的时间。这个时间主要取决于节点的访问时间和网络管理、调度等能力。巡回时间短主要通过减少节点的访问时间来实现，将节点的信息简化到只有几比特，节点访问快了，就可以简化系统的管理，这时采用主-从方式轮询访问，如图 1-8 所示。只要限制了网络轮询的规模，就可以将响应控制在指定的时间内。采用这种技术可大大降低总线的成本，大多数位式开关量现场总线就采用这种技术。

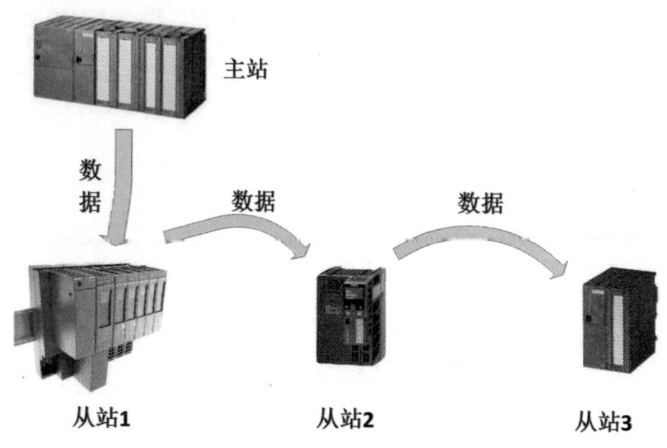

图 1-8　主-从方式轮询访问示意图

随着多媒体计算机通信系统的不断发展，语音和图像的实时传输对网络的响应时间提出了新的要求。多媒体传输对实时性的要求是几十毫秒，过程控制对系统的实时性要求是几毫秒到十几毫秒。多媒体对实时性的要求相对较低，即只要大部分时间满足要求即可，偶然几次不及时响应是没关系的；而过程控制对实时性的要求是硬性的，因为它往往涉及安全方面，因此必须在任何时间都能及时响应，不允许有不确定性。

3. "一网到底"尚不可取

随着工业 4.0 概念的提出，无人化工厂也一度成为时代热词。但要想实现无人化，首先要实现全数字化，以此来保证所有的数据是可控制的、可诊断的。在这样的背景下，西门子公司首先提出了"基于以太网在工业中构建物联网"的概念。以太网作为一种成熟的网络通信技术，在 IT 应用、商业领域已经形成绝对的统治性地位，而基于工业以太网协议，可以支持实时工业控制信号的传输，可见其可靠性毋庸置疑。作为一种开放性网络标准，工业以太网可以最高效且最大程度地实现各种网络与网络之间的通信，并实现现场层、操控层、管理层的垂直管控架构的透明化数据通路。而这正是西门子工业通信的构想与理念——多网合一，一网到底，即让模拟信号、数/模混合信号、各种现场总线、各种工业以太网和各种无线通信都能统一起来，整体网络无论从横向还是纵向看都是无缝连接的，数据可以在此透明网络中自由地传输。

事实上，目前市场上尚无全能的现场总线，每种现场总线都有最适合它的场合。因此，我们可以在系统的不同部分选用不同的现场总线。很多时候，不同类型的现场总线组合更有利于降低成本。如何选择现场总线的类型以及是否有利于降低系统成本是衡量一种现场总线是否成熟、是否适合所针对对象的明显标志。但是这样一来，随之产生的问题是，用了多种现场总线，是否会使整个系统的操作、管理变得复杂？实际上现在一些通用的人—机界面软件都支持多种现场总线，因此到人—机界面这一层，不同总线的区别对使用者来说是不大的。

1.1.5　现场总线的特点

下面主要从结构和技术两个层面来描述现场总线的特点。

1. 现场总线系统的结构特点

传统的模拟控制系统在设备之间采用一对一连线，测量变送器、控制器、执行器、开关、电机之间均为一对一物理连接。而在现场总线系统中，各现场设备分别作为总线上的一个网络节点，设备之间采用网络式连接是现场总线系统在结构上最显著的特征之一。在两根普通导线制成的双绞线上，挂接着几个、十几个自控设备。总线在传输多个设备的多种信号(如运行参数值、设备状态、故障、调校与维护信息等)的同时，还可为总线上的设备提供直流工作电源。现场总线系统不再需要传统 DCS 中的模拟/数字(A/D)、数字/模拟(D/A)转换卡件。这样就为简化系统结构、节约硬件设备、节约连接电缆、节省各种安装、维护费用创造了条件。图 1-9 比较了模拟控制系统与数字化控制系统在结构上的区别。

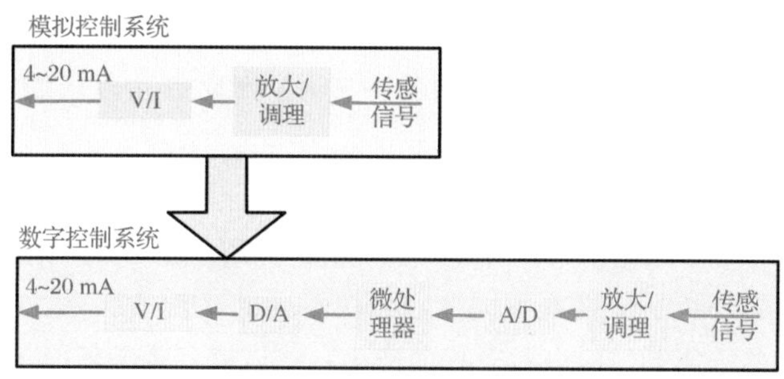

图 1-9　模拟控制系统与数字化控制系统的结构区别

在现场总线系统中，由于设备增强了数字计算能力，因此有条件将各种控制计算功能模块、输入/输出功能模块置入现场设备之中。借助现场设备所具备的通信能力，可直接在现场完成测量变送仪表与阀门等执行机构之间的信号传送，实现彻底分散在现场的全分布式控制。

2. 现场总线系统的技术特点

现场总线是控制系统运行的动脉、通信的枢纽，因而从技术方面应关注系统的开放性、互操作性、通信的实时性、现场设备的智能性与功能自治性以及对现场环境的适应性等问题。

1) 系统的开放性

系统的开放性体现为通信协议公开，不同制造商提供的设备之间可实现网络互联与信息交换。这里的开放是指对相关规范的一致与公开，强调对标准的共识与遵从。一个开放系统，是指它可以与世界上任一制造商提供的、遵守相同标准的其他设备或系统相互连通，用户可按自己的需要和考虑，把来自不同供应商的产品组成适合自己控制应用需要的系统。现场总线系统应该成为自动化领域的开放互连系统。

目前，位于企业基层的测控系统，许多依然处于封闭、孤立的状态，严重制约了其自身信息交换的范围与功能发展，从用户到设备制造商都强烈要求形成统一标准。因此，从根本上打破现有各自封闭的体系结构，组成开放互联网络，正是这种需求促进了现场总线技术的诞生与发展。

2) 互操作性

互操作性是指网络中互连的设备之间可实现数据信息传送与交换，如 A 设备可以接收 B 设备的数据，也可以控制 C 设备的动作与所处状态。

3）通信的实时性

现场总线系统的基本任务是实现测量控制，而有些测控任务是有严格的时序和实时性要求的。达不到实时性要求或因时间同步等问题影响了网络节点间的动作时序，有时会造成灾难性的后果。这就要求现场总线系统提供相应的通信机制，提供时间发布与时间管理功能，满足控制系统的实时性要求。现场总线系统中的媒体访问控制机制、通信模式、网络管理与调度方式等都会影响到通信的实时性、有效性与确定性。

4）现场设备的智能性与功能自治性

现场设备的智能性主要体现在现场设备的数字计算与数字通信能力上。功能自治性则是指将传感测量、补偿计算、工程量处理、控制计算等功能块分散嵌入到现场设备中，借助位于现场的设备即可完成自动控制的基本功能，构成全分布式控制系统，并具备随时诊断设备工作状态的能力。

5）对现场环境的适应性

现场总线系统工作在生产现场，应具有对现场环境的适应性。工作在不同环境下的现场总线系统，对其环境适应性有不同要求：在不同的高温、严寒、粉尘环境下能保持正常工作状态，具备抗震动、抗电磁干扰的能力；在易燃、易爆环境下能保证本质安全，有能力支持总线供电；等等。这些是现场总线控制网络区别于普通计算机网络的重要特点。采用防水、防潮、防电磁干扰的壳体封装，采用工作温度范围更宽的电子器件，采用屏蔽电缆或光缆作为传输介质，实现总线供电，满足本质安全防爆要求等都是现场总线系统所采取的提高环境适应性的措施。

1.2 工业网络与现代企业网络

课程思政 3

问题导入：

工业网络与现场总线到底有何区别？工业以太网与工业网络是一个概念吗？现代企业网络系统都包含哪些形式的网络？这么多工业网络有统一的标准吗？

1.2.1 工业网络的定义

工业网络（Industrial Networks）是指安装在工业生产环境中的一种通信系统，它具有全数字化、双向、多站的特点。从定义上看，工业网络与现场总线的概念并没有明显的差别，事实上，这两个概念在很多场合都被直接划上了等号。从广义上讲，现场总线就是应用在工业领域的网络，是工业自动化向信息化发展的结果，是自下而上的。从狭义上讲，现场总线主要是指应用在控制层与现场设备层的数字通信网络，所以又叫工业控制网络（Industrial Control Network）。而狭义上的工业网络主要是指工业以太网（Industrial Ethernet），是将 TCP/IP 为代表的以太网应用于工业领域，是信息化向工业自动化发展的结果，是自上而下的。但从广义上讲，工业网络也包括控制层和设备层的各种通信网络。工业网络、现场总线、工业以太网之间的关系如图1-10所示。

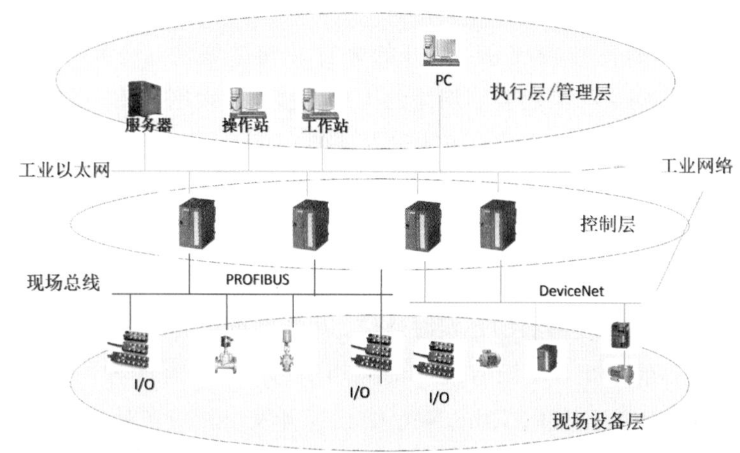

图1-10　工业网络、现场总线、工业以太网之间的关系

现有的工业网络根据其应用场合的不同可以分为以下几类：

(1) EnterpriseNet：指企业的骨干网络，一般采用EtherNet TCP/IP。

(2) ControlBus：提供高阶控制设备(例如PLC、CNC)间的对等网络通信(Peer-to-Peer)，例如ControlNet。

(3) Fieldbus：通常架构在DeviceBus之上，用来传输大批量的数据，但传输速度较慢；有的也提供一些设备终端控制的功能，例如WorldFIP、Foundation Fieldbus、PROFIBUS-PA。

(4) DeviceBus：它界定的范围最广，只要是能对网络化设备提供通信或诊断功能的都属于这种类型，例如CANOpen、DeviceNet、LonWorks、PROFIBUS-DP。

(5) SensorBus：低阶网络，通常用来连接低阶的传感器、执行器等现场设备，传输数据量最少，例如AS-i、Interbus-S。

上述五类工业网络中，第(1)、(2)类属于工业以太网范畴，第(2)～(4)类属于现场总线范畴，第(5)类由于并非完全数字化通信，严格意义上并不属于现场总线，但也是一种工业网络。

1.2.2　工业以太网的定义

如果把现场总线比喻成公路交通，那么工业以太网就可以比喻成铁路交通，它具有更加统一的通信标准、更快的通信速度、更远的通信距离以及更大的数据承载量。同样，与铁路很难实现"家门到家门"一样，工业以太网也较难实现现场节点到现场节点的通信。

所谓工业以太网，是一种在技术上与商用以太网(IEEE 802.3标准)兼容的区域和单元网络，但同时它在材质的选用、产品的强度和适用性方面又能满足工业现场的需要。目前，工业以太网主要应用在企业内部互联网(Intranet)、外部互联网(Extranet)以及国际互联网(Internet)等领域，而且随着其可靠性的提升，工业以太网不但已经进入今天的办公室领域，还应用于生产和过程自动化领域。另外，继10 Mb/s以太网成功运行之后，具有交换功能、全双工和自适应的100 Mb/s波特率快速以太网(Fast Ethernet，符合IEEE 802.3u标准)也已成功运行多年。

工业以太网技术的优点表现在：良好的兼容性和扩展性，使其易于与Internet连接，实现办公自动化网络与工业控制网络的无缝连接；以太网技术应用广泛，为所有的编程语言所支持；软硬件资源丰富；可持续发展的空间大；等等。

一个工业以太网系统应包括三类网络器件：网络部件(工业PC、PLC、办公PC等)、连接部件(路由器、网关、交换机等)以及通信介质(双绞线、屏蔽双绞线、光纤等)。当以太网用于信息技术时，应用层包括HTTP、FTP、SNMP等常用协议，但当它用于工业控制时，体现在应用层的是实时通信、用于系统组态的对象以及工程模型的应用协议。不过，到目前为止，还没有统一的应用层协议，但有四种主要协议——HSE、Modbus TCP/IP、PROFINET、EtherNet/IP已经开发出相应产品并受到了广泛支持。

(1) HSE(High Speed Ethernet)协议：由基金会现场总线FF于2000年发布，是以太网协议IEEE 802.3、TCP/IP协议族与FFⅢ的结合体。FF现场总线基金会明确将HSE定位于实现控制网络与Internet的集成。

(2) Modbus TCP/IP协议：由施耐德公司推出，它将Modbus帧嵌入到TCP帧中，使Modbus与以太网和TCP/IP结合，成为Modbus TCP/IP。目前施耐德公司已经为Modbus注册了502端口，这样就可以将实时数据嵌入到网页中，通过在设备中嵌入Web服务器，就可以用Web浏览器对设备进行操作了。

(3) PROFINET协议：由德国西门子公司于2001年发布，它是将原有的PROFIBUS与互联网技术结合形成的网络方案。采用标准TCP/IP＋以太网作为连接介质，采用标准TCP/IP协议加上应用层的RPC/DCOM来完成节点间的通信和网络寻址。它可以同时挂接传统PROFIBUS系统和新型的智能现场设备。

(4) Ethernet/IP：由ODVA(Open DeviceNet Vendors Assocation)和Control Net International推出的最新协议。与DeviceNet和ControlNet一样，它们都是基于CIP(Control and Information Protocol)协议的网络。Ethernet/IP是一种面向对象的协议，能够保证网络上隐式(控制)的实时I/O信息和显式信息(包括用于组态、参数设置、诊断等)的有效传输。由于Ethernet/IP采用和DeviceNet以及ControlNet相同的应用层协议CIP，因此，它们使用的对象库和行业规范是一致的，具有较好的通用性。Ethernet/IP采用标准的Ethernet和TCP/IP技术传送CIP通信包，这样通用且开放的应用层协议CIP加上已经被广泛使用的Ethernet和TCP/IP协议，就构成了Ethernet/IP协议的体系结构。

1.2.3 现代企业网络系统的结构

图1-11是以现场总线为基础的企业网络系统示意图。该系统按功能结构划分为三个层次：企业资源规划层(Enterprise Resource Planning，ERP)、制造执行层(Manufacturing Execution System，MES)以及现场控制层(Field Control System，

FCS)。通过各层之间的网络连接与信息交换，即可构成完整的企业网络系统。

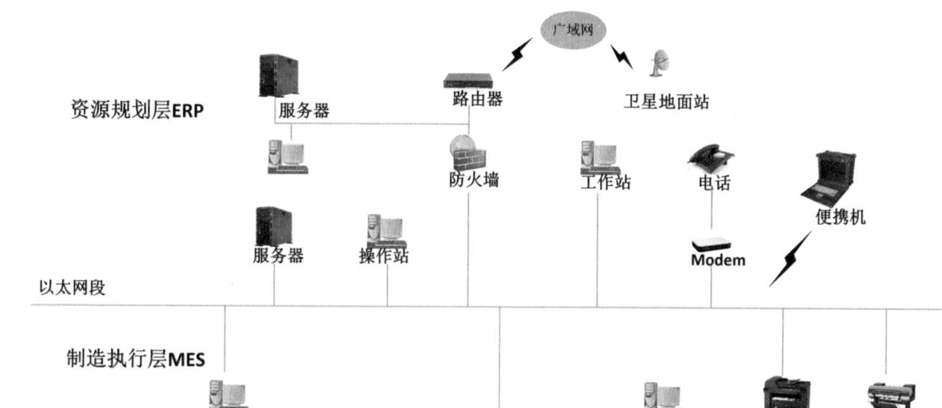

图 1－11　以现场总线为基础的企业网络系统示意图

企业网络系统早期的结构比较复杂，功能层次较多，包括控制、监控、调度、计划、管理、经营决策等。随着互联网技术的发展和普及，企业网络系统的结构层次趋于扁平化，同时对功能层次的划分也更为简化。最下层为现场总线所处的现场控制层 FCS，最上层为企业资源规划层 ERP，而将传统概念上的监控、计划、管理、调度等多项控制管理功能交错的部分都分配在中间的制造执行层 MES 中。

ERP 与 MES 功能大多采用以太网技术构成信息网络，网络节点多为各种计算机及外设。随着互联网技术的发展，ERP 与 MES 之间的网络集成和它们与外界互联网之间的信息交互问题得到了较好解决，其信息集成相对比较容易。

图 1－11 中，PROFIBUS 等现场总线网段与工厂现场设备连接，构成了现场控制层 FCS，它是企业网络的基础。目前，现场控制层所采用的控制网络种类繁多，现场总线形形色色，再加上 DCS、PLC、SCADA 等，因此本层网络内部的通信一致性很差。控制网络从通信协议到网络节点类型，都与数据网络存在较大差异，使得控制网络之间、控制网络与外部互联网之间实现信息交换的难度较大，实现互连和互操作存在较多障碍。因此，需要从通信一致性、数据交换技术等方面入手，改善控制网络的数据集成与交换能力。

图 1－12 所示为企业网络系统各功能层次的信息传递示意图，也可把它视为图 1－11 的简化形式。从图中可以看到，除现场控制层 FCS 之外，上层的 ERP 和 MES 都采用以太网。图 1－12 清楚地描绘了各层的网络类型、网络节点设备、信息传递的流向等。

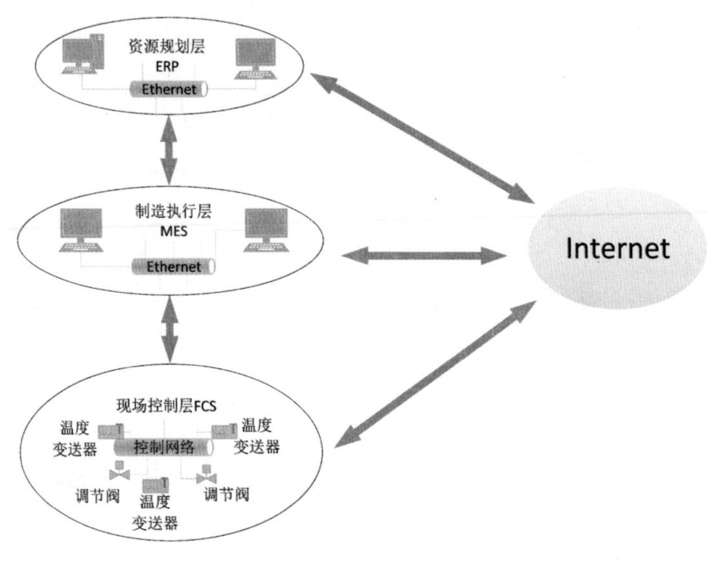

图 1-12 企业网络系统各功能层次信息传递示意图

1.2.4 多种工业控制网络的集成

随着技术的不断发展，现场总线不再只局限于数据通信的技术范畴，各种控制功能块、控制网络的网络管理和系统管理的内容不断扩充，使现场总线系统逐渐成为网络系统与自动化系统的结合体，形成了控制网络技术。而现场总线控制网络与互联网的结合，使控制网络又进一步拓宽了作用范围。

控制网络由多个分散在生产现场、具有数字通信能力的测量控制仪表作为网络节点而构成。它采用公开、规范的通信协议，以现场总线作为通信连接的纽带，把现场控制设备连接成可以相互沟通信息、共同完成自控任务的网络系统与控制系统。图 1-13 为简单控制网络的示意图。这既是一个位于生产现场的网络系统，网络在各控制设备之间构筑起沟通数据信息的通道，在现场的多个测量控制设备之间以及现场设备与监控计算机之间实现工业数据通信，又是一个以网络为支撑的控制系统，依靠网络在传感测量、控制计算、执行器等功能模块之间传递输入/输出信号，构成完整的控制系统，完成自动控制的各项任务。

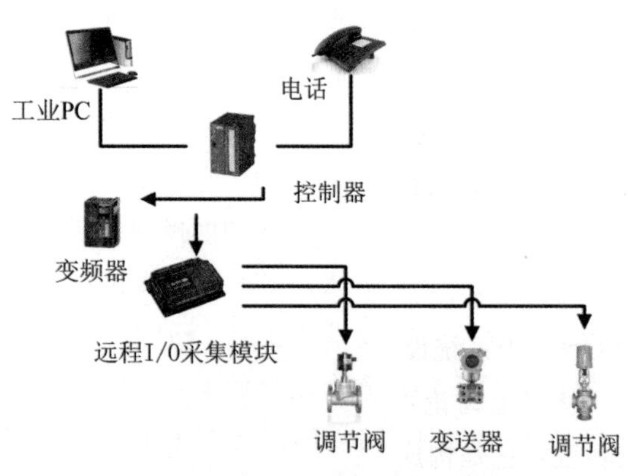

图 1-13 简单控制网络示意图

相对普通计算机网络系统而言，控制网络的组成成员种类比较复杂。除了作为普通计算机网络系统成员的各类计算机、工作站、打印机、显示终端之外，大量的网络节点还包括各种可编程控制器、开关、马达、变送器、阀门、按钮等，其中大部分节点的智能程度远不及计算机。有的现场控制设备内嵌有 CPU、单片机或其他专用芯片，有的只是功能相当简单的非智能设备。

控制网络是一种比较特殊的计算机网络。它应用于生产现场，是用于完成自动化任务的网络系统。它的应用范围很广，例如离散、连续制造业，交通、楼宇、家电，甚至农、林、牧、渔等行业。它的网络规模可以从两三个数据节点到成千上万台现场设备。一个汽车组装生产线可能有多达25万个I/O节点，石油炼制过程中的一个普通装置也会有上千台测量控制设备。所以由它们组成的控制网络其规模相当可观。

控制网络的出现，使自动化系统原有的信息孤岛僵局发生了转变，为工业数据的集中管理与远程传送以及自动化系统与其他信息系统的沟通创造了条件。控制网络与办公网络、Internet的结合，拓宽了控制系统的视野与作用范围，为实现企业的管理控制一体化、实现远程监视与操作提供了基础条件，使操作远在数百公里之外的电气开关、在某些特定条件下建立无人值守机站等成为可能。

控制网络的出现，导致了传统控制系统结构的变革，形成了以网络作为各组成部件之间信息传递通道的新型控制系统，即网络化控制系统NCS。网络成为这种新型控制系统各组成部分之间信息流动的命脉，网络本身也成为控制系统的组成环节之一。

控制网络改变了传统控制系统的结构形式。传统模拟控制系统采用一对一的设备连线，按控制回路的信号传递需要连线。位于现场的测量变送器与位于控制室的控制器之间，控制器与位于现场的执行器、开关、马达之间均为一对一的物理连接。网络化控制系统则借助网络在传感器、控制器、执行器各单元之间传递信息，通过网络连接形成控制系统。图1-14所示为网络化控制系统与传统控制系统的结构比较。这种网络化的连接方式简化了控制系统各部分之间的连线关系，为系统设计、安装、维护带来了很多方便。

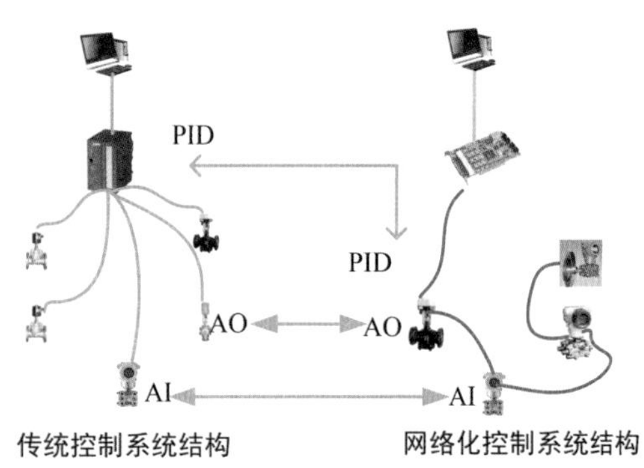

图1-14 网络化控制系统与传统控制系统的结构比较

从以上讨论可以看到，无论从哪个角度看，现场总线系统都处于企业网络的底层，或者说，它是构成企业网络的基础。

现场总线系统在企业网络中的作用主要是为自动化系统传递数字信息，并借助现场总线把控制设备连接成控制系统。它所传递的数字信息主要包括生产运行参数的测量值、控制量、阀门的工作位置、开关状态、报警状态、设备的资源与维护信息、系统组态、参数修改、零点量程调校信息等，它们是企业信息的重要组成部分。

企业的管理控制一体化系统需要控制信息的参与，生产的优化调度需要实现装置间的数据交换，需要集成不同装置的生产数据。这些都要求在现场控制层内部，以及FCS与MFS、ERP各层之间能实现数据传输与信息共享。现场总线系统在实施生产过程控制以及为企业网络提供、传输、集成生产数据方面都发挥着重要作用。

由于现场总线系统所处的特殊环境及所承担的实时控制任务，现场总线技术是普通局域网、以太网技术所难以取代的，因而它至今依然保持着在现场控制层的地位和作用。但它也需要与上层的信息网络、与外界的互联网实现信息交换，以拓宽控制网络的作用范围，从而实现企业的管理控制一体化。

目前，控制网络与上层网络的连接方式一般有三种。一是采用专用网关完成不同通信协议的转换，把控制网段或 DCS 连接到以太网上。图 1－15 画出了通过网关连接控制网段与上层网络的示意图。二是将现场总线网卡和以太网卡都置入工业 PC 的 PCI 插槽内，在 PC 内完成数据交换。图 1－16 中采用现场总线的 PCI 卡实现控制网段与上层网络的连接。三是将 Web 服务器直接置入 PLC 或现场控制设备内，借助 Web 服务器和通用浏览工具实现数据信息的动态交互。这是近年来互联网技术直接应用于现场设备的结果，但它需要有一直延伸到生产底层的以太网支持。正是因为控制设备内嵌 Web 服务器，使得控制网络的设备有条件直接通向互联网，与外界直接沟通信息。

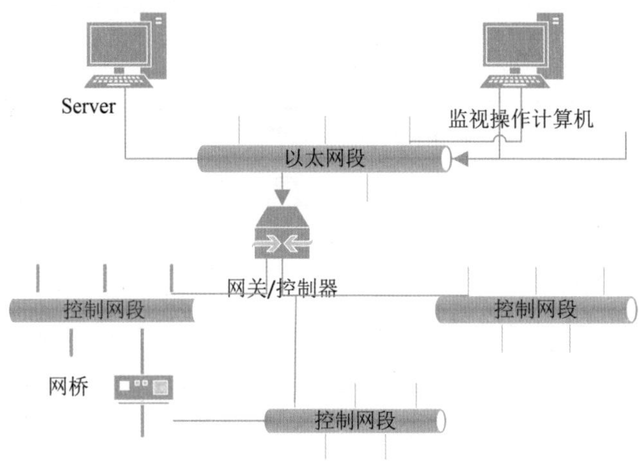

图 1－15　现场总线控制网段与信息网络之间的网关连接

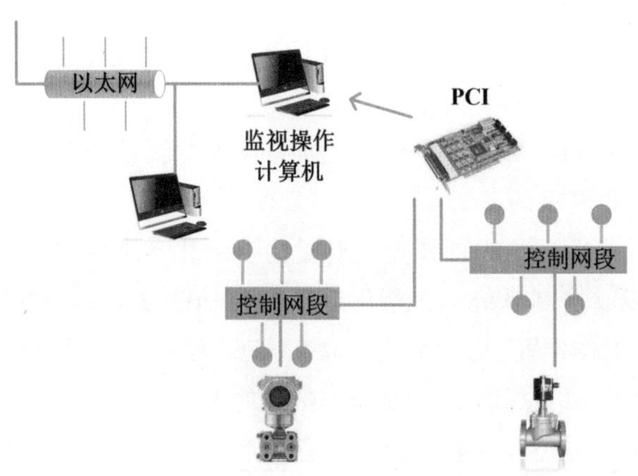

图 1－16　采用 PCI 卡连接控制网段与上层网络

现场总线系统与上层信息网络的连接，使互联网信息共享的范围延伸到设备层，同时也拓宽了测量控制系统的视野与工作范围，为实现跨地区的远程控制与远程故障诊断创造了条件。人们可以在千里之外查询生产现场的运行状态，方便地实现偏远地段生产设备的无人值守，远程诊断生产过程或设备的故障，在办公室查看并控制家中的各类电器，等等。

1.2.5　现场总线的各种标准

自 20 世纪六七十年代开始，欧洲、北美、亚洲的许多国家都投入巨额资金与人力研究开发现场总线技术，出现了百花齐放、兴盛发展的态势。据说，世界上出现的现场总线已有 100 多种，其中宣称为开放型总线的就有 40 多种。有些已经在特定的应用领域显示出了各自的特点和优势，表现出了较强的生命力。同时也出现了各种以推广现场总线技术为目的的组织，如 PROFIBUS 协会、LonMark 协会、现场总线基金会(Fieldbus Foundation)、工业以太网协会(Industrial Ethernet Association，IEA)、工业自动化开放网络联盟(Industrial Automation Open Network Alliance，IAONA)等，并形成了各式各样的企业、国家、地区及国际现场总线标准。这种多标准现状本身就违背了标准化的初衷。标准的一致性无疑有益于用户，有益于促进该项技术本身的发展。形形色色的现场总线使数据通信与网络连接的一致性不得不面临许多问题。

国际标准化组织 ISO、国际电工委员会 IEC 都参与了现场总线标准的制定。最早成为国际标准的是 CAN，它属于 ISO-11898 标准；IEC/TC65 主持的制定现场总线标准的工作历经了 20 多年的坎坷；负责测量和控制系统数据通信国际标准化工作的 SC65C/WG6 是最先开始现场总线标准化工作的组织，它于 1984 年就开始着手总线标准的制定，初衷是致力于推出世界上单一的现场总线标准。作为一项数据通信技术，单从应用需要与技术特点的角度，统一通信标准应该是首选。但由于行业、地域发展历史和商业利益的驱使，以及种种经济、社会的复杂原因，总线标准的制定工作并非一帆风顺。IEC 现场总线物理层标准 IEC 61158-2 诞生于 1993 年，从数据链路层开始，标准的制定就一直处于混乱状态。在历经了波及全球的现场总线标准大战之后，迎来的依然是多种总线并存的尴尬局面。IEC 于 2000 年年初宣布：由原有的 IEC 61158、ControlNet、PROFIBUS、P-Net、HighSpeedEtherNet、Newcomer SwiftNet、WorldFIP、Interbus-S 八种现场总线标准共同构成 IEC 现场总线国际标准子集。

近两年正在进行的实时以太网的标准化进程又重蹈覆辙，有 11 个基于实时以太网的 PAS 文件(PASCAL 源程序文件)进入了 IEC 61784-2，它们分别是 EtherNet/IP、PROFINET、P-Net、Interbus、VNET/IP、TCnet、EtherCAT、EtherNet Powerlink、EPA、Modbus-RTPS、SERCOS-Ⅲ。这些结果都违背了当初制定单一现场总线标准的初衷，令人无奈的是，多种总线并存依然是今后相当长一段时期不得不面对的现实。

相比较而言，IEC/17B 的工作要顺利得多，它负责制定低压开关装置与控制装置用控制设备之间的接口标准，即 IEC 62026 国际标准已经通过。该标准包括 ASI、DeviceNet、SDS(Smart Distributed System)、Seriplex。

在国际标准组织制定各种现场总线标准的同时，各个国家和地区也在纷纷制定自己的现场总线标准，如丹麦国家标准 DSF21906：P-Net、德国国家标准 DIN19245(1-4)：

ProfiBus-FMS/ProfiBus-DP/ProfiBus-PA、法国国家标准 FIPC46601-607：WorldFIP、日本 JEMA 标准 CC-Link、美国国家标准 ANSI/NEMA 以等同方式支持的 ISA/IEC 标准草案、欧洲标准 EN50254(CLC65CX)、欧洲标准 EN50295(CLCTC17B)等。

中国也早在 20 世纪 80 年代就开始着手制定各种现场总线规范，从最早的 821 总线、VXI 总线逐步向着国际标准靠拢。目前，在国内也是多种总线并存，但还没有一种总线标准是由中国倡导并提出的。目前在各种国家标准中涉及的总线规范包括 PROFIBUS、CC-LINK、PROFINET、Interbus、ControlNet 和 Ethernet/IP 等，具体见表 1-3。

表 1-3 国标中支持的现场总线的种类(节选)

编 号	中文名称
GB/T 7497.1—1987	微处理机系统总线Ⅰ 8 位及 16 位数据 第一部分：电气与定时规范的功能说明
GB/T 13724—1992	821 总线(1～4)字节数据微处理机系统总线
GB/T 14241—1993	信息处理 处理机系统总线接口(欧洲总线 A)
GB/T 16612—1996	音频、视频及视听系统家用数字总线(D2B)
GB/T 16657.2—1996	工业控制系统用现场总线第 2 部分：物理层规范和服务定义
GB/T 18471—2001	VXI 总线系统规范
GB/T 19244—2003	信息技术高性能串行总线
GB/Z 19760—2005	控制与通信总线 CC-Link 规范
JB/T 10308.8—2005	测量和控制数字数据通信 工业控制系统用现场总线 类型 8：INTERBUS 规范
GB/T 20540.1—2006	测量和控制数字数据通信 工业控制系统用现场总线 类型 3：PROFIBUS 规范 第 1 部分：概述和导则
GB/Z 20541.1—2006	测量和控制数字数据通信 工业控制系统用现场总线 类型 10：PROFINET 规范 第 1 部分：应用层服务定义
JB/T 10308.2—2006	测量和控制数字数据通信 工业控制系统用现场总线 类型 2：ControlNet 和 EtherNet/IP 规范

课后练习与思考

1. 什么是现场总线？现场总线的发展主要经历了哪几个阶段？
2. 工业以太网与现场总线的主要区别是什么？
3. 什么是 DDC 控制系统，目前它的主要应用场合有哪些？
4. FCS 与 DCS 各自有何优劣势？
5. 简述现场总线控制系统的技术特点。
6. 现代企业网络系统主要包括哪些结构的网络形式？
7. 现行的现场总线标准主要有哪些？

参考答案

第 2 章　计算机网络通信基础

岗课赛证融合知识点 2

课程思政 4

学习目标：

（1）理解拓扑结构、节点等基本概念；

（2）掌握常用传输介质的种类；

（3）掌握信息、数据、波特率、比特率、误码率等基本概念；

（4）掌握常用的编码技术、数据传输技术和数据交换技术；

（5）掌握通信协议相关的知识以及常用的串口电路；

（6）掌握网络体系结构的基本概念，了解两种参考模型之间的主要区别。

工业网络中所用到的基本概念和数据通信技术都来源于计算机网络通信技术，比如拓扑结构和节点的概念，波特率、比特率的概念，以及编码技术、数据传输技术和数据交换技术等。OSI 网络参考模型与 TCP/IP 网络参考模型一直是所有工业网络必须遵守的基本的计算机网络结构模型。可以说，工业网络与现场总线技术的发展就是计算机网络通信技术在工业自动化系统中的应用。

2.1　组织与结构

问题导入：

我们曾经用公路交通来比喻现场总线，用铁路交通来比喻工业以太网，那么整个工业网络就是一个大的交通网络。交通网络的管理系统是一个庞大且复杂的组织，因此工业网络系统中也需要一个组织和结构。那么，它参考了计算机网络系统中的哪些组织和机构呢？

本节主要介绍拓扑结构的基本概念、节点、地址、传输介质等。

2.1.1 拓扑结构

拓扑结构演示动画

1. 拓扑结构的定义

拓扑结构(Topology)的概念延伸自拓扑学中研究与大小、形状无关的点、线之间的关系的方法。如果把网络中的计算机和通信设备抽象为一个点，把传输介质抽象为一条线，那么由这些点和线组成的几何图形就是计算机网络的拓扑结构。因此，计算机网络拓扑结构是指网络中各个站点间相互连接的形式，在局域网中就是指文件服务器、工作站和电缆等的连接形式。延伸到工业网络中，拓扑结构则是指工业控制器、驱动器/执行器、HMI 设备、操作站、工程师站等的连接形式。图 2-1 所示是局域网中的校园网与数字图书馆的拓扑结构图。

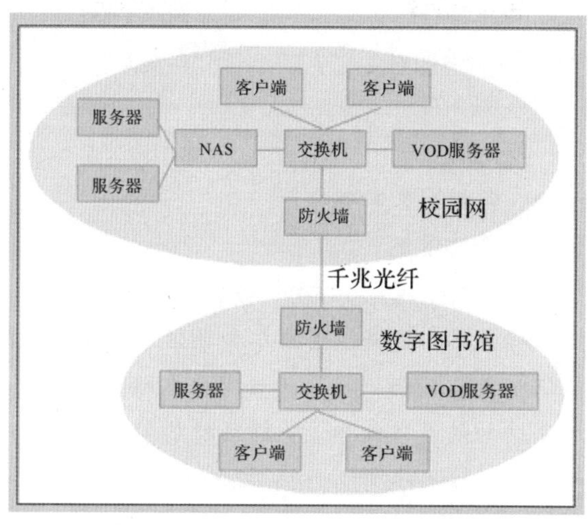

图 2-1 校园网与数字图书馆的拓扑结构图

2. 拓扑结构的分类

计算机网络的拓扑结构主要有总线型拓扑、星型拓扑、树型拓扑、环型拓扑、网状拓扑、全互联型拓扑以及由它们混合在一起的混合型拓扑。拓扑结构的主要类型如图 2-2所示，其中，环型拓扑、星型拓扑、总线型拓扑是最基本的三个拓扑结构。在局域网中，使用最多的是星型结构；而在工业网络中，使用最多的是总线型结构。

下面就每种拓扑结构的特点分别进行描述。

(1) 总线型拓扑。总线型拓扑是指采用单根传输线缆作为共用的传输介质，将网络中所有的计算机通过相应的硬件接口和电缆直接连接到这根共享的总线上，以此实现端用户间的资源共享。使用总线型拓扑结构时，需确保端用户使用媒体发送数据时不能出现冲突。

(2) 星型拓扑。在星型拓扑结构中，网络中的各节点通过点到点的方式连接到一个中央节点(又称中央转接站，一般是集线器或交换机)上，经中央节点将信息传送至目的节点。中央节点执行集中式通信控制策略，因此中央节点相当复杂，负担比各节点重得多。在星型拓扑中任何两个节点之间的通信都必须由中央节点控制。

(3) 树型拓扑。树型拓扑实际上是星型拓扑的补充和发展，为分层结构。该结构具

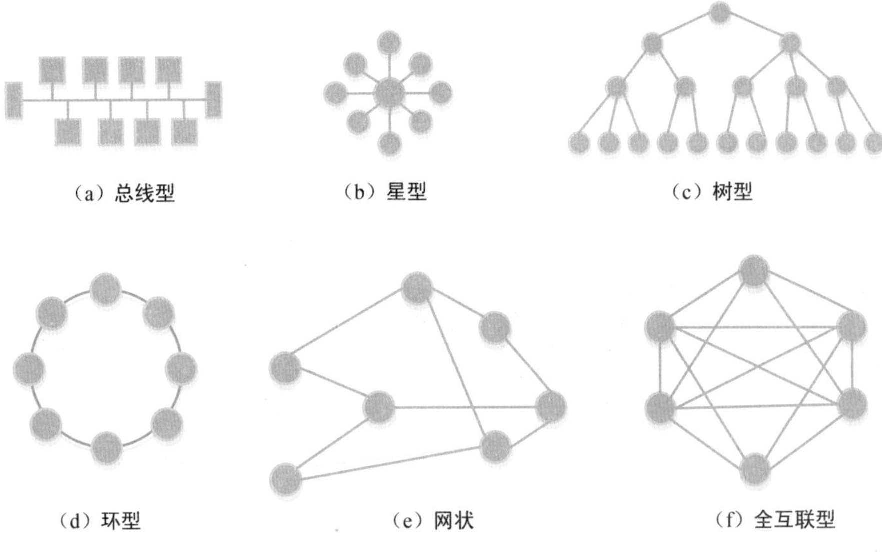

图 2-2　拓扑结构的主要类型

有根节点和各分支节点，适用于分支管理和控制的系统。树型拓扑结构是网络节点呈树状排列，整体看来就像一棵朝上的树，因而得名。树型拓扑具有较强的可折叠性，非常适用于构建网络主干，还能够有效保护布线投资。这种拓扑结构的网络一般采用光纤作为网络主干，用于军事单位、政府单位等上下界限相当严格和层次分明的网络结构。它与星型拓扑有许多相似点，但比星型拓扑的扩展性更高。

(4) 环型拓扑。环型拓扑结构中各节点通过环路接口连在一条首尾相连的闭合环型通信线路中，环路中各节点地位相同，环路上任何节点均可请求发送信息，请求一旦被批准，便可以向环路发送信息。环型网中的数据传输可分为单向传输和双向传输(双向环)。由于环线公用，一个节点发出的信息必须穿越环中所有的环路接口，直至再次回到发出该信息的环路接口为止。在此期间，当信息流的目的地址与环上某节点地址相符时，信息被该节点的环路接口所接收，并继续流向下一环路接口。

(5) 网状拓扑。网状拓扑结构主要指各节点通过传输线互相连接起来，并且每一个节点至少与其他两个节点相连。网状拓扑结构具有较高的可靠性，但其结构复杂，实现起来费用较高，不易管理和维护，不常用于局域网。

(6) 全互联型拓扑。全互联型拓扑结构是网状拓扑结构的升级版，主要指各节点通过传输线互相连接起来，并且每一个节点与其他所有节点之间都有连接。这种拓扑结构可靠性极高，但其结构更加复杂，实现起来费用更高，因此只存在于概念中，不常用于局域网。

此外，拓扑结构图还可以分为物理拓扑结构图和逻辑拓扑结构图。物理拓扑结构图是根据网络设备的实际物理地址进行扫描而得出的，所以它更加适合的是网络设备层管理。一旦网络中出现故障或者即将出现故障，物理拓扑结构图可以及时并详细地告诉网络管理者是哪一台网络设备出了问题。逻辑拓扑结构图更加注重应用系统的运行状况，它反映的是实际应用的情况。其实这两者是从不同层面上来描述组织关系的，一个是从物理空间上，而一个是从逻辑上。举个简单的例子，比如幼儿园的老师在带着孩子们玩游戏，他们手拉着手站成一排，那么物理拓扑结构图就类似于总线型(如图 2-3(a)所示)；但是从逻辑上来说，游戏是由老师带领来进行的，那么逻辑拓扑结构图就类似于星型(如图 2-3(b)所示)，如果一个班还有若干个组长，那么逻辑拓扑结构图就更类似于树型。

图 2-3 物理拓扑结构图与逻辑拓扑结构图

2.1.2 节点与地址

1. 节点的定义

节点是指一个有独立地址和具有传送或接收数据功能的一台电脑或其他设备。节点既可以是工作站、客户、网络用户或个人计算机，也可以是服务器、打印机和其他网络连接的设备。每一个工作站、服务器、终端设备、网络设备，即拥有自己唯一网络地址的设备都是网络节点。整个网络就是由这许许多多的网络节点组成的，把许多的网络节点用通信线路连接起来，形成一定的几何关系，这就是计算机网络拓扑。换句话说，节点就好像是在社会中的人一样，每一个人都是独一无二的。

2. 节点的地址

如果把节点比喻成在社会中的人，那么节点地址就好比是人的身份证，是用来唯一标识的手段，或者好比是家家户户的门牌号码，以此来区分每一家。图 2-4 表示的是在网络拓扑结构中节点地址的示意图。

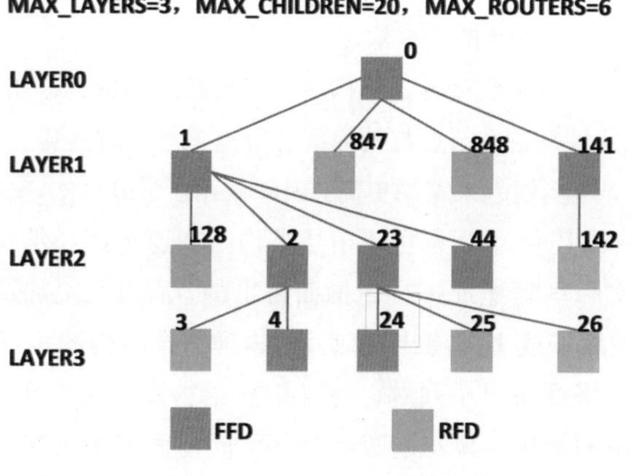

图 2-4 节点地址示意图

在工业控制网络中，节点地址的设置方法主要有硬件设置和软件设置两种，即拨码开关方式和人机界面加配置参数方式。很多时候，需要同时通过硬件和软件两个方面对节点地址进行设置，而且硬件和软件地址还必须一致。

1）拨码开关

用来操作控制的地址开关即为拨码开关（也称作 DIP 开关、拨动开关、超频开关、地址开关、拨拉开关、数码丌关或指拔开关），采用的是 0/1 的二进制编码原理。拨码开关的外观图如图 2-5 所示。

对于拨码开关，每一位均有 ON 和 OFF 两端，分别对应着二进制的 1 和 0。如果要设置通信地址，只需要把十进制的地址转换成二进制，然后根据该二进制数的每一位，把拨码开关的每一位分别拨到 ON 或者 OFF 的位置。图 2-6 为进制转换图。

图 2-5　拨码开关外观图

二进制	十进制	十六进制	二进制	十进制	十六进制
0000	0	0	1010	10	A
0001	1	1	1011	11	B
0010	2	2	1100	12	C
0011	3	3	1101	13	D
0100	4	4	1110	14	E
0101	5	5	1111	15	F
0110	6	6	1 0000	16	10
0111	7	7	1 0001	17	11
1000	8	8	....	....	....
1001	9	9	1111 1111	255	FF

图 2-6　进制转换图

例如，要把某个设备的通信地址设置成 1，转换成二进制数就是 0000 0001，如果有一个 3 位的拨码开关，那就应该把最低位拨到 ON 的位置，而另外两位拨到 OFF 的位置，如图 2-7 所示。值得注意的是，每次修改完硬件地址之后，需要将硬件重新上电，配置好的地址才是有效的。

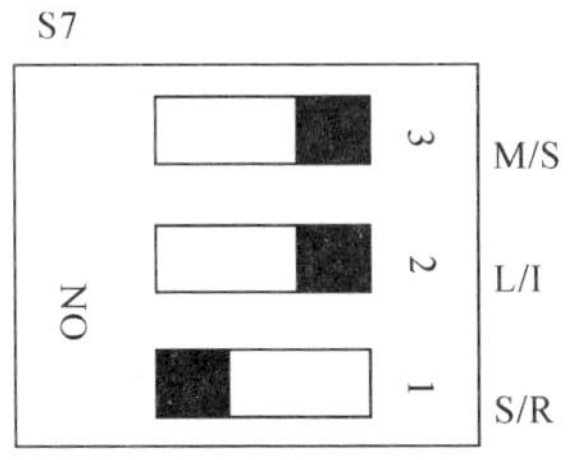

图 2-7　地址设置效果图

2）人机界面加配置参数

如果不采用拨码开关的方式，有时网络地址也以配置参数的形式存储于设备的非易失性存储器中，然后通过人机界面去设置它。目前常见的人机界面方式有三种：八段数码管加按键、LCD 屏加按键、触摸屏或软件。

八段数码管加按键是一种低成本解决方案，其优点是成本低、简单易用，缺点是显示效果较差。八段数码管加按键的外观图如图 2-8 所示。

图 2-8　八段码加按键外观图

LCD 屏加按键和触摸屏方式一般应用于对人机界面要求较高的场合，其优点是显示效果好，缺点是成本较高。图 2-9 所示的是 LCD 屏加按键的外观图。

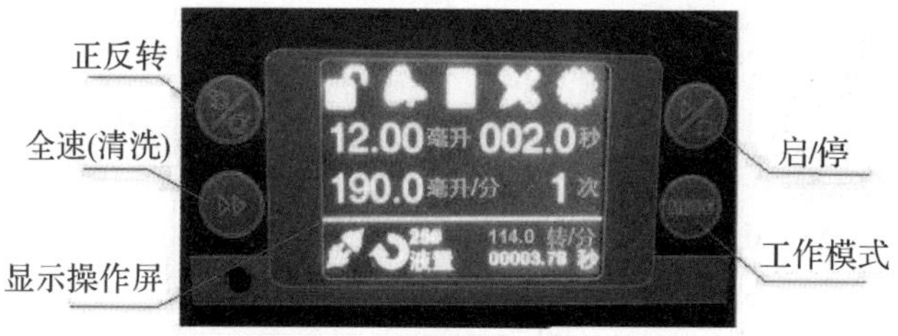

图 2-9　LCD 屏加按键外观图

触摸屏或软件设置节点地址的方案目前广泛应用于工业现场，例如在工业触摸屏中，触摸屏的节点地址大多数是通过触摸屏的系统设置来实现的。其优点是显示效果好、操作简单且可设置的地址类型多，而且一般来说无须重新上电。图 2-10 所示的是触摸屏系统设置界面图。

图 2-10　触摸屏系统设置界面图

随堂练习：

试修改实验室中工业触摸屏的 DP 地址。

思考题：

在工业触摸屏的组态软件中是否也要对地址进行修改？在组态软件中进行地址修改和在触摸屏本体中进行地址修改的意义有何不同？

2.1.3 传输介质

计算机网络通信介质一般包括同轴电缆、双绞线、光纤、无线介质等几大类，下面就每一种通信介质的定义、分类、常用型号等给以讲解。

1. 同轴电缆

1）定义

同轴电缆(Coaxial Cable)常用于设备与设备之间的连接，或应用在总线型网络拓扑中。同轴电缆中心内导体是一条铜导线，外加一层绝缘材料，在这层绝缘材料外边是由一根空心的圆柱网状铜导体包裹所构成的外导体，最外一层是绝缘层。与双绞线相比，同轴电缆的抗干扰能力强、屏蔽性能好、传输数据稳定、价格便宜，而且它不用连接在集线器或交换机上即可使用。

2）组成

同轴电缆由内导体、外导体、绝缘介质和防护套四部分组成，传统的家用有线电视使用的就是这种同轴电缆，如图2－11所示。

内导体的任务是传输高频电流。由于高频电流在导体中流过时会产生集肤效应，即电流只沿导体表面流过，在导体内部没有电流，因而内导体可做成空心金属管或采用铜包铝、铜包钢材料制成，目前大多数内导体由实心铜导线制成。

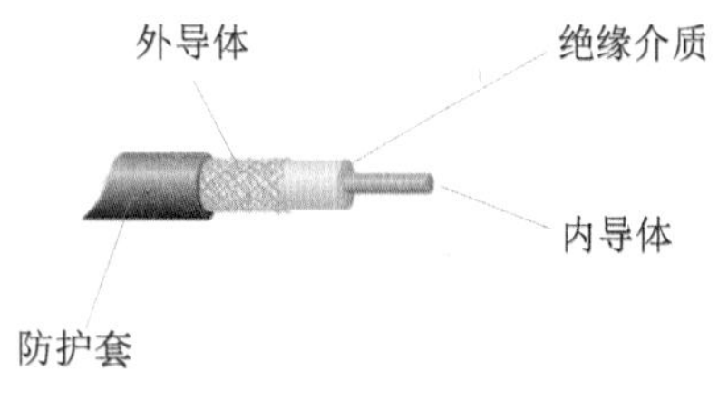

图 2－11 同轴电缆结构图

外导体除了传输高频电流外，还承担着屏蔽外界电磁干扰，防止信号外泄的作用。外导体除了电阻要小以外，还应具有较好的密封性能。外导体可以采用密编铜网，也可采用铝塑复合膜加疏编铜网，铜网要用镀锌铜丝编织，还有采用合金铝线编织的。较粗的电缆一般采用无缝铝管或氩弧焊接铝管作外导体。

绝缘介质的作用是阻止沿径向的漏电电流，同时也要对内、外导体起支撑作用，使整个电缆构成稳定的整体。绝缘介质的介电常数越小，电缆的衰减量和温度系数(温度升高 1℃时，电缆衰减量增加的百分数)也越小。

防护套采用塑料做成，用以增强电缆的抗磨损、抗机械损伤、抗化学腐蚀的能力，对电缆起保护作用。用于室外的干线和支线电缆，一般采用抗紫外线的塑料护套；用于室内的电缆则采用阻燃的塑料作护套。按照护套的不同，可将电缆分为标准电缆、无护套电缆、埋地电缆、吊线电缆和铠装电缆。铠装电缆是在标准护套外缠绕一层钢带后，再加一层护套，以增强电缆的防化学腐蚀、机械损伤和动物啃咬的性能。

3）特点

同轴电缆的优点是可以在相对长的无中继器的线路上支持高带宽通信。其缺点也是显而易见的：一是体积大，细缆的直径通常为3/8英寸，要占用电缆管道的大量空间；二是不能承受缠结、压力和严重的弯曲，这些因素都会损坏电缆结构，阻止信号的传输；三是成本高。而所有这些缺点正是双绞线能克服的，因此在现在的局域网环境中，网轴电缆基本已被基于双绞线的以太网物理层规范所取代。

4）分类

同轴电缆通常可分为细缆(RG-58)和粗缆(RG-11)两种，还有使用极少的半刚型同轴电缆和馈管。下面针对较为常用的细缆和粗缆进行介绍。

(1) 细缆。细缆(RG-58)的直径为0.26 cm，最大传输距离为185 m，使用时与50 Ω终端电阻、T型连接器、BNC接头与网卡相连，线材价格和连接头成本都比较便宜，而且不需要购置集线器等设备，十分适合架设终端设备较为集中的小型以太网络。缆线总长不应超过185 m，否则信号将严重衰减。细缆的阻抗是50 Ω。

(2) 粗缆。粗缆(RG-11)的直径为1.27 cm，最大传输距离达500 m。由于直径相当粗，因此它的弹性较差，不适合在室内狭窄的环境内架设，而且RG-11连接头的制作方式也相对要复杂得多，并且不能直接与电脑连接，它需要通过转接器转成AUI接头，然后再接到电脑上。由于粗缆的强度较高，最大传输距离也比细缆长，因此粗缆在信号传输过程中扮演着网络主干的角色，用来连接数个由细缆所结成的网络。粗缆的阻抗是75 Ω。

2. 双绞线

1）定义

双绞线(Twisted Pair，TP)是一种综合布线工程中最常用的传输介质，是由两根具有绝缘保护层的铜导线组成的。把两根绝缘的铜导线按一定密度互相绞在一起，每一根导线在传输中辐射出来的电波会被另一根线上发出的电波抵消，从而有效降低信号干扰的程度。

双绞线一般由两根22～26号绝缘铜导线相互缠绕而成，双绞线的名字也是由此而来。实际使用时，双绞线是由多对双绞线一起包在一个绝缘电缆套管里的。如果把一对或多对双绞线放在一个绝缘套管中便成了双绞线电缆，但日常生活中一般把“双绞线电缆”直接称为“双绞线”。

与其他传输介质相比，双绞线在传输距离、信道宽度和数据传输速度等方面均受到一定限制，但价格较为低廉。

2）分类

根据有无屏蔽层，双绞线分为屏蔽双绞线与非屏蔽双绞线。

屏蔽双绞线在双绞线与外层绝缘封套之间有一个金属屏蔽层。屏蔽双绞线分为STP和FTP两种。STP指每条线都有各自的屏蔽层，而FTP只在整个电缆有屏蔽装置，并且两端都正确接地时才起作用，所以要求整个系统是屏蔽器件，包括电缆、信息点、水晶头和配线架等，同时建筑物需要有良好的接地系统。屏蔽层可减少辐射，防止信息被窃听，也可阻止外部电磁干扰的进入，使屏蔽双绞线比同类的非屏蔽双绞线具有更高的传输速率。

非屏蔽双绞线是一种数据传输线，由 4 对不同颜色的传输线所组成，广泛用于以太网路和电话线中。非屏蔽双绞线具有以下优点：① 无屏蔽外套，直径小，节省所占用的空间，成本低；② 重量轻，易弯曲，易安装；③ 将串扰减至最小或加以消除；④ 具有阻燃性；⑤ 具有独立性和灵活性，适用于结构化综合布线。因此，在综合布线系统中，非屏蔽双绞线得到了广泛应用。

图 2 - 12 是双绞线的外观图。

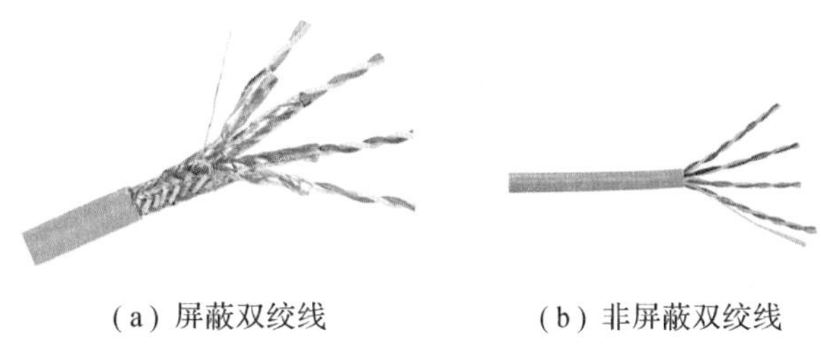

(a) 屏蔽双绞线　　(b) 非屏蔽双绞线

图 2 - 12　双绞线外观图

3) 常用型号

双绞线按线径、最高频率带宽可分为一类线(CAT1)、二类线(CAT2)、三类线(CAT3)、四类线(CAT4)、五类线(CAT5)、超五类线(CAT5e)、六类线(CAT6)共七种。常见的有三类线、五类线、超五类线及六类线，其具体型号如下：

(1) 一类线(CAT1)：线缆最高频率带宽是 750 kHz，用于报警系统，只适用于语音传输(一类标准主要用于 20 世纪 80 年代初之前的电话线缆)，不用于数据传输。

(2) 二类线(CAT2)：线缆最高频率带宽是 1 MHz，用于语音传输和最高传输速率 4 Mb/s的数据传输，常见于使用 4 Mb/s 规范令牌传递协议的令牌网。

(3) 三类线(CAT3)：指在 ANSI 和 EIA/TIA 568 标准中指定的电缆，该电缆的传输频率为 16 MHz，最高传输速率为 10 Mb/s(10 Mb/s)，主要应用于语音、10 Mb/s 以太网(10BASE-T)和 4 Mb/s 令牌网，最大网段长度为 100 m，采用 RJ 型的连接器，目前已逐渐淡出市场。

(4) 四类线(CAT4)：该类电缆的传输频率为 20 MHz，用于语音传输和最高传输速率 16 Mb/s(指的是 16 Mb/s 令牌环)的数据传输，主要用于基于令牌的局域网和 10BASE-T/100BASE-T 网络。其最大网段长为 100 m，采用 RJ 型的连接器，未被广泛采用。

(5) 五类线(CAT5)：该类电缆增加了绕线密度，外套一种高质量的绝缘材料，线缆最高频率带宽为 100 MHz，最高传输速率为 100 Mb/s，用于语音传输和最高传输速率为 100 Mb/s 的数据传输，主要用于 100BASE-T 和 1000BASE-T 网络，最大网段长为 100 m，采用 RJ 型的连接器。这是最常用的以太网电缆。在双绞线电缆内，不同线对具有不同的绞距长度。通常，4 对双绞线绞距周期在 38.1 mm 长度内，按逆时针方向扭绞，一对线对的扭绞长度在 12.7 mm 以内。

(6) 超五类线(CAT5e)：衰减小，串扰少，并且具有更高的衰减与串扰的比值(ACR)和信噪比(SNR)、更小的时延误差，较之前几类相比性能得到了很大提高。该类线主要用于千兆位以太网(1000 Mb/s)。

(7) 六类线(CAT6)：该类电缆的传输频率为 1～250 MHz，六类布线系统在 200 MHz 时综合衰减串扰比(PS-ACR)应该有较大的余量，它提供 2 倍于超五类的带宽。六类布线的传输性能远远高于超五类标准，最适用于传输速率高于 1 Gb/s 的应用。六类与超五类的一个重要的不同点在于改善了在串扰以及回波损耗方面的性能，对于新一代全双工的高速网络应用而言，优良的回波损耗性能是极重要的。六类标准中取消了基本链路模型，布线标准采用星型拓扑结构，要求的布线距离为：永久链路的长度不能超过 90 m，信道长度不能超过 100 m。

(8) 超六类或 6A(CAT6A)：此类产品传输带宽介于六类和七类之间，传输频率为 500 MHz，传输速率为 10 Gb/s，标准外径为 6 mm。和七类产品一样，国家还没有出台正式的检测标准，只是行业中有此类产品，各厂家宣布一个测试值。

(9) 七类线(CAT7)：传输频率为 600 MHz，传输速率为 10 Gb/s，单线标准外径为 8 mm，多芯线标准外径为 6 mm。

双绞线类型数字越大，线径越粗，版本越新；技术越先进，带宽也越宽，当然价格也越贵。不同类型的双绞线标注方法为：如果是标准类型，则按 CATx 方式标注，如常用的五类线和六类线，则在线的外皮上标注为 CAT5、CAT6；如果是改进版，就按 xe 方式标注，如超五类线就标注为 5e(字母是小写，而不是大写)。

无论是哪一种线，信号的衰减都随频率的升高而增大。在设计布线时，要考虑受到衰减的信号还应当有足够大的振幅，以便在有噪声干扰的条件下能够在接收端正确地被检测出来。双绞线能够传送多少速率(Mb/s)的数据还与数字信号的编码方法有很大的关系。

3. 光纤

1) 定义

光纤(Optical Fiber)是光导纤维的简写，是一种以“光的全反射”原理为依据，由玻璃或塑料制成的纤维，可作为光传导工具。光纤的外观图如图 2-13 所示。

图 2-13　光纤外观图

2) 分类

根据不同光纤的分类标准，同一根光纤会有不同的名称。

(1) 按光纤的材料分类，可以将光纤分为石英光纤和全塑光纤。

石英光纤(Silica Fiber)一般是指由掺杂石英芯和掺杂石英包层组成的光纤。这种光纤有很低的损耗和中等程度的色散。目前通信用光纤绝大多数是石英光纤。

全塑光纤(Plastic Optical Fiber)是一种通信用新型光纤，尚在研制、试用阶段。全塑光纤具有损耗大、纤芯粗(直径 100～600 μm)、数值孔径(NA)大(一般为 0.3～0.5，可与光斑较大的光源耦合使用)及制造成本较低等特点。目前，全塑光纤适合短距离的应用，如室内计算机联网和船舶内的通信等。

(2) 按照光纤剖面折射率分布的不同，可以将光纤分为阶跃型光纤和渐变型光纤。

(3) 按照光纤传输的模式数量，可以将光纤分为单模光纤和多模光纤。

单模光纤是只能传输一种模式的光纤。单模光纤只能传输基模(最低阶模)，不存在模间时延差，具有比多模光纤大得多的带宽，这对于高码速传输是非常重要的。单模光纤的模场直径仅几微米(μm)，其带宽一般比渐变型多模光纤的带宽高一两个数量级。因此，它适用于大容量、长距离通信。

多模光纤容许不同模式的光于一根光纤上传输，由于多模光纤的芯径较大，故可使用较为廉价的耦合器及接线器，多模光纤的纤芯直径为 50～100 μm。

(4) 按照国际标准规定分类(按照 ITU-T 建议分类)。为了使光纤具有统一的国际标准，国际电信联盟(ITU-T)制定了统一的光纤标准(G 标准)。按照 ITU-T 关于光纤的建议，可以将光纤分为以下几种：

① G.651 光纤(50/125 μm 多模渐变型折射率光纤)；

② G.652 光纤(非色散位移光纤)；

③ G.653 光纤(色散位移光纤 DSF)；

④ G.654 光纤(截止波长位移光纤)；

⑤ G.655 光纤(非零色散位移光纤)。

为了适应新技术的发展需要，目前 G.652 光纤已进一步分为 G.652A、G.652B、G.652C 三个子类，G.655 光纤也进一步分为 G.655A、G.655B 两个子类。

(5) 按照 IEC 标准，光纤分为以下几种：

① A 类多模光纤：

- A1a 多模光纤(50/125 μm 型多模光纤)；
- A1b 多模光纤(62.5/125 μm 型多模光纤)；
- A1d 多模光纤(100/140 μm 型多模光纤)。

② B 类单模光纤：

- B1.1 对应 G652 光纤，增加了 B1.3 光纤以对应 G652C 光纤；
- B1.2 对应 G654 光纤；
- B2 光纤对应 G.653 光纤；
- B4 光纤对应 G.655 光纤。

3) 特点

(1) 频带宽。频带的宽窄代表传输容量的大小。载波的频率越高，可传输信号的频带宽度就越大。例如在 VHF 频段，载波频率为 48.5～300 MHz。约 250 MHz 的带宽，只能传输 27 套电视和几十套调频广播。可见光的频率达 100 000 GHz，比 VHF 频段高出一百多万倍。尽管由于光纤对不同频率的光有不同的损耗，使频带宽度受到影响，但在最低损耗区的频带宽度也可达 30 000 GHz。目前单个光源的带宽只占了其中很小的一部分(多模光纤的频带约几百兆赫，好的单模光纤可达 10 GHz 以上)，采用先进的相干光通信则可以在 30 000 GHz 范围内安排 2000 个光载波，进行波分复用，可以容纳上百万个频道。

(2) 损耗低。在同轴电缆组成的系统中，最好的电缆在传输 800 MHz 信号时，每千米的损耗都在 40 dB 以上。相比之下，光导纤维的损耗则要小得多，传输 1.31 μm 的光，每千米损耗在 0.35 dB 以下，若传输 1.55 μm 的光，每千米损耗更小，可控制在 0.2 dB 以下。这就比同轴电缆的功率损耗要小得多，而能传输的距离要远得多。此外，光纤传输损耗还有两个特点：一是在全部频段内具有相同的损耗，不需要像电缆干线那样必须引入均衡器进行均衡；二是其损耗几乎不随温度而变，不用担心因环境温度变化而造成干线电平的波动。

(3) 重量轻。因为光纤非常细，单模光纤芯线直径一般为4～10 μm，外径也只有 125 μm，加上防水层、加强筋、护套等，用 4～48 根光纤组成的光缆直径还不到13 mm，比标准同轴电缆的直径 47 mm 要小得多，加上光纤是玻璃纤维，比重小，使它具有直径小、重量轻的特点，安装十分方便。

(4) 抗干扰能力强。因为光纤的基本成分是石英，只传光、不导电、不受电磁场的作用，故光纤传输对电磁干扰、工业干扰有很强的抵御能力。也正因为如此，在光纤中传输的信号不易被窃听，因而利于保密。

(5) 保真度高。因为光纤传输一般不需要中继放大，所以不会因为放大引入新的非线性失真。只要激光器的线性好，就可高保真地传输信号。实际测试表明，好的调幅光纤系统的载波组合三次差拍比 C/CTB 在 70 dB 以上，交调指标 cM 也在 60 dB 以上，远高于一般电缆干线系统的非线性失真指标。

(6) 性能可靠。我们知道，一个系统的可靠性与组成该系统的设备数量有关。设备越多，发生故障的机会越大。因为光纤系统包含的设备数量少(不像电缆系统那样需要几十个放大器)，可靠性自然也就高，加上光纤设备的寿命都很长，无故障工作时间可达 50 万～75 万小时，其中寿命最短的是光发射机中的激光器，最低寿命也在 10 万小时以上。故一个设计良好、正确安装调试的光纤系统的工作性能是非常可靠的。

(7) 光纤成本不断下降。目前，有人提出了新摩尔定律，也叫做光学定律(Optical Law)。该定律指出，光纤传输信息的带宽每 6 个月就增加 1 倍，而价格降低 1 半。光通信技术的发展，为 Internet 宽带技术的发展奠定了非常好的基础。由于制作光纤的材料(石英)来源十分丰富，随着技术的进步，成本还会进一步降低；而电缆所需的铜原料有限，价格会越来越高。显然，今后光纤传输将占绝对优势。

2.2 数据通信

问题导入：

计算机网络系统中有了节点、传输介质等基本元素之后，节点和节点之间是如何实现数据通信的呢？这其中涉及哪些基本概念和数据通信技术呢？

本节主要介绍数据通信的基本概念、数据编码技术、数据传输技术、数据交换技术等。

课程思政 5

2.2.1 数据通信的基本概念

1. 信息与数据

信息(Information)是指已被处理成某种形式的数据，这种形式对接收信息具有意义，并在当前或未来的行动和决策中具有实际的和可觉察到的价值。数据即信息的原始材料，其定义是许多非随机的符号组，它们代表数量、行动和客体等。数据与信息的关系就是原料与成品的关系。数据只有经过加工和解释，才能具有意义、深化为信息。

数据(Data)是指对客观事件进行记录并可以鉴别的符号，是对客观事物的性质、状态以及相互关系等进行记载的物理符号或这些物理符号的组合。它是可识别的、抽象的符号。它不仅指狭义上的数字，还可以是具有一定意义的文字、字母、数字符号的组合、图形、图像、视频、音频等，也是客观事物的属性、数量、位置及其相互关系的抽象表示。例如，“0、1、2、…”“阴、雨、下降、气温”“学生的档案记录、货物的运输情况”等都是数据。数据经过加工后就成为信息。

2. 信道与信道容量

信道(Information Channels)是指信号的传输媒质，可分为有线信道和无线信道两类。有线信道包括明线、对称电缆、同轴电缆、双绞线及光缆等。无线信道有地波传播、短波电离层反射、超短波或微波视距中继、人造卫星中继以及各种散射信道等。如果我们把信道的范围扩大，它还可以包括有关的变换装置，如发送设备、接收设备、馈线与天线、调制器、解调器等，我们称这种扩大的信道为广义信道，而称前者为狭义信道。

信道容量(Channel Capacity)是指信道能无错误传送的最大信息率。通常把信号的产生(物)称为信源，相对应地，把信号的接收(物)称为信宿。对于只有一个信源和一个信宿的单用户信道，信道容量是一个数值，单位是比特每秒或比特每分钟等。举个例子来说明，如果把信道比喻成高速公路的话，那么信道容量就是高速公路的车道数，代表着单位时间能通过的车辆个数。信道容量的比喻如图 2－14 所示。

图 2－14 信道容量

3. 波特率与比特率

码元传输速率是指每秒通过信道传输的码元数，简称波特率(Baud Rate)。在信息传输通道中，携带数据信息的信号单元叫码元(Signal Unit)。波特率是指数据信号对载波的调制速率，它用单位时间内载波调制状态改变的次数来表示(也就是每秒调制的符号数)，其单位是波特(Baud)。波特率是传输通道频宽的指标。

每秒通过信道传输的信息量称为位传输速率，也就是每秒传送的二进制位数，简称比特率(Bit Rate)。比特率表示有效数据的传输速率，如 b/s(比特/秒)，读作“比特每秒”。波特率和比特率的关系如图 2-15 所示。

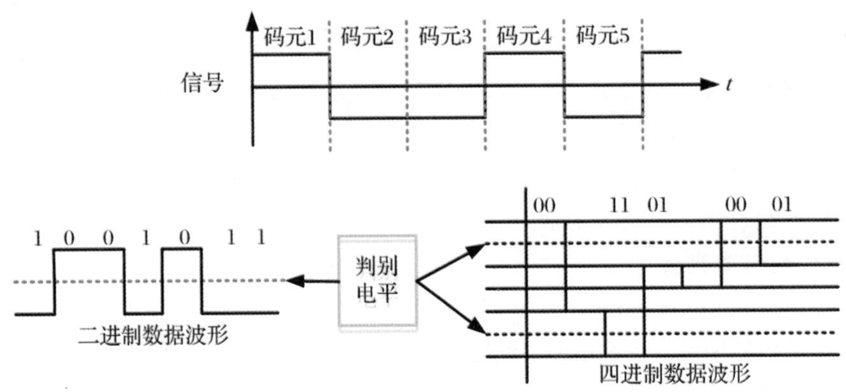

图 2-15 波特率和比特率对比图

4. 误码率

误码率(Symbol Error Rate，SER)是衡量数据在规定时间内传输精确性的指标，即

$$误码率=\frac{传输中的误码}{所传输的总码数}\times 100\%$$

如果有误码就有误码率。另外，也有将误码率定义为用来衡量误码出现的频率。

5. 调制与解调

调制(Modulation)是指将各种数字基带信号转换成适于信道传输的数字调制信号(已调信号或频带信号)。调制就是用基带信号控制载波信号的某个或几个参量的变化，将信息荷载在其上形成已调信号传输。

解调(Demodulation)是指在接收端将收到的数字频带信号还原成数字基带信号。

调制的目的是把要传输的模拟信号或数字信号变换成适合信道传输的信号，这就意味着把基带信号(信源)转变为一个相对基带频率而言频率非常高的带通信号。该信号称为已调信号，而基带信号称为调制信号。调制可以通过使高频载波随信号幅度的变化而改变载波的幅度、相位或者频率来实现。调制过程用于通信系统的发端。调制与解调的过程如图 2-16 所示。

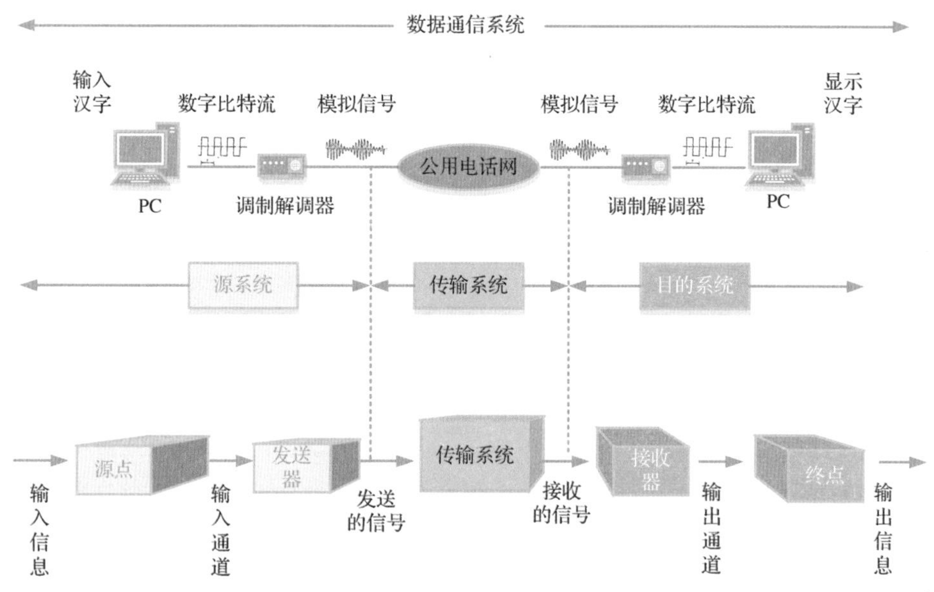

图 2－16　调制与解调过程示意图

目前，经常采用的信号调制形式有以下几种：

(1) 模拟调制：用连续变化的信号调制一个高频正弦波。其主要有两种调制方法：幅度调制，包括调幅 AM、双边带调幅 DSBSC、单边带调幅 SSBSC、残留边带调制 VSB 以及独立边带调制 ISB 等；角度调制，包括调频 FM 和调相 PM 两种。因为相位的变化率就是频率，所以调相波和调频波是密切相关的。

(2) 数字调制：用数字信号对正弦或余弦高频振荡波进行调制。其主要有三种调制方法，即振幅键控 ASK、频率键控 FSK 和相位键控 PSK。

(3) 脉冲调制：用脉冲序列作为载波，对基带信号进行调制。其主要有四种调制方法，即脉冲幅度调制(Pulse Amplitude Modulation，PAM)、脉宽调制(Pulse Duration Modulation，PDM)、脉位调制(Pulse Position Modulation，PPM)和脉冲编码调制(Pulse Code Modulation，PCM)。

2.2.2　数据编码技术

工程中的所有数据信号都可以归结为数字信号和模拟信号两种，通过一定的编码技术可以将两种信号相互转换，也可以将原有的数字信号转换成二进制编码。下面就如何将数字信号用二进制编码表示、数字信号如何用模拟量表示以及模拟信号如何用数字信号表示分别进行讲解。

1. 将数字信号用二进制编码表示

将数字信号表示成二进制编码信号，目前常用的方法有非归零编码、非归零反向编码、曼彻斯特编码及差分曼彻斯特编码等。

1) 非归零编码(Non-Return-to-Zero code，NRZ)

非归零编码是一种二进制信息的编码，用两种不同的电平分别表示“1”和“0”，不使用零电平。该编码方式信息密度高，但需要外同步并有误码积累。非归零编码可以分为单极性非归零码和双极性非归零码。图 2－17 为非归零编码示意图。

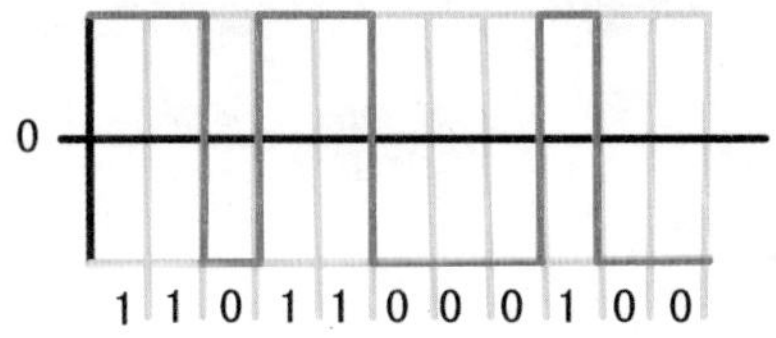

图 2－17　非归零编码示意图

（1）单极性非归零码。单极性非归零码是一种二元码且与单极性归零码相似，并且单极性非归零码脉冲之间无间隔。这是一种最常用的码型。单极性非归零码的特点是：因为有直流成分，所以很难在低频传输特性比较差的有线信道进行传输，并且接收单极性非归零码的判决电平一般取为 1 码电平的一半，因此在信道特性发生变化时，容易导致接收波形的振幅和宽度变化，使得判决电平不能稳定在最佳电平，从而引起噪声。此外，单极性非归零码对传输线路有一定要求，不能直接提取同步信号，并且传输时必须将信道一端接地。一般由终端送来的单极性非归零码要通过码型变换变成适合信道传输的码型。

（2）双极性非归零码。双极性非归零码是用正、负电平分别表示二进制码 1 和 0 的码型，与双极性归零码类似，但非归零码的波形在整个码元持续期间电平保持不变。双极性非归零码的特点是：从统计平均来看，由于该码型信号在 1 和 0 的数目相同时无直流分量，并且接收时判决电平为 0，容易设置并且稳定，因此抗干扰能力强。双极性非归零码还可以在电缆等无接地的传输线上传输，因此其应用极广。双极性非归零码常用于低速数字通信。双极性非归零码的主要缺点是：与单极性非归零码一样，不能直接从双极性非归零码中提取同步信号，并且 1 码和 0 码不等概时，仍有直流成分。

2）非归零反向编码(No Return Zero-Inverse，NRZ-I)

非归零反向编码又叫非归零交替编码，NRZ-I 电平的一次翻转表示Data电平的逻辑 0，与前一个 NRZ-I 电平相同的电平表示 Data 电平的逻辑 1(翻转代表 0，不变代表 1)。简而言之，就是相邻电平有变化则为 0，无变化为 1；或相邻电平有变化则为 1，无变化为 0。图 2－18 为非归零反向编码示意图。

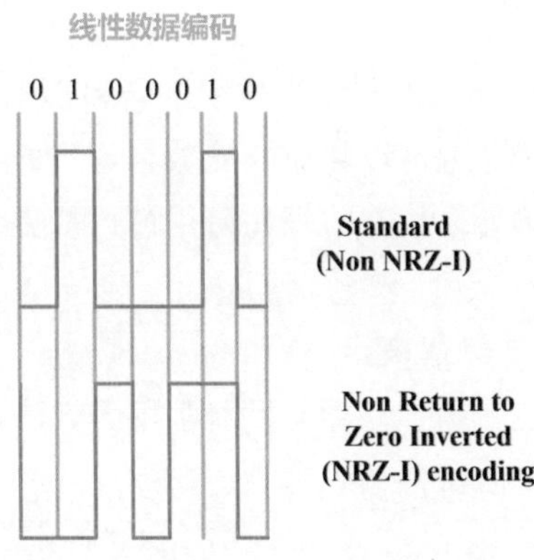

图 2－18　非归零反向编码示意图

3）曼彻斯特编码(Manchester En-coding)

曼彻斯特编码也叫做相位编码(Phase Encode，PE)，是一种同步时钟编码技术，被物理层用来编码一个同步位流的时钟和数据，也叫做相位编码。它在以太网媒介系统中的应用属于数据通信中的两种位同步方法里的自同步法(另一种是外同步法)，即接收方利用包含有同步信号的特殊编码从信号自身提取同步信号来锁定自己的时钟脉冲频率，达到同步目的。图 2-19 为曼彻斯特编码示意图。

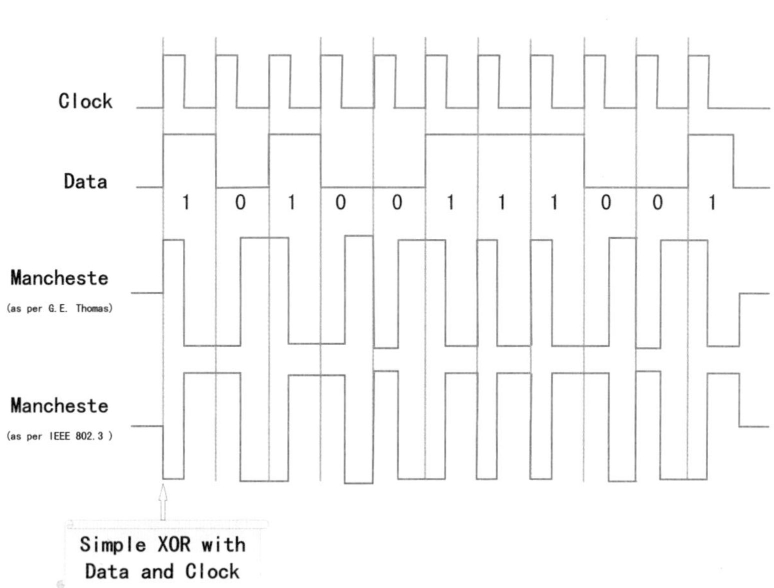

图 2-19 曼彻斯特编码示意图

在曼彻斯特编码中，每一位的中间有一次跳变，位中间的跳变既作时钟信号，又作数据信号；从低到高跳变表示“1”，从高到低跳变表示“0”。还有一种是差分曼彻斯特编码，每位中间的跳变仅提供时钟定时，每位开始时，有跳变为“0”，无跳变为“1”。

其中值得注意的是，在每一位的“中间”必有一次跳变，据此可以画出曼彻斯特编码波形图。例如：传输二进制信息 0，若将 0 看作一位，就以 0 为中心，在两边用虚线界定这一位的范围，然后在这一位的中间画出一个电平由高到低的跳变。后面的每一位依此类推即可画出整个波形图。

4）差分曼彻斯特编码(Differential Manchester Encoding)

差分曼彻斯特编码是在曼彻斯特编码基础上进行改进的一种编码方式。它们的特征是在传输的每一位信息中都带有位同步时钟，因此一次传输可以允许有很长的数据位。它在每个时钟位的中间都有一次跳变，在每个时钟位的开始有无跳变可用来区分传输的是“1”还是“0”。

差分曼彻斯特编码比曼彻斯特编码的变化要少，因此更适合于传输高速的信息，被广泛用于宽带高速网中。然而，由于每个时钟位都必须有一次变化，所以这两种编码的效率仅可达到 50%左右。

识别差分曼彻斯特编码的方法：主要看两个相邻的波形，如果后一个波形和前一个波形相同，则后一个波形表示 0；如果波形不同，则表示 1。图 2-20 为差分曼彻斯特编码与 NRZ 编码以及曼彻斯特编码的对比示意图。

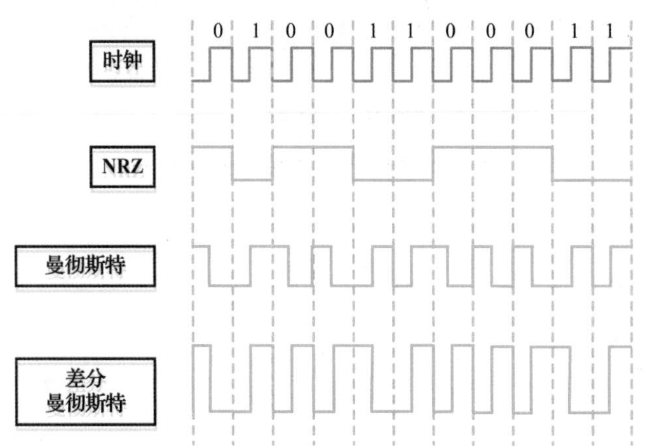

图 2-20 差分曼彻斯特编码与 NRZ 编码以及曼彻斯特编码的对比示意图

2. 将数字信号用模拟信号表示

将数字信号表示成模拟信号，目前常常采用的方法有幅移键控、频移键控和相移键控三种。

1）幅移键控(Amplitude-Shift Key control，ASK)

以基带数字信号控制载波的幅度变化的调制方式称为幅移键控，又称数字调幅、移幅键控、振幅键控等。在幅移键控方式中，当“1”出现时，接通振幅为 A 的载波；当“0”出现时，关断载波。这相当于将原基带信号(脉冲列)频谱搬到了载波的两侧。

幅移键控相当于模拟信号中的调幅，只不过与载频信号相乘的是二进制数码。移幅就是把频率、相位作为常量，而把振幅作为变量，信息比特是通过载波的幅度来传递的。二进制幅移键控(2ASK)，由于调制信号只有 0 或 1 两个电平，相乘的结果相当于将载频或者关断，或者接通。它的实际意义是当调制的数字信号为“1”时，传输载波；当调制的数字信号为“0”时，不传输载波。其原理如图 2-21(a)所示，其中 $s(t)$ 为基带矩形脉冲。一般载波信号用余弦信号，而调制信号是把数字序列转换成单极性的基带矩形脉冲序列，而这个通断键控的作用就是把这个输出与载波相乘，就可以把频谱搬移到载波频率附近，实现 2ASK。实现后的 2ASK 波形如图 2-21(b)所示。

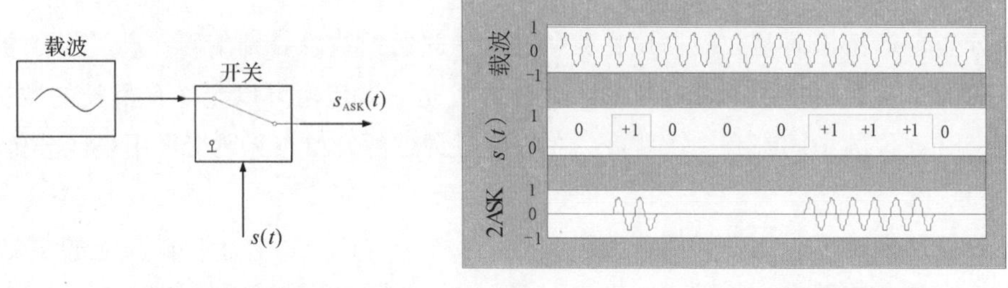

(a) 幅移键控原理图　　(b) 2ASK波形图

图 2-21 幅移键控原理图及 2ASK 波形图

2）频移键控（Frequency-Shift Key control，FSK）

频移键控是指以数字信号控制载波频率变化的调制方式，又叫移频键控。根据已调波的相位连续与否，可分为相位不连续的频移键控和相位连续的频移键控两类。频移键控是信息传输中使用得较早的一种调制方式，它的主要优点是实现起来较容易，抗噪声与抗衰减的性能较好。因此，频移键控广泛应用于中低速数据传输中。频移键控波形输出原理图如图 2－22 所示。

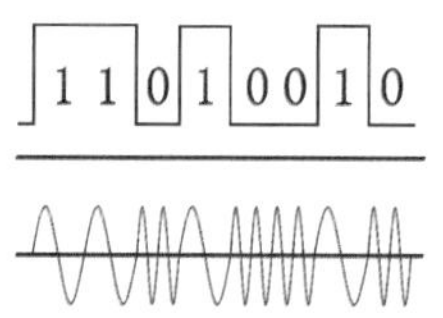

图 2－22　频移键控波形输出原理图

3）相移键控（Phase-Shift Key control，PSK）

相移键控是一种用载波相位表示输入信号信息的调制技术，又叫移相键控。移相键控分为绝对移相和相对移相两种。以未调载波的相位作为基准的相位调制叫作绝对移相。以二进制调相为例，取码元为“1”时，调制后载波与未调载波同相；取码元为“0”时，调制后载波与未调载波反相；“1”和“0”时调制后载波相位差 180°。图 2－23 为相移键控波形输出原理图。

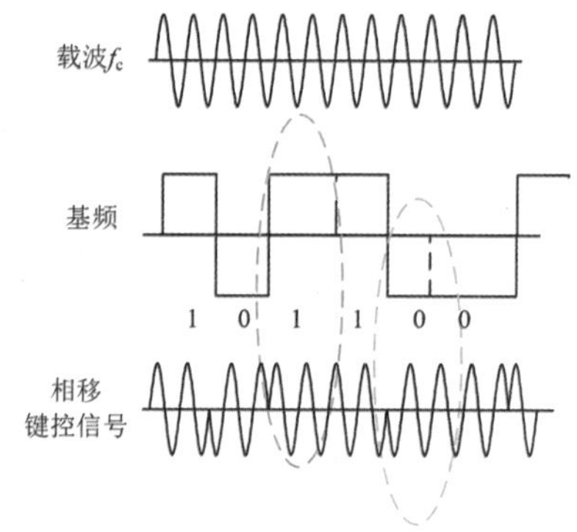

图 2－23　相移键控波形输出原理图

幅移键控、频移键控和相移键控三种方式分别采用了改变载波信号的幅值、频率和相位的方式来表示数字信号的变化。图 2－24 是三种方式的输出波形比较示意图。

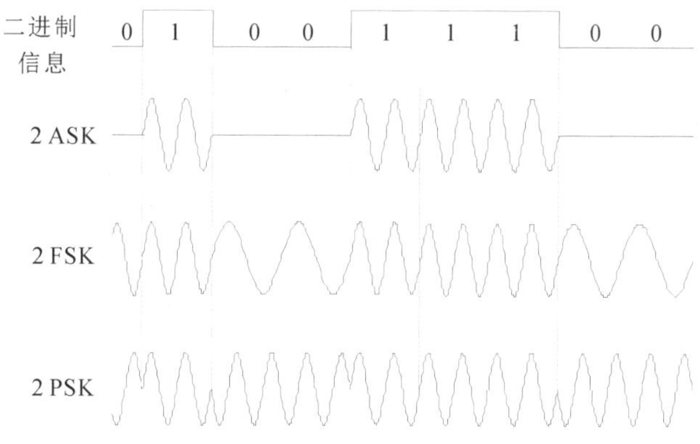

图 2－24　三种方式的输出波形比较示意图

3. 将模拟信号用数字信号表示

将模拟信号表示成数字信号，目前常常采用的方法有脉冲编码调制和增量调制两种。

1）脉冲编码调制（Pulse Code Modulation，PCM）

脉冲编码调制是由 A. 里弗斯于 1937 年提出的，这一概念为数字通信奠定了基础。20 世纪 60 年代，脉冲编码调制开始应用于市内电话网以扩充容量，使已有音频电缆的大部分芯线的传输容量扩大了 24～48 倍；到 70 年代中末期，各国相继把脉冲编码调制成功应用于同轴电缆通信、微波接力通信、卫星通信和光纤通信等中大容量传输系统；80 年代初，脉冲编码调制已用于市话中继传输和大容量干线传输以及数字程控交换机，并在用户话机中采用。

脉冲编码调制就是把一个时间连续、取值连续的模拟信号变换成时间离散、取值离散的数字信号后在信道中传输。它是对模拟信号先抽样，再对样值幅度量化、编码的过程。图 2-25 为脉冲编码调制过程的示意图。

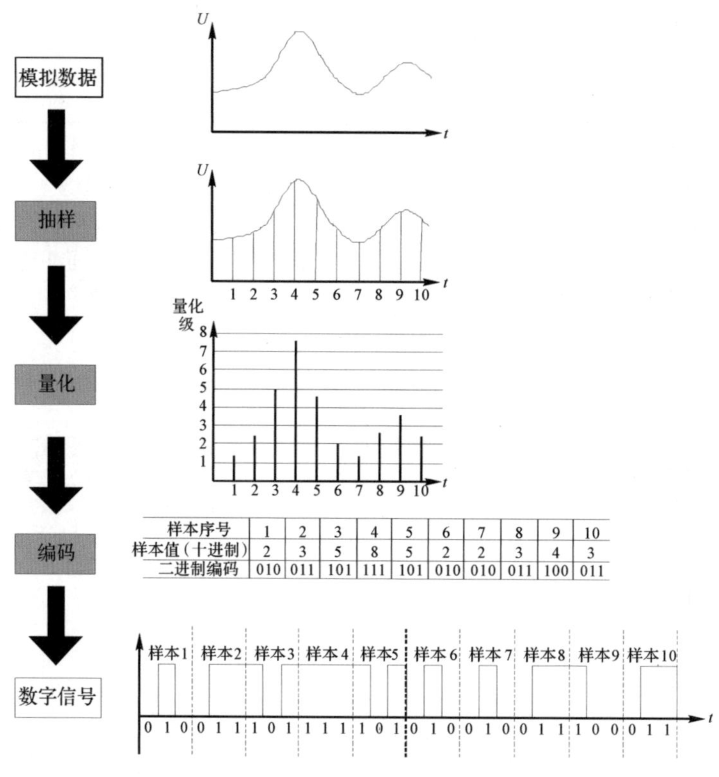

图 2-25　脉冲编码调制过程示意图

（1）抽样就是对模拟信号进行周期性扫描，把时间上连续的信号变成时间上离散的信号，抽样必须遵循奈奎斯特抽样定理。该模拟信号能无失真地恢复原模拟信号，它的抽样速率的下限是由抽样定理确定的。抽样速率采用 8 kHz。

（2）量化就是把经过抽样得到的瞬时值将其幅度离散，即用一组规定的电平，把瞬时抽样值用最接近的电平值来表示，通常是用二进制表示。

（3）编码就是用一组二进制码组来表示每一个有固定电平的量化值。然而，实际上量化是在编码过程中同时完成的，故编码过程也称为模/数变换，可记作 A/D。

量化过程中必然会产生量化误差，量化误差是指量化后的信号和抽样信号的差值。

量化误差在接收端表现为噪声，称为量化噪声。量化级数越多误差越小，相应的二进制码位数越多，要求传输速率越高，频带越宽。为使量化噪声尽可能小而所需码位数又不太多时，通常采用非均匀量化的方法进行量化。非均匀量化根据幅度的不同区间来确定量化间隔，幅度小的区间量化间隔取得小，幅度大的区间量化间隔取得大。

一个模拟信号经过抽样量化后，得到已量化的脉冲幅度调制信号，它仅为有限个数值。例如，要将语音信号转化成二进制编码，则先要把语音信号经防混叠低通滤波器，进行脉冲抽样，变成 8 kHz 重复频率的抽样信号(即离散的脉冲调幅 PAM 信号)，然后将幅度连续的 PAM 信号用“四舍五入”办法量化为有限个幅度取值的信号，再经编码后转换成二进制码。对于电话信号，CCITT 规定抽样率为 8 kHz，每抽样值编 8 位码，即共有 $2^8=256$ 个量化值，因而每话路 PCM 编码后的标准数码率是 64 kb/s。为解决均匀量化时小信号量化误差大、音质差的问题，在实际中采用不均匀选取量化间隔的非线性量化方法，即量化特性在小信号时分层密、量化间隔小，而在大信号时分层疏、量化间隔大。

在实际中使用的是两种对数形式的压缩特性：A 律和 μ 律，A 律编码主要用于 30/32 路一次群系统，μ 律编码主要用于 24 路一次群系统。A 律 PCM 用于欧洲和中国，μ 律 PCM 用于北美和日本。

2）增量调制(Incremental Modulation DM)

增量调制是 1946 年由法国工程师 De Loraine 提出、继 PCM 后出现的又一种模拟信号数字化的方法。增量调制简称 ΔM 或 DM，目的在于简化模拟信号的数字化方法，主要在军事通信和卫星通信中广泛使用，有时也作为高速大规模集成电路中的 A/D 转换器使用。

增量调制就是将信号瞬时值与前一个抽样时刻的量化值之差进行量化，而且只对这个差值的符号进行编码。因此量化只限于正和负两个电平，即用一位码来传输一个抽样值。如果差值为正，则发“1”码；如果差值为负，则发“0”码。显然，数码“1”和“0”只是表示信号相对于前一时刻的增减，而不代表信号值的大小。由于 DM 将前后两个样值的差值进行了量化编码，所以 DM 实际上是最简单的一种 DPCM 方案，预测值仅用前一个样值来代替。图 2-26 为增量调制过程示意图。

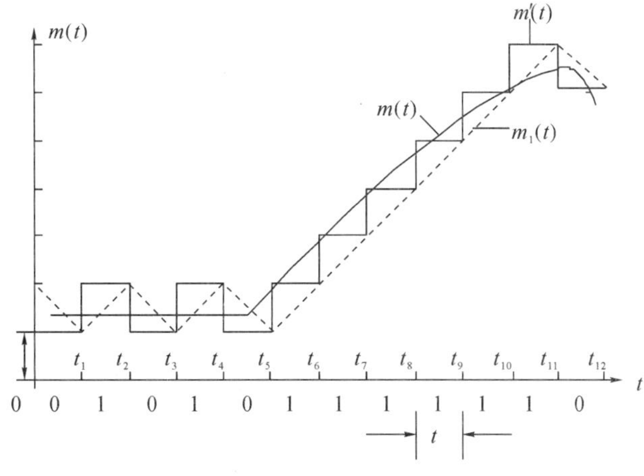

图 2-26　增量调制过程示意图

2.2.3 数据传输技术

数据传输技术的种类非常多，按照不同的方式又可以分成不同的类别。数据传输技术主要的分类方式有按带宽分、按同异步分、按数据线数量、按交互方式分等几种。

1. 按带宽分

数据传输技术按带宽分，可以分为基带传输和宽带传输。

1）基带传输(Baseband Transmission)

基带传输是一种不搬移基带信号频谱的传输方式。未对载波调制的待传信号称为基带信号，它所占的频带称为基带，基带的高限频率与低限频率之比通常远大于 1。基带传输广泛用于音频电缆和同轴电缆等传送数字电话信号；同时，在数据传输方面的应用也日益扩大。

2）宽带传输(Broadband Transmission)

将信道分成多个子信道，分别传送音频、视频和数字信号，借助频带传输，可以将链路容量分解成两个或更多的信道，每个信道可以携带不同的信号，这就是宽带传输。宽带是比音频带宽更宽的频带，它包括大部分电磁波频谱。使用这种宽频带传输的系统，称为宽带传输系统。宽带传输中的所有信道都可以同时发送信号，如 CATV、ISDN 等。宽带传输的频带很宽，通常大于等于 128 kb/s。

2. 按同异步分

数据传输技术按同异步分，可以分为异步传输和同步传输。

1）异步传输(Asynchronous Transmission)

由于数据一般是一位接一位串行传输的，例如在传送一串字符信息时，每个字符代码由 7 位二进制位组成。异步传输时，在传送每个数据字符之前，先发送一个叫做开始位的二进制位。当接收端收到这一信号时，就知道相继送来的 7 位二进制位是一个字符数据。之后，再给出 1 位或 2 位二进制位，称作结束位。接收端收到结束位后，表示一个数据字符传送结束。这样，在异步传输时，每个字符是分别同步的，即字符中的每个二进制位是同步的，但字符与字符之间的间隙长度是不固定的。

2）同步传输(Synchronous Transmission)

同步传输是一种以数据块为传输单位的数据传输方式，该方式下数据块与数据块之间的时间间隔是固定的，必须严格地规定它们的时间关系。每个数据块的头部和尾部都要附加一个特殊的字符或比特序列，标记一个数据块的开始和结束，一般还要附加一个校验序列，以便对数据块进行差错控制。

图 2 - 27 表示的是异步传输和同步传输的示意图。

3. 按数据线数量分

数据传输技术按数据线数量分，可以分为串行传输和并行传输。

1）串行传输(Serial Transmission)

串行传输是指使用一条数据线，将数据一位一位地依次传输，每一位数据占据一个固定的时间长度。它只需要少数几条线就可以在系统间交换信息，特别适用于计算机与计算机、计算机与外设之间的远距离通信，也称为串行通信。图 2－28 表示的是数据串行通信示意图。

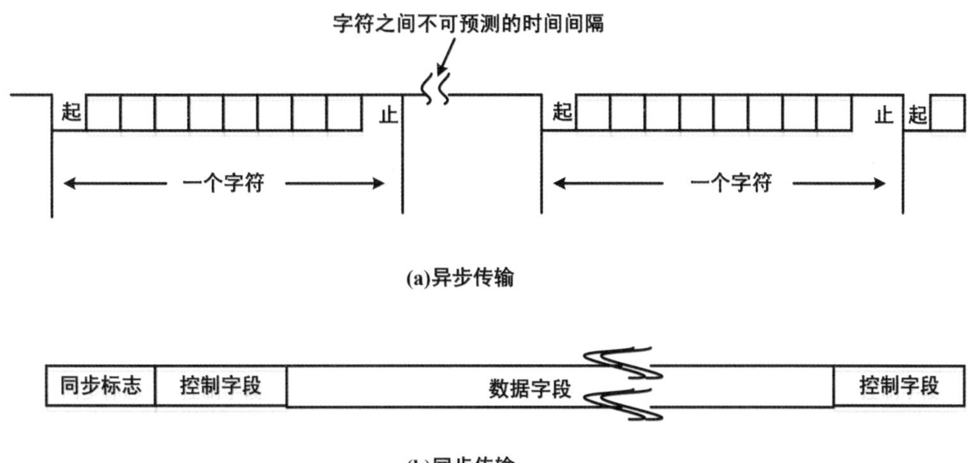

图 2－27　异步传输和同步传输示意图

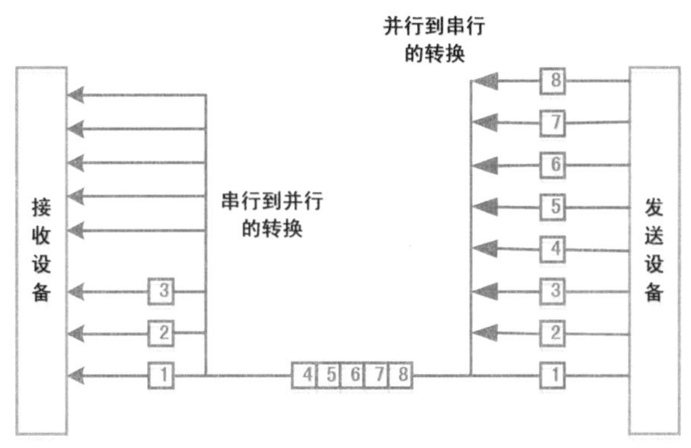

图 2－28　串行通信示意图

2）并行传输(Parallel Transmission)

并行传输指的是数据以成组的方式，在多条并行信道上同时进行传输，是在传输中有多个数据位同时在设备之间进行的传输。图 2－29 表示的是数据并行通信示意图。常

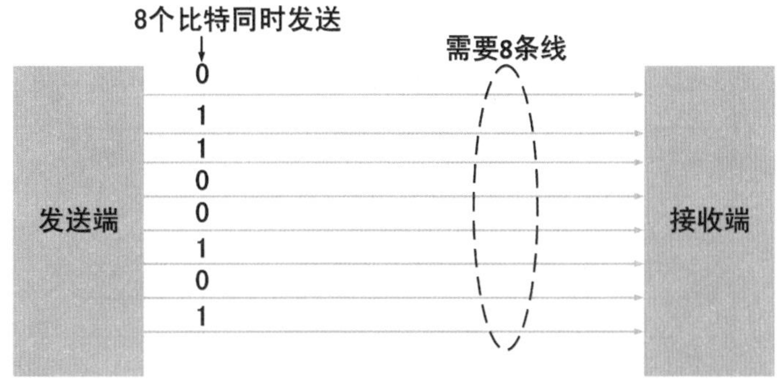

图 2－29　并行通信示意图

用的是将构成一个字符的几位二进制码分别在几个并行的信道上同时传输。并行传输时，一次可以传一个字符，收、发双方不存在同步的问题。而且速度快、控制方式简单。由于并行传输需要多个物理通道，所以并行传输只适合于短距离、要求传输速度快的场合使用。

4. 按交互方式分

数据传输技术按交互方式分可以分为单工、半双工和全双工传输。

1）单工通信(Single-work Communications)

单工通信模式的数据是单向传输的。通信双方中，一方固定为发送端，一方则固定为接收端。信息只能沿一个方向传输，使用一根传输线。单工通信方式如图 2-30 所示。

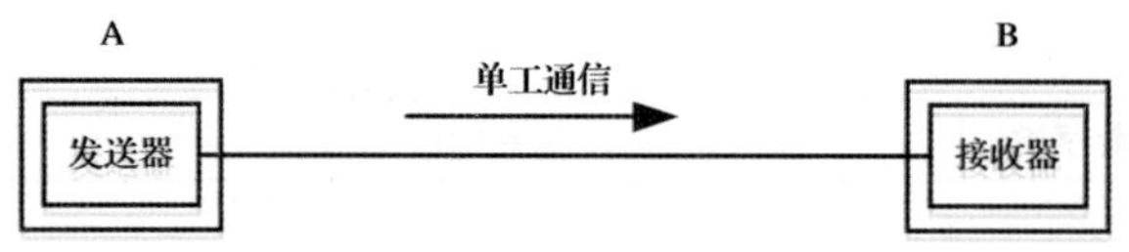

图 2-30 单工通信示意图

2）半双工通信(Semi-duplex Communications)

半双工通信模式指数据可以在一个信号载体的两个方向上传输，但是不能同时传输。半双工通信方式如图 2-31 所示。

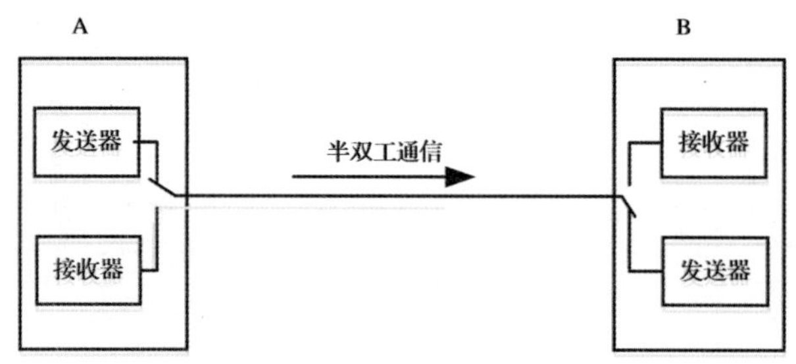

图 2-31 半双工通信示意图

3）全双工通信(Full-duplex Communications)

全双工通信模式是在微处理器与外围设备之间采用发送线和接收线各自独立的方法，可以使数据在两个方向上同时进行传送操作，也就是说，在发送数据的同时也能够接收数据，两者同步进行，这好像我们平时打电话一样，说话的同时也能够听到对方的声音。全双工通信方式如图 2-32 所示。

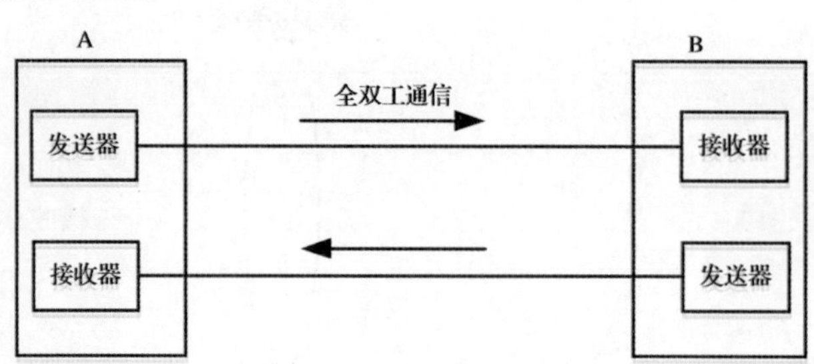

图 2-32 全双工通信示意图

2.2.4　多路复用技术

多路复用技术是把多个低速信道组合成一个高速信道的技术，它可以有效地提高数据链路的利用率，从而使得一条高速的主干链路同时为多条低速的接入链路提供服务，也就是使得网络干线可以同时运载大量的语音和数据进行传输。多路复用技术是为了充分利用传输媒介，而研究在一条物理线路上建立多个通信信道的技术。多路复用技术的实质是将一个区域的多个用户数据通过发送多路复用器进行汇集，然后将汇集后的数据通过一个物理线路进行传送，接收多路复用器再对数据进行分离，分发到多个用户。多路复用技术在生活中很常用，我们平时上网最常用的电话线就采取了多路复用技术，所以在上网的时候也可以打电话，同时传输多路信号，充分利用线路资源。多路复用技术通常分为频分多路复用技术、时分多路复用技术、波分多路复用技术、码分多址复用技术和空分多址复用技术。

1. 频分多路复用(Frequency Division Multiplexing, FDM)技术

频分多路复用技术是一种将多路基带信号调制到不同频率载波上再进行叠加形成一个复合信号的多路复用技术。频分多路复用的基本原理是：如果每路信号以不同的载波频率进行调制，而且各个载波频率是完全独立的，即各个信道所占用的频带不相互重叠，相邻信道之间用“警戒频带”隔离，那么每个信道就能独立地传输一路信号。

频分多路复用的主要特点是：信号被划分成若干通道(频道、波段)，每个通道互不重叠，独立进行数据传递。每个载波信号形成一个不重叠、相互隔离(不连续)的频带。接收端通过带通滤波器来分离信号。频分多路复用在无线电广播和电视领域中的应用较多。ADSL 也是典型的频分多路复用。ADSL 采用频分多路复用的方法在 PSTN 使用的双绞线上划分出三个频段：0～4 kHz 用来传送传统的语音信号；20～50 kHz 用来传送计算机上载的数据信息；150～500 kHz 或 140～1100 kHz 用来传送从服务器上下载的数据信息。

2. 时分多路复用(Time Division Multiplexing, TDM)技术

时分多路复用技术是同一物理连接以信道传输时间作为分割对象，通过为多个信道分配互不重叠的时间片段的方法来实现多路复用，可分为同步时分复用系统和异步时分复用系统。时分多路复用将用于传输的时间划分为若干个时间片段，每个用户分得一个时间片。时分多路复用通信是各路信号在同一信道上占有不同时间片进行的通信。由抽样理论可知，抽样的一个重要作用是将时间上连续的信号变成时间上离散的信号，其在信道上占用时间的有限性为多路信号沿同一信道传输提供了条件，具体地说，就是把时间分割成一些均匀的时间片，通过同步(固定分配)或统计(动态分配)的方式，将各路信号的传输时间配分在不同的时间片，以达到互相分开、互不干扰的目的。

截至目前，应用最广泛的时分多路复用是贝尔系统的 T1 载波。T1 载波是将 24 路音频信道复用在一条通信线路上，每路音频信号在送到多路复用器之前，要通过一个脉冲编码调制编码器，编码器每秒抽样 8000 次。24 路信号的每一路轮流将一个字节插入到帧中，每个字节的长度为 8 位，其中 7 位是数据位，1 位用于信道控制。每帧由 24×8=

192 bit 组成，附加 1 bit 作为帧的开始标志位，所以每帧共有 193 bit。由于发送一帧需要 125 ms，一秒可以发送 8000 帧。因此 T1 载波数据传输速率为

$$193\times8000=1\,544\,000\ \text{b/s}=1544\ \text{kb/s}=1.544\ \text{Mb/s}$$

3. 波分多路复用(Wavelength Division Multiplexing，WDM)技术

波分多路复用技术是将两种或多种不同波长的光载波信号在发送端经合波器汇合在一起，并耦合到光线路的同一根光纤中进行传输的技术。波分多路复用技术用同一根光纤传输多路不用波长的光信号，以提高单根光纤的传输能力。因为光通信的光源在光通信的“窗口”上只占用了很窄的一部分，还有很大的范围没有利用。

也可以认为 WDM 是 FDM 应用于光纤信道的一个变例。如果让不同波长的光信号在同一根光纤上传输而互不干扰，利用多个波长适当错开的光源同时在一根光纤上传送各自携带的信息，就可以增加所传输的信息容量。由于是用不同的波长传送各自的信息，因此即使在同一根光纤上也不会相互干扰。

如果将一系列载有信息的不同波长的光载波在光领域内以 1 至几百纳米的波长间隔合在一起沿单根光纤传输，在接收器再以一定的方法将各个不同波长的光载波分开，那么在光纤的工作窗口上安排 100 个波长不同的光源，同时在一根光纤上传送各自携带的信息，就能使光纤通信系统的容量提高 100 倍。

4. 码分多址复用(Code Division Multiple Access，CDMA)技术

码分多址复用技术是采用地址码和时间、频率共同区分信道的方式。CDMA 的特征是每个用户有特定的地址码，而地址码之间相互具有正交性，因此各用户信息的发射信号在频率、时间和空间上都可能重叠，从而使有限的频率资源得到利用。

CDMA 是在扩频技术上发展起来的无线通信技术，即将需要传送的具有一定信号带宽的信息数据，从一个远大于信号带宽的高速伪随机码进行调制，使原数据信号的带宽被扩展，再经载波调制并发送出去。接收端也使用完全相同的伪随机码，对接收的带宽信号作相关处理，把宽带信号换成原信息数据的窄带信号即解扩，以实现信息通信。

不同的移动台(或手机)可以使用同一个频率，但是每个移动台(或手机)都被分配带有一个独特的地址码，各个码型互不重叠，因为是靠不同的地址码来区分不同的移动台(或手机)，所以各个用户相互之间没有干扰，从而达到了多路复用的目的。

5. 空分多址复用(Space Division Multiple Access，SDMA)技术

空分多址复用技术是将空间分割构成不同的信道，从而实现频率的重复使用，达到信道增容的目的。举例来说，在一个卫星上使用多个天线，各个天线的波束射向地球表面的不同区域，它们在同一时间即使用相同的频率进行工作，它们之间也不会形成干扰。SDMA 系统的处理程序如下：

(1) 系统将首先对来自所有天线中的信号进行快照或抽样，然后将其转换成数字形式，并存储在内存中。

(2) 计算机中的 SDMA 处理器将立即分析样本，对无线环境进行评估，确认用户、干扰源及所在的位置。

(3) 处理器对天线信号的组合方式进行计算，力争最佳地恢复用户的信号。借助这种

策略，每位用户的信号接收质量将提高，而其他用户的信号或干扰信号则会遭到屏蔽。

(4) 系统进行模拟计算，使天线阵列可以有选择地向空间发送信号。再次在此基础上，每位用户的信号都可以通过单独的通信信道空间—空间信道实现高效的传输。

在上述处理的基础上，系统就能够在每条空间信道上发送和接收信号，因此这些信号称为双向信道。

利用上述流程，SDMA 系统就能够在一条普通信道上创建大量的频分、时分或码分双向空间信道，每一条信道可以完全获得整个阵列的增益和抗干扰功能。从理论上而言，带 m 个单元的阵列能够在每条普通信道上支持 m 条空间信道。但在实际应用中支持的信道数量将略低于这个数目，具体情况则取决于环境。由此可见，SDMA 系统可使系统容量成倍增加，使得系统在有限频谱内可以支持更多的用户，从而成倍提高频谱使用效率。

近几十年来，无线通信经历了从模拟到数字，从固定到移动的重大变革。而就移动通信而言，为了更有效地利用有限的无线频率资源，时分多址(TDMA)技术、频分多址(FDMA)技术、码分多址(CDMA)技术得到了广泛的应用，并在此基础上建立了 GSM 和 CDMA(是区别于 3G 的窄带 CDMA)两大主要的移动通信网络。就技术而言，现有的这三种多址技术已经得到了充分的应用，频谱的使用效率已经发挥到了极限。空分多址复用技术(SDMA)则突破了传统的三维思维模式，在传统的三维技术的基础上，在第四维空间上极大地拓宽了频谱的使用方式，使移动用户仅仅由于空间位置的不同而复用同一个传统的物理信道成为可能，并将移动通信技术引入了一个更为崭新的领域。

2.2.5 数据交换技术

在数据通信系统中，当终端与计算机之间，或者计算机与计算机之间不是直通专线连接，而是要经过通信网的接续过程来建立连接的时候，两端系统之间的传输通路就是通过通信网络中若干节点转接而成的所谓交换线路。在两个或多个数据终端设备之间建立数据通信的暂时互连通路的各种技术就称为数据交换技术。数据交换技术目前主要有电路交换、报文交换和分组交换三种。

1. 电路交换

电路交换技术的原理与一般电话交换的原理相同。根据主叫 DTE(Data Terminal Equipment，数据终端设备)的拨号信号所指定的被叫 DTE 地址，在收、发 DTE 之间建立一条临时的物理电路，这条电路一直保持到通信结束才拆除。在通信过程中，不论进行什么样的数据传输，交换机完全不干预地提供透明传输，但通信双方必须采用相同速率和相同的字符代码，不能实现不兼容 DTE 间的通信。

由于电路交换在通信之前要在通信双方之间建立一条被双方独占的物理通路(由通信双方之间的交换设备和链路逐段连接而成)，因而有以下优缺点。

1) 优点

(1) 由于通信线路为通信双方用户专用，数据直达，所以传输数据的时延非常小。

(2) 通信双方之间的物理通路一旦建立，双方可以随时通信，实时性强。

(3) 双方通信时按发送顺序传送数据，不存在失序问题。

(4) 电路交换既适用于传输模拟信号，也适用于传输数字信号。

(5) 电路交换的交换设备(交换机等)及控制均较简单。

2) 缺点

(1) 电路交换的平均连接建立时间对计算机通信来说较长。

(2) 电路交换连接建立后，物理通路被通信双方独占，即使通信线路空闲，也不能供其他用户使用，因而信道利用率低。

(3) 电路交换时，数据直达，不同类型、不同规格、不同速率的终端很难相互进行通信，也难以在通信过程中进行差错控制。

2. 报文交换

针对电路交换利用率低的缺点，产生了另一种利用计算机进行存储—转发的报文交换。它的基本原理是当 DTE 信息到达作为报文交换用的计算机时，先存放在外存储器中，然后中央处理机分析报头，确定转发路由，并选到与此路由相应的输出中继电路上进行排队，等待输出。一旦中继电路空闲，立即将报文从外存储器取出并发往下一交换机。由于输出中继电路上传送的是不同用户发来的报文，而不是专门传送某一用户的报文，因此提高了这条中继电路的利用率。

报文交换是以报文为数据交换的单位，报文携带有目标地址、源地址等信息，在交换节点采用存储—转发的传输方式，因而有以下优缺点：

1) 优点

(1) 报文交换不需要为通信双方预先建立一条专用的通信线路，不存在连接建立时延，用户可随时发送报文。

(2) 由于采用存储—转发的传输方式，使之具有下列优点：① 在报文交换中便于设置代码检验和数据重发设施，加之交换节点还具有路径选择，就可以做到某条传输路径发生故障时，重新选择另一条路径传输数据，提高了传输的可靠性；② 在存储转发中容易实现代码转换和速率匹配，甚至收、发双方可以不同时处于可用状态。这样就便于类型、规格和速度不同的计算机之间进行通信；③ 提供多目标服务，即一个报文可以同时发送到多个目的地址，这在电路交换中是很难实现的；④ 允许建立数据传输的优先级，优先级高的报文就可优先转换。

(3) 通信双方不是固定占有一条通信线路，而是在不同的时间一段一段地部分占有这条物理通路，因而大大提高了通信线路的利用率。

2) 缺点

(1) 由于数据进入交换节点后要经历存储、转发这一过程，从而引起转发时延(包括接收报文、检验正确性、排队、发送时间等)，而且网络的通信量愈大，造成的时延就愈大，因此报文交换的实时性差，不适合传送实时或交互式业务的数据。

(2) 报文交换只适用于数字信号。

(3) 由于报文长度没有限制，而每个中间节点都要完整地接收传来的整个报文，当输出线路不空闲时，还可能要存储几个完整报文等待转发，要求网络中每个节点有较大的缓冲区。为了降低成本，减少节点的缓冲存储器的容量，有时要把等待转发的报文存在磁盘上，进一步增加了传输时延。

3. 分组交换

报文交换虽然提高了电路利用率，但报文经存储、转发后会产生较大的时延。报文愈长，转接的次数愈多，时延就愈大。为了减少数据传输的时延，提高数据传输的实时性，分组交换就此产生了。分组交换也是一种存储—转发的交换方式，但它是将报文划分为一定长度的分组，以分组为单位进行存储、转发，这样既继承了报文交换方式电路利用率高的优点，又克服了其时延较大的缺点。分组交换利用统计时分复用原理，将一条数据链路复用成多个逻辑信道，在建立呼叫时，通过逐段选择逻辑信道，最终构成一条主叫、被叫用户之间的信息传送通路，即虚电路，从而实现数据分组传送。虚电路是分组交换提供的一种业务类型，它属于连接型业务，即通信双方在开始通信前必须首先建立起逻辑上的连接。由于存在这一连接，在源节点分组交换机与目的节点分组交换机之间发送与接收分组的次序将保持不变。分组交换提供的另一种业务类型是数据报。它属于无连接型业务，在这类业务中将每一分组作为一个独立的报文进行传送，通信双方在开始通信前无须建立虚电路连接，因而在一次通信过程中，源节点分组交换机与目的节点分组交换机之间发送与接收分组的次序不一定相同，接收方分组的重新排序将由终端来完成。同时，分组在网内传输过程中可能出现的丢失与重复差错，网络本身也不作处理，均由双方终端的协议来解决。一般来说，数据报业务对节点交换机要求处理开销小、传送时延短，但对终端的要求较高；而虚电路业务则相反。

分组交换仍采用存储—转发的传输方式，但将一个长报文先分割为若干个较短的分组，然后把这些分组(携带源、目的地址和编号信息)逐个地发送出去，因此分组交换除了具有报文的优点外，与报文交换相比还有以下优缺点。

1）优点

(1) 加速了数据在网络中的传输。因为分组是逐个传输，可以使后一个分组的存储操作与前一个分组的转发操作并行，这种流水线式传输方式减少了报文的传输时间。此外，传输一个分组所需的缓冲区比传输一份报文所需的缓冲区小得多，这样因缓冲区不足而等待发送的概率及等待的时间也必然少得多。

(2) 简化了存储管理。因为分组的长度固定，相应缓冲区的大小也固定，在交换节点中存储器的管理通常被简化为对缓冲区的管理，相对比较容易。

(3) 减少了出错机率和重发数据量。因为分组较短，其出错概率必然减少，每次重发的数据量也就大大减少，这样不仅提高了可靠性，也减少了传输时延。

(4) 由于分组短小，更适合采用优先级策略，便于及时传送一些紧急数据，因此对于计算机之间的突发式的数据通信，分组交换显然更为合适些。

2）缺点

(1) 尽管分组交换比报文交换的传输时延少，但仍存在存储转发时延，而且其节点交换机必须具有更强的处理能力。

(2) 分组交换与报文交换一样，每个分组都要加上源、目的地址和分组编号等信息，使传送的信息量约增大了5%～10%，一定程度上降低了通信效率，增加了处理的时间，使控制复杂、时延增加。

(3) 当分组交换采用数据报服务时，可能出现失序、丢失或重复分组，分组到达目的节点时，要对分组按编号进行排序等，增加了麻烦。若采用虚电路服务，虽无失序问题，但有呼叫建立、数据传输和虚电路释放三个过程。

总之，若要传送的数据量很大，且其传送时间远大于呼叫时间，则采用电路交换较为合适；当端到端的通路由很多段的链路组成时，采用分组交换传送数据较为合适。从提高整个网络的信道利用率上看，报文交换和分组交换优于电路交换，其中分组交换比报文交换的时延小，尤其适合于计算机之间突发式的数据通信。

2.3 通信协议

课程思政 6

问题导入：

计算机网络系统不同的节点代表不同的设备，数据从这个节点传送到另一个节点，它们之间的“语言”是相通的吗？用哪种语言说话？什么时候说话？说什么话？

本节首先介绍通信协议的定义、通信协议的三要素、常见的通信协议类型等，之后结合媒体访问控制技术具体展示网络协议的概念，最后针对在网络数据传输中经常会遇到的差错控制技术进行讲解。

2.3.1 通信协议的基本概念

1. 通信协议的定义

通信协议(Communications Protocol)是指双方实体完成通信或服务所必须遵循的规则和约定。通过通信信道和设备互连起来的多个不同地理位置的数据通信系统，要使其能协同工作实现信息交换和资源共享，它们之间必须具有共同的语言。交流什么、怎样交流及何时交流，都必须遵循某种互相都能接受的规则。这个规则就是通信协议。

协议定义了数据单元使用的格式、信息单元应该包含的信息与含义、连接方式、信息发送和接收的时序，从而确保网络中数据顺利地传送到确定的地方。

基本型协议用于简单的低速通信系统，传输速率一般不超过 9600 b/s，通信为异步/同步半双工方式，差错控制为方针码校验。高级链路控制协议采用统一的帧格式，可靠性高、效率高、透明性高，广泛用于公用数据网和计算机网。其传输速率一般为2.4～64 kb/s，为同步全双工方式连续发送，差错控制为循环冗余码校验。实际上，通信协议一般分成互相独立的若干层次，见图2－33。按 ISO 的 OSI 七层参考模型(见 2.4 节)，公用数据网的数据通信协议主要涉及前三层，即物理层、数据链路层和网络层。

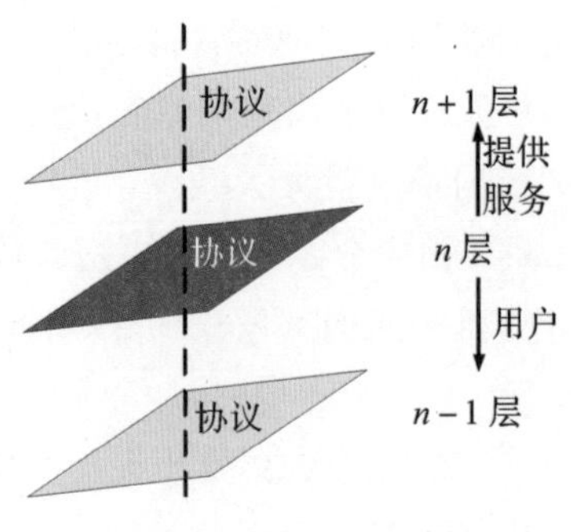

图 2－33 通信协议的分层

2. 通信协议的三要素

通信协议主要由以下三个要素组成：

(1) 语法，即如何通信，包括数据的格式、编码和信号等级(电平的高低)等；

(2) 语义，即通信内容，包括数据内容、含义以及控制信息等；

(3) 定时规则(时序)，即何时通信，明确通信的顺序、速率匹配和排序。

3. 常见的通信协议类型

局域网中常见的通信协议主要包括 TCP/IP、NetBEUI 和 IPX/SPX 三种，每种协议都有其适用的环境。

1) TCP/IP

TCP/IP(Transport Control Protocol/Internet Protocol，传输控制协议/Internet 协议)的历史应当追溯到 Internet 的前身——ARPAnet 时代。为了实现不同网络之间的互联，美国国防部于 1977 年到 1979 年间制定了 TCP/IP 体系结构和协议。TCP/IP 是由一组具有专业用途的多个子协议组合而成的，这些子协议包括 TCP、IP、UDP、ARP、ICMP 等。TCP/IP 凭借其实现成本低、在多平台间通信安全可靠以及可路由性等优势迅速发展，并成为 Internet 中的标准协议。目前，TCP/IP 已经成为局域网中的首选协议，在最新的操作系统(如 Windows 7/8/10、Windows Vista 等)中已经将 TCP/IP 作为其默认安装的通信协议。图 2-34 为 TCP/IP 协议族的应用层次示意图。

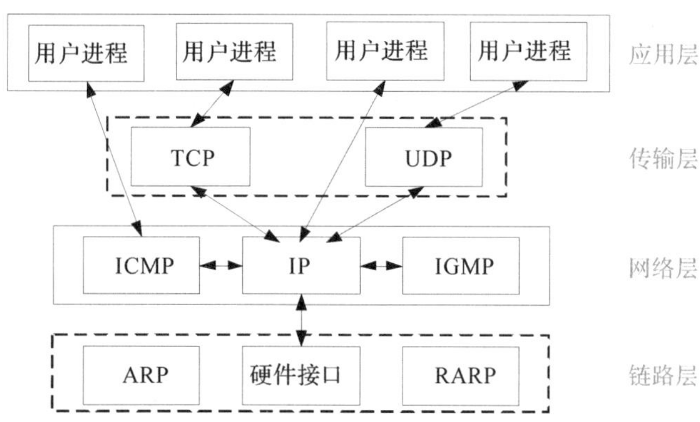

图 2-34　TCP/IP 协议族的应用层次示意图

2) NetBEUI 协议

NetBEUI(NetBIOS 增强用户接口)协议是由 NetBIOS(网络基本输入/输出系统)发展完善而来的，该协议只需进行简单的配置和较少的网络资源消耗，并且可以提供非常好的纠错功能，是一种快速有效的协议。不过由于其有限的网络节点支持(最多支持 254 个节点)和非路由性，其仅适用于基于 Windows 操作系统的小型局域网中。

3) IPX/SPX 及其兼容协议

IPX/SPX(网际包交换/序列包交换)协议主要应用在基于 NetWare 操作系统的 Novell局域网中，基于其他操作系统的局域网(如 Windows Server 2003)能够通过 IPX/SPX 协议与 Novell 网进行通信。在 Windows 2000/XP/2003 系统中，IPX/SPX 协议和 NetBEUI 协议被统称为 NWLink。

2.3.2 媒体访问控制

计算机局域网一般采用共享介质，这样可以节约局域网的造价。对于共享介质，关键问题是当多个站点要同时访问介质时如何进行控制，这就涉及局域网的媒体访问控制(Medium Access Control，MAC)协议，又叫介质访问控制协议。在网络中服务器和计算机众多，每台设备随时都有发送数据的需求，这就需要有某些方法来控制对传输媒体的访问，以便两个特定的设备在需要时可以交换数据。传输媒体的访问控制方式与局域网的拓扑结构、工作过程有密切关系。目前，计算机局域网常用的访问控制方式有三种，分别是载波多路访问/冲突检测(CSMA/CD)、令牌环(Token Ring)访问控制法和令牌总线(Toking Bus)访问控制法。其中，载波多路访问/冲突检测(CSMA/CD)是由ALOHA随机访问控制技术发展而来的，下面对ALOHA随机访问控制技术进行简要介绍。

1. ALOHA协议

ALOHA协议是20世纪70年代在夏威夷大学由Norman Abramson及其同事发明的，目的是解决地面无线电广播信道的争用问题。ALOHA协议分为纯ALOHA和分槽ALOHA两种。

1）纯ALOHA

纯ALOHA协议的思想很简单，只要用户有数据要发送，就尽管让他们发送。当然，这样会产生冲突从而造成帧的破坏。但是，由于广播信道具有反馈性，因此发送方可以在发送数据的过程中进行冲突检测，将接收到的数据与缓冲区的数据进行比较就可以知道数据帧是否遭到破坏。同样的道理，其他用户也是按照此过程工作。如果发送方知道数据帧遭到破坏(检测到冲突)，那么它可以等待一段随机长的时间后重发该帧。对于局域网(LAN)，反馈信息很快就可以得到；而对于卫星网，发送方要在270 ms后才能确认数据发送是否成功。研究证明，纯ALOHA协议的信道利用率最大不超过18%(1/2e)。

2）分槽ALOHA

1972年，Roberts发明了一种能把信道利用率提高一倍的信道分配策略，即分槽ALOHA协议，其思想是用时钟来统一用户的数据发送。办法是将时间分为离散的时间片，用户每次必须等到下一个时间片才能开始发送数据，从而避免了用户发送数据的随意性，减少了数据产生冲突的可能性，提高了信道的利用率。在分槽ALOHA系统中，计算机并不是在用户按下回车键后就立即发送数据，而是要等到下一个时间片开始时才发送。这样，连续的纯ALOHA就变成离散的分槽ALOHA。由于冲突的危险区平均减少为纯ALOHA的一半，因此分槽ALOHA的信道利用率可以达到36%(1/e)，是纯ALOHA协议的两倍。对于分槽ALOHA，用户数据的平均传输时间要高于纯ALOHA系统。

2. 载波侦听多路访问/冲突检测(CSMA/CD)

CSMA/CD(Carrier Sense Multiple Access with Collision Detection)含有两方面的内容，即载波侦听(CSMA)和冲突检测(CD)。CSMA/CD访问控制法主要用于总线型和

树型网络拓扑结构、基带传输系统；信息传输以“包”为单位，简称信包，发展为 IEEE 802.3 基带 CSMA/CD 局域网标准。

1) CSMA 介质访问控制方案

该方案是先听后发，即工作站在每次发送前，先侦听总线是否空闲，如发现已被占用，便推迟本次的发送，仅在总线空闲时才发送信息。介质的最大利用率取决于帧的长度和传播时间，与帧长成正比，与传播时间成反比。

载波监听多路访问 CSMA 的技术也称做先听后说(Listen Before Talk，LBT)。要传输数据的站点首先对媒体上有无载波进行监听，以确定是否有别的站点在传输数据。如果媒体空闲，该站点便可传输数据；否则，该站点将避让一段时间后再做尝试。这就需要有一种退避算法来决定避让的时间，常用的退避算法有非坚持、1-坚持和 P-坚持三种。

(1) 非坚持算法。算法规则如下：

如果媒本是空闲的，则立即发送。如果媒体是忙的，则等待一个由概率分布决定的随机重发延时后，再重复前一个步骤。

采用随机重发延时的算法可以减少冲突发生的可能性，但这种算法缺点是：即使有几个着眼点位都有数据要发送，但由于大家都在延时等待过程中，致使媒体仍可能处于空闲状态，使利用率降低。

(2) 1-坚持算法。算法规则如下：

如果媒体是空闲的，则可以立即发送。如果媒体是忙的，则继续监听，直至检测到媒体是空闲时，立即发送。如果有冲突(在一段时间内未收到肯定的回复)，则等待一个随机时间，重复前两步。

这种算法的优点是：只要媒体空闲，站点就可立即发送，避免了媒体利用率的损失；其缺点是假若有两个或两个以上的站点有数据要发送，冲突就不可避免。

(3) P-坚持算法。算法规则如下：

监听总线，如果媒体是空闲的，则以 P 的概率发送，而以$(1-P)$的概率延迟一个时间单位。一个时间单位通常等于最大传播时延的 2 倍。延迟一个时间单位后，再重复第一步。如果媒体是忙的，继续监听直至媒体空闲并重复第一步。

P-坚持算法是一种既能像非坚持算法那样减少冲突，又能像 1-坚持算法那样减少媒体空闲时间的折中方案。问题在于如何选择 P 的值，这要考虑到避免重负载下系统处于不稳定状态。假如媒体忙时有 N 个站有数据等待发送，一旦当前的发送完成，将要试图传输的站的总期望数为 NP。如果选择 P 过大，使 $NP>1$，表明有多个站点试图发送，冲突就不可避免。最坏的情况是，随着冲突概率的不断增大，吞吐量降低到零。所以必须选择适当 P 值使 $NP<1$。当然 P 值选得过小，则媒体利用率又会大大降低。

2) 二进制指数退避算法

该算法定义重发时间均匀分布在 0 至 T_{BEB}之间，$T_{BEB}=2^{(i-1)}(2a)$，a 为端—端的传输延时，i 为重发次数。该式表明，重发延时将随着重发次数的增加而按指数规律迅速延长。

3）CSMA/CD载波监听多路访问/冲突检测方法

载波监听多路访问/冲突检测方法是提高总线利用率的一种CSMA改进方案。该方法为：使各站点在发送信息时继续监听介质，一旦检测到冲突，就立即停止发送，并向总线发送一串阻塞信号，通知总线上的各站点冲突已发生。

采用CSMA/CD介质访问控制方法的总线型局域网中，每一个节点在利用总线发送数据时，首先要侦听总线的忙、闲状态。如果总线上已经有数据信号传输，则为总线忙；如果总线上没有数据信号传输，则为总线空闲。由于Ethernet的数据信号是按差分曼彻斯特方法编码的，因此如果总线上存在电平跳变，则判断为总线忙；否则判断为总线空。如果一个节点准备好发送的数据帧，并且此时总线空闲，它就可以启动发送。同时也存在着这种可能：在几乎相同的时刻，有两个或两个以上节点发送了数据帧，那么就会产生冲突，所以节点在发送数据的同时应该进行冲突检测。

CSMA/CD媒体访问控制方法的工作原理可以概括如下：

① 先听后说，边听边说；

② 一旦冲突，立即停说；

③ 等待时机，然后再说。

听，即监听、检测之意；说，即发送数据之意。

4）CSMA/CD方式的主要特点

CSMA/CD方式的原理比较简单，技术上较易实现，网络中各工作站处于同等地位，不需集中控制，但这种方式不能提供优先级控制，各节点争用总线，不能满足远程控制所需要的确定延时和绝对可靠性的要求。此方式效率高，但当负载增大时，发送信息的等待时间较长。

3. 令牌环(Token Ring)访问控制

Token Ring是令牌传输环(Token Passing Ring)的简写。令牌环访问控制法是通过在环状网上传输令牌的方式来实现对介质的访问控制。只有当令牌传输至环中某站点时，它才能利用环路发送或接收信息。当环线上各站点都没有帧发送时，令牌标记为01111111，称为空标记。当一个站点要发送帧时，需等待令牌通过，并将空标记置换为忙标记01111110，紧跟着令牌，用户站点把数据帧发送至环上。由于是忙标记，所以其他站点不能发送帧，必须等待。

发送出去的帧将随令牌沿环路传输下去。在循环一周又回到原发送站点时，由发送站点将该帧从环上移去，同时将忙标记换为空标记，令牌传至后面站点，使之获得发送的许可权。发送站点在从环中移去数据帧的同时还要检查接收站载入该帧的应答信息，若为肯定应答，说明发送的帧已被正确接收，完成发送任务。若为否定应答，说明对方未能正确收到所发送的帧，原发送站点需要在带空标记的令牌第二次到来时，重发此帧。采用发送站从环上收回帧的策略，不仅具有对发送站点自动应答的功能，而且还具有广播特性，即可有多个站点接收同一个数据帧。

接收帧的过程与发送帧不同，当令牌及数据帧通过环上站点时，该站将帧携带的目标地址与本站地址相比较。若地址符合，则将该帧复制下来放入接收缓冲器中，待接收站正确接收后，即在该帧上载入肯定应答信号；若不能正确接收则载入否定应答信号，之后再将该帧送入环上，让其继续向下传输。若地址不符合，则简单地将数据帧重新送入环中。所以当令牌经过某站点而它既不发送信息，又无处接收时，会稍经延迟，再继续向前传输。

在系统负载较轻时，由于站点需等待令牌到达才能发送或接收数据，因此效率不高。但若系统负载较重，则各站点可公平共享介质，效率较高。为避免所传输数据与标记形式相同而造成混淆，可采用位填入技术，以区别数据和标记。

使用令牌环访问控制法的网络，需要有维护数据帧和令牌的功能。例如，可能会出现因数据帧未被正确移去而始终在环上传输的情况；也可能出现令牌丢失或只允许一个令牌的网络中出现了多个令牌等异常情况。解决这类问题的办法是在环中设置监控器，对异常情况进行检测并消除。令牌环网上的各个站点可以设置成不同的优先级，允许具有较高优先权的站申请获得下一个令牌权。

归纳起来，在令牌环中主要有下面三种操作：

(1) 截获令牌并且发送数据帧。如果没有节点需要发送数据，令牌就由各个节点沿固定的顺序逐个传递；如果某个节点需要发送数据，它要等待令牌的到来，当空闲令牌传到这个节点时，该节点修改令牌帧中的标志，使其变为“忙”的状态，然后去掉令牌的尾部，加上数据，成为数据帧，发送到下一个节点。

(2) 接收与转发数据。数据帧每经过一个节点，该节点就比较数据帧中的目的地址，如果不属于本节点，则转发出去；如果属于本节点，则复制到本节点的计算机中，同时在帧中设置已经复制的标志，然后向下一个节点转发。

(3) 取消数据帧并且重发令牌。由于环网在物理上是个闭环，一个帧可能在环中不停地流动，所以必须清除。当数据帧通过闭环重新传到发送节点时，发送节点不再转发，而是检查发送是否成功。如果发现数据帧没有被复制(传输失败)，则重发该数据帧；如果发现传输成功，则清除该数据帧，并且产生一个新的空闲令牌发送到环上。

4. 令牌总线(Token Bus)访问控制法

Token Bus 是令牌通行总线(Token Passing bus)的简写。这种方式主要用于总线型或树型网络结构中。1976 年美国 Data Point 公司研制成功了 ARCnet(Attached Resource Computer)，它综合了令牌传递方式和总线网络的优点，在物理总线结构中实现令牌传递控制方法，从而构成一个逻辑环路。此方式也是目前微机局域网中的主流介质访问控制方式。

ARCnet 将总线型或树型传输介质上的各工作站形成一个逻辑上的环，即将各工作站置于一个顺序的序列内(例如可按照接口地址的大小排列)，方法可以是在每个站点中设一个网节节点无须标识寄存器 NID，初始地址为本站点地址。网络工作前，要对系统初始化，以形成逻辑环路，其过程主要是：网中最大站号 n 开始向其后继站发送“令牌”信包，目的站号为 $n+1$，若在规定时间内收到肯定的信号 ACK，则 $n+1$ 站连入环路，

否则在 $n+1$ 继续向下询问(该网中最大站号为 $n=255$，$n+1$ 后变为 0，然后 1、2、3、…递增)；凡是给予肯定回答的站都可连入环路并将给予肯定回答的后继站号放入本站的 NID 中，从而形成一个封闭逻辑环路；经过一遍轮询过程，网络各站标识寄存器 NID 中存放的都是其相邻的下游站地址。

逻辑环形成后，令牌中逻辑的控制方法类似于 Token Ring。在 Token Bus 中，信息是按双向传送的，每个站点都可以“听到”其他站点发出的信息，所以令牌传递时都要加上目的地址，明确指出下一个将要到达的控制站点。这种方式与 CSMA/CD 方式的不同在于除了当时得到令牌的工作站之外，所有的工作站只收不发，只有收到令牌后才能开始发送，所以拓扑结构虽是总线型，但可以避免冲突。

Token Bus 方式的最大优点是具有极好的吞吐能力，且吞吐量随数据传输速率的增大而增加，并随介质的饱和而稳定下来但并不下降；各工作站不需要检测冲突，故信号电压允许较大的动态范围，联网距离较远；有一定实时性，在工业控制中得到了广泛应用，如 MAP 网就是用的宽带令牌总线。其主要缺点在于其复杂性和时间开销较大，工作站可能必须等待多次无效的令牌传送后才能获得令牌。

应该指出，ARCnet 实际上采用称为集中器的硬件联网，物理拓扑上有星型和总线型两种连接方式。

2.3.3 差错控制技术

网络通信的目的是通过网络在应用进程间传输信息，任何数据丢失或损坏都将对通信双方产生重要的影响。差错控制(Error Control)是指在网络通信过程中发现(检测)差错，并采取措施纠正，把差错限制在所允许范围内的技术和方法。差错控制的目的是提高数据传输的可靠性，但是任何一种差错控制方法均不可能纠正所有可能出现的差错。

1. 差错的类型

根据差错的表现形式，网络通信产生的差错一般有失真、丢失、重复、时序等四种。

1) 失真(Distortion)

数据的失真是指被传送信息中的一个或多个比特发生了改变，或者被传送的信息中插入了一些新的信息，后一种情况也称为“插入”(Insertion)。造成数据失真的主要原因有：网络中物理干扰(如线路噪声)、发送者和接收者之间的失步、入侵者的故意攻击、节点中的硬件故障和软件差错等。为避免出现数据失真，需要用到各种校验方法来检测。

2) 丢失(Deletion)

数据的丢失是指网络将被传输的信息丢弃了。造成数据丢失的主要原因有：噪声脉冲对某个帧的破坏程度太大，导致接收方不知道这个帧已经被传输；发送者和接收者之间的失步、流量控制或拥塞控制措施不当时，因资源不够而被中间节点无须或接收者丢弃；因接收者检测到信息被损坏而主动将其丢弃等。为避免出现数据丢失，需要用序号、计时器和确认共同检测，通过重传的方法来纠正错误。

3) 重复(Duplication)

数据的重复是指网络多次收到同样的信息。造成数据重复的主要原因是差错控制机制本身，如果发送方错误地认为数据丢失了，因而重传了它，就可能造成接收方收到重复的信息；还有一种可能就是路由选择机制引起的重复帧，如使用基于扩散的路由选择策略（如洪泛法）。为避免出现数据重复，需要用序号来检测这种错误，用丢弃重复数据来纠正错误。

4）失序（Reordering）

数据的失序是指数据到达接收方的顺序与发送方发送的顺序不一致。造成数据失序的主要原因是采用自适应的路出选择策略，分组在网络中传送时可能有多条路由而引起的后发先到的情况；此外还可能是网络中间节点缓存或转发出错、重传丢失的数据导致数据不按序到达等。为避免出现数据失序，需要把乱序的数据先存储下来，便于以后能把它们存放在正确的位置上；或者是丢弃乱序的数据，然后按数据丢失来处理。

2. 通过硬件电路减少差错

网络通信过程中出现差错不可避免，在提高各种差错检测技术和差错控制技术之前，首先应该提高通信线路的质量。

提高通信线路质量的办法包括使用屏蔽线（屏蔽双绞线、屏蔽同轴电缆）和终端电阻。其中使用屏蔽线可以有效抑制各种干扰源信号。使用终端电阻是因为高频信号传输时，信号波长相对传输线较短，信号在传输线终端会形成反射波，干扰原信号，所以需要在传输线末端加终端电阻，使信号到达传输线末端后不反射。对于低频信号则不需要。在进行长线信号传输时，一般为了避免信号的反射和回波，也需要在接收端接入终端匹配电阻。其终端匹配电阻值取决于电缆的阻抗特性，与电缆的长度无关。RS-485/RS-422 一般采用双绞线（屏蔽或非屏蔽）连接，终端电阻一般为 100～140 Ω，典型值为 120 Ω。在实际配置时，在电缆的两个终端节点，即最近端和最远端各接入一个终端电阻，而处于中间部分的节点则不能接入终端电阻，否则将导致通信出错。终端电阻的连接示意图如图 2－35 所示。

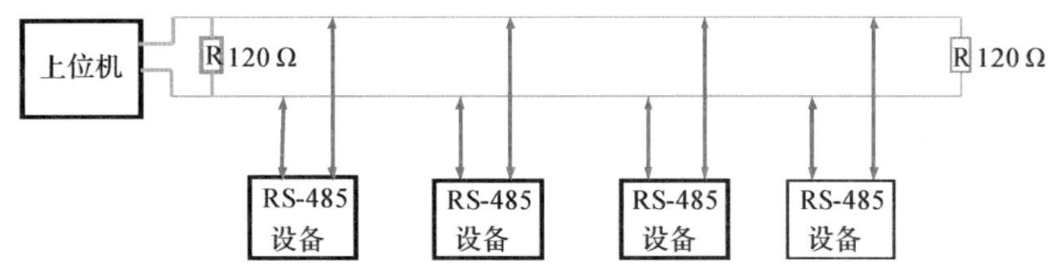

图 2－35　终端电阻的连接

3. 差错检测技术

通常情况下，我们所说的差错检测是指检测收到的数据是否被损坏，而不包括对数据丢失、重复、乱序等差错的检测。在这样的前提下，差错检测技术所采取的方法一般是各种检验技术，如奇偶检验、循环冗余检验等，下面主要介绍这方面的技术。差错检测是差错控制的基础。

近年来，对于有效而且可靠的数据传输的需求日益增长。数字信息交换、处理和存储用的大规模、高速数据网的出现更加剧了这一需求。在这些系统的设计中，要求将通信和计算机技术结合起来。设计者主要关心的是控制差错，以实现数据的可靠和重现。

那么如何实现差错检测以提高数据传输中的正确性呢？让我们来看一个例子。假如有人打电话给你，告诉你“今天下午四点钟开会”。你在接电话的过程中，除了听到这句话以外，还得到了其他多余的信息，如来电者是男还是女，来电者是谁，情绪如何等。另外，人类语言中每个字之间以及句子之间有一定的相关性和冗余度。大家都知道听外语，只要抓住关键字、词，就可了解听到的语句的意思，可见不一定要每个字都听得很清楚。所以，根据这些，经过人的大脑思维，即可判断出哪一句可能听错。如“四点钟”听成“十点钟”。下午十点钟不合理，一般也不可能。因此，反问一句“几点钟”或“再讲一遍”，来话者可以复述，直至听清楚为止。

从以上的例子中我们可以得到以下启示：

① 增加冗余度。我们可以在原来不相关的码元中按一定的规则增加一些码元，使它们变为相关，以便接收端根据相关性来检查传输中发现的错误。

② 反向传话。我们可以增加一个反馈信道，使发送端了解接收的情况，从而决定是否重发。

③ 复述。如有需要则进行重传。

对于增加冗余度，一般实现的方法是在通信协议中增加校验码。常见的校验码有奇偶校验码和循环冗余校验码。

1）奇偶校验码

奇偶校验码是一种增加二进制传输系统最小距离的简单和广泛采用的方法，是一种通过增加冗余位使得码字中“1”的个数恒为奇数或偶数的编码方法，它是一种检错码。在实际使用时，它又可分为垂直奇偶校验、水平奇偶校验和水平垂直奇偶校验等几种。

一个二进制码字，如果它的码元有奇数个1，就称为具有奇性。例如，码字“10110101”有5个1，因此，这个码字具有奇性。同样，偶性码字具有偶数个1。注意奇性检测等效于所有码元的模2加，并能够由所有码元的异或运算来确定。对于一个 n 位字，奇性可由下式给出：奇性 $= a_0 \oplus a_1 \oplus a_2 \oplus \cdots \oplus a_n$ 。

奇偶校验可描述为：给每一个码字加一个校验位，用它来构成奇性或偶性校验。奇偶校验编码通过增加一位校验位来使编码中一个个数为奇数(奇校验)或者为偶数(偶校验)，从而使码距变为2。因为其利用编码中1的个数的奇偶性作为依据，所以不能发现偶数位错误。

2）循环冗余校验码

循环冗余校验码CRC(Cyclic Redundancy Check)是常用的校验码，在早期的通信中运用较为广泛。CRC码由两部分组成，前部分是信息码，就是需要校验的信息；后部分是校验码。如果CRC码共长 n bit，信息码长 k bit，就称为 (n, k) 码。它的编码规则是：

(1) 循环冗余校验码移位，即将原信息码(k bit)左移 r 位($k+r=n$)。

(2) 循环移位校验码相除，即运用一个生成多项式 $g(x)$(也可看成二进制数)用模2除上面的式子，得到的余数就是校验码。

需要说明的是：模2除就是在除的过程中用模2加，模2加实际上就是我们熟悉的异或运算，即加法不考虑进位，公式为

$$0+0=1+1=0,\ 1+0=0+1=1$$

由此得到定理：a＋b＋b＝a，也就是“模 2 减”和“模 2 加”的真值表完全相同。

有了加、减法就可以用来定义模 2 除法，于是就可以用生成多项式 $g(x)$ 生成 CRC 校验码。

循环冗余校验码生成多项式应满足以下原则：

(1) 生成多项式的最高位和最低位必须为 1；

(2) 当被传送信息(CRC 码)的任何一位发生错误时，被生成多项式做模 2 除后应该使余数不为 0；

(3) 不同位发生错误时，应该使余数不同；

(4) 对余数继续做模 2 除，应使余数循环。

例如：$g(x)=x^4+x^3+x^2+1$，(7，3)码，信息码 110 产生的 CRC 码就是 1001。

具体计算方法如下：

对于 $g(x)=x^4+x^3+x^2+1$：(都是从右往左数)x^4 就是第 5 位是 1，因为没有 x^1，所以第 2 位就是 0。

11101 | 110，0000　　　(设 a＝11101，b＝1100000)

用 b 除以 a 做模 2 运算得到余数 1001。

余数是 1001，所以 CRC 码是 1001，传输码为 110，1001。

4. 差错控制技术

差错控制技术一般包括前向纠错技术和检错重发技术等。这里重点介绍一下较为常见的检错重发技术。

1) 前向纠错技术

前向纠错也叫前向纠错码(Forward Error Correction，FEC)，是增加数据通信可信度的方法之一。在单向通信信道中，一旦错误被发现，其接收器将无权再请求传输。FEC 是利用数据进行冗长信息传输的方法，当传输中出现错误时，将允许接收器再建数据。

2) 检错重发技术

检错重发(Automatic Repeat-reQuest，ARQ)是差错控制系统的工作方式之一，是指在接收端根据编码规则进行检查，如果发现规则被破坏，则通过反向信道要求发送端重新发送信号，直到接收端检查无误为止。

重发方式有三种：停发等候重发、返回重发和选择重发。

(1) 停发等候重发方式中，发送端发出一个信号后即进入等待状态，等待接收端对信号正误的反馈。若接收端返回正确信号，则发送端继续发送下一个信号；否则重新发送此信号。这是一种半双工的工作方式，系统简单，对发射极和接收极要求的缓存量小；但等待的时间较长，传输效率较低。停发等候重发方式的示意图如图 2－36 所示。

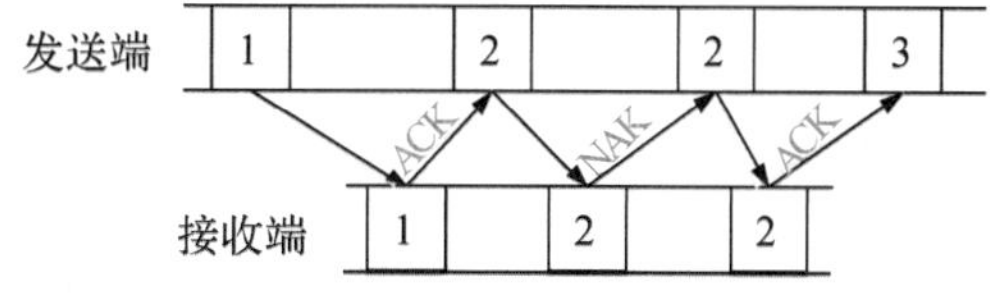

图 2－36　停发等候重发方式示意图

(2) 返回重发方式中，发送端连续发送信号，接收端接收到信号后不间断地向发送端反馈。接收端一旦发现错误信号，发送端即从错误的信号开始重新连续地发送信号，依此类推。由于减少了等待时间，所以提高了传输效率。但是在重传的信号中，大部分信号是正确的，所以这种方式仍存在浪费。返回重发方式示意图如图 2-37 所示。

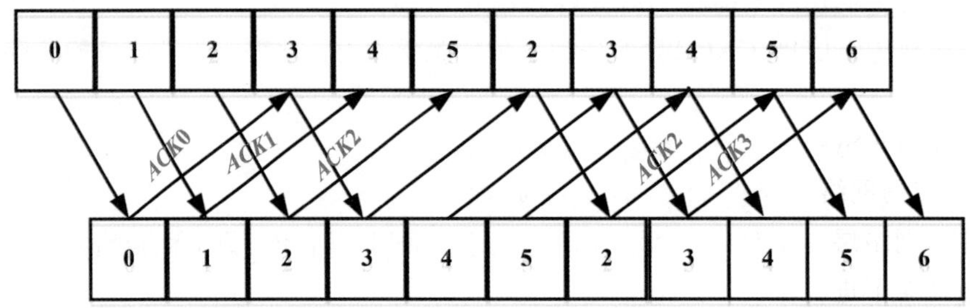

图 2-37 返回重发方式示意图

(3) 选择重发方式在返回重发的方式上进行了改进，即只对出错的信号进行重发，而不重新发送一整段的序列，从而大大提高了传输效率。但是这种重发方式要求收、发两端都得有足够的存储空间。

2.4 计算机网络体系结构

问题导入：

在前一节讲述通信协议的时候，已经提到了网络分层的概念。典型的计算机网络模型有哪几种？各自分为几层？

本节主要介绍计算机网络体系结构的定义、OSI 七层网络参考模型、TCP/IP 四层网络参考模型，以及两种典型网络参考模型之间的区别。

2.4.1 计算机网络体系结构的定义

计算机网络体系结构可以从网络组织、网络配置和网络体系结构三个方面来描述。网络组织从网络物理结构和网络实现两方面来描述计算机网络；网络配置从网络应用方面来描述计算机网络的布局，从硬件、软件和通信线路来描述计算机网络；网络体系结构从功能上来描述计算机网络结构。

网络协议是计算机网络必不可少的，一个完整的计算机网络需要有一套复杂的协议集合，组织复杂的计算机网络协议的最好方式就是层次模型。将计算机网络层次模型和各层协议的集合定义为计算机网络体系结构(Network Architecture)。

计算机网络由多个互连的节点组成，节点之间要不断地交换数据和控制信息，要做到有条不紊地交换数据，每个节点就必须遵守一整套合理而严谨的结构化管理体系——计算机网络就是按照高度结构化设计方法采用功能分层原理来实现的，即计算机网络体系结构的内容。

通常所说的计算机网络体系结构，即国际通用的统一协议，制定软件标准和硬件标准，并将计算机网络及其部件所应完成的功能精确定义，从而使不同的计算机能够在相同功能中进行信息对接。

2.4.2 OSI 参考模型

1. OSI 参考模型的定义

OSI(Open System Interconnect)即开放式系统互连，也叫 OSI 参考模型，是 ISO 在 1985 年研究的网络互联模型。该体系结构标准定义了网络互联的七层框架(物理层、数据链路层、网络层、传输层、会话层、表示层和应用层)，即 ISO 开放系统互连参考模型。在该框架下进一步详细规定了每一层的功能，以实现开放系统环境中的互连性、互操作性和应用的可移植性。

2. OSI 参考模型的特点

OSI 参考模型是一个定义异构计算机连接标准的框架结构，具有以下特点：

(1) 网络中异构的每个节点均有相同的层次，相同层次具有相同的功能；

(2) 同一节点内的相邻层次之间通过接口通信；

(3) 相邻层次间接口定义原语操作，由低层向高层提供服务；

(4) 不同节点的相同层次之间的通信由该层次的协议管理；

(5) 每个层次完成对该层所定义的功能，修改本层次的功能不会影响其他层；

(6) 仅在最低层进行直接数据传送；

(7) 定义的是抽象结构，并非具体实现的描述。

在 OSI 网络体系结构中，除了物理层之外，网络中数据的实际传输方向是垂直的。数据由用户发送进程发送给应用层，向下经表示层、会话层等到达物理层，再经传输媒体传到接收端，由接收端物理层接收，向上经数据链路层等到达应用层，再由用户获取。数据在由发送进程交给应用层时，由应用层加上该层有关控制和识别信息，再向下传送，这一过程一直重复到物理层。当接收端信息向上传递时，各层的有关控制和识别信息被逐层剥去，直到数据传送到接收进程。

在制定网络协议和标准时，一般都把 ISO/OSI 参考模型作为参照基准，并说明与该参照基准的对应关系。例如，在 IEEE802 局域网 LAN 标准中，只定义了物理层和数据链路层，并且增强了数据链路层的功能。在广域网 WAN 协议中，CCITT 的 X.25 建议包含了物理层、数据链路层和网络层等三层协议。一般来说，网络的低层协议决定了一个网络系统的传输特性，例如所采用的传输介质、拓扑结构及介质访问控制方法等，这些通常由硬件来实现；网络的高层协议则提供了与网络硬件结构无关的、更加完善的网络服务和应用环境，这些通常是由网络操作系统来实现的。

3. OSI 参考模型的主要内容

OSI 参考模型如图 2-38 所示，共分为七层。

1) 物理层(Physical Layer)

物理层是 OSI 参考模型的最低层，它利用传输介质为数据链路层提供物理连接。它

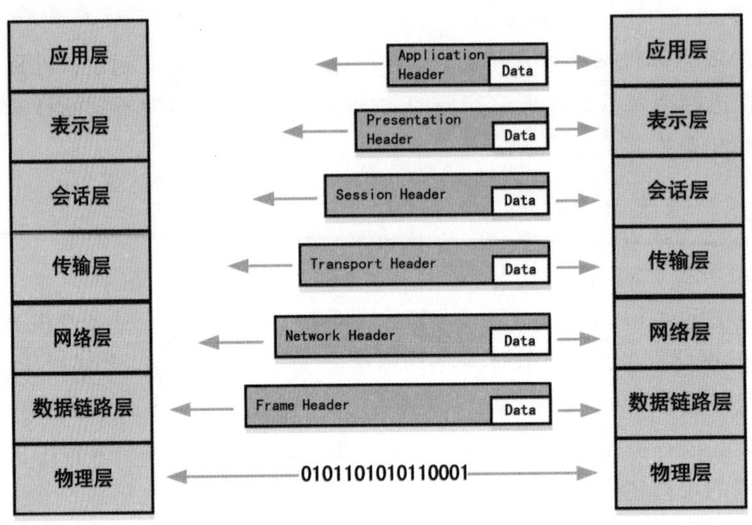

图 2-38 OSI 七层网络模型

的主要功能是通过物理链路从一个节点向另一个节点传送比特流，物理链路可能是铜线、卫星、微波或其他的通信媒介。它所关心的问题有：多少伏电压代表 1？多少伏电压代表 0？时钟速率是多少？采用全双工还是半双工传输？总的来说，物理层关心的是链路的机械、电气、功能和规程特性。

2）数据链路层(Data Link Layer)

数据链路层是为网络层提供服务的，解决两个相邻节点之间的通信问题，传送的协议数据单元称为数据帧。

数据帧中包含物理地址(又称 MAC 地址)、控制码、数据及校验码等信息。该层的主要作用是通过校验、确认和反馈重发等手段，将不可靠的物理链路转换成对网络层来说无差错的数据链路。

此外，数据链路层还需协调收、发双方的数据传输速率，即进行流量控制，以防止接收方因未及时处理发送方发来的高速数据而导致的缓冲器溢出及线路阻塞。

3）网络层(Network Layer)

网络层是为传输层提供服务的，传送的协议数据单元称为数据包或分组。该层的主要作用是解决如何使数据包通过各节点传送的问题，即通过路径选择算法(路由)将数据包送到目的地。另外，为避免通信子网中出现过多的数据包而造成网络阻塞，需要对流入的数据包数量进行控制(拥塞控制)。当数据包要跨越多个通信子网才能到达目的地时，还要解决网际互联的问题。

4）传输层(Transport Layer)

传输层的作用是为上层协议提供端到端的可靠和透明的数据传输服务，包括处理差错控制和流量控制等问题。该层向高层屏蔽了下层数据通信的细节，使高层用户看到的只是在两个传输实体间的一条主机到主机的、可由用户控制和设定的、可靠的数据通路。

传输层传送的协议数据单元称为段或报文。

5）会话层(Session Layer)

会话层主要负责建立、管理和终止应用程序之间的会话，即管理和协调不同主机上各种进程之间的通信(对话)。会话层因其类似于两个实体间的会话概念而得名。例如，一个交互的用户会话以登录到计算机开始，以注销为结束。

6）表示层(Presentation Layer)

表示层的主要作用是处理流经节点的数据编码的表示方式问题，以保证一个系统应用层发出的信息可被另一系统的应用层读出。如果必要，该层可提供一种标准表示形式，用于将计算机内部的多种数据表示格式转换成网络通信中的标准表示形式。数据压缩和加密也是表示层可提供的转换功能之一。

7）应用层(Application Layer)

应用层是 OSI 参考模型的最高层，是用户与网络的接口。该层通过应用程序来实现网络用户的应用需求，如文件传输、收/发电子邮件等。

这里可以用一个形象的比喻来解释 OSI 七层网络模型的关系，如图 2-39 所示。

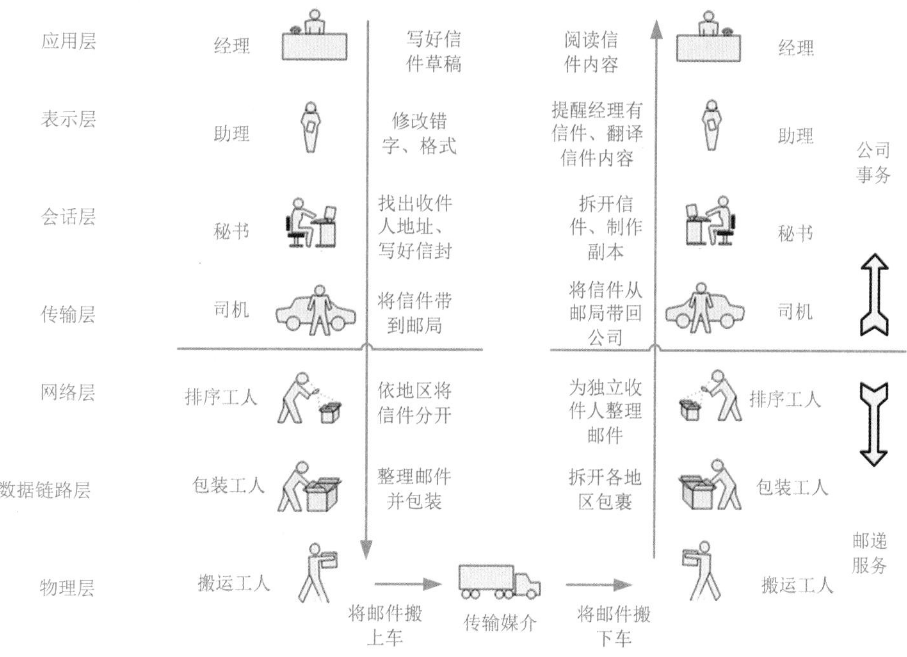

图 2-39 邮件收/发与 OSI 之间的对应关系

按照图 2-39 中给出的比喻，可将 OSI 七层网络做以下比喻：

7—应用层：经理、老板；

6—表示层：公司中演示文稿、替老板写信的助理；

5—会话层：公司中收寄信、写信封与拆信封的秘书；

4—传输层：公司中跑邮局的送信职员；

3—网络层：邮局中的排序工人；

2—数据链路层：邮局中的装拆箱工人；

1—物理层：邮局中的搬运工人。

2.4.3 TCP/IP 参考模型

1. TCP/IP 参考模型的定义

TCP/IP 参考模型是由美国国防部 DoD(U. S. Department of Defense)赞助的研究网络，即计算机网络的祖父 ARPANET 和其后继的因特网使用的参考模型。起初它通过租用的电话线连接了数百所大学和政府部门。当出现无线网络与卫星通信后，现代的通信协议在与它们进行通信时出现了问题，所以需要制定一种新的参考体系结构。这个体系结构称为 TCP/IP 参考模型(TCP/IP Reference Model)，因它的两个主要协议而得名。

2. TCP/IP 参考模型的主要内容

TCP/IP 是一组用于实现网络互联的通信协议。Internet 网络体系结构以 TCP/IP 为核心。基于 TCP/IP 的参考模型将协议分成四个层次，它们分别是网络接口层、网络层、传输层(主机到主机)和应用层。TCP/IP 参考模型与 OSI 参考模型的对比示意图如图2-40所示。

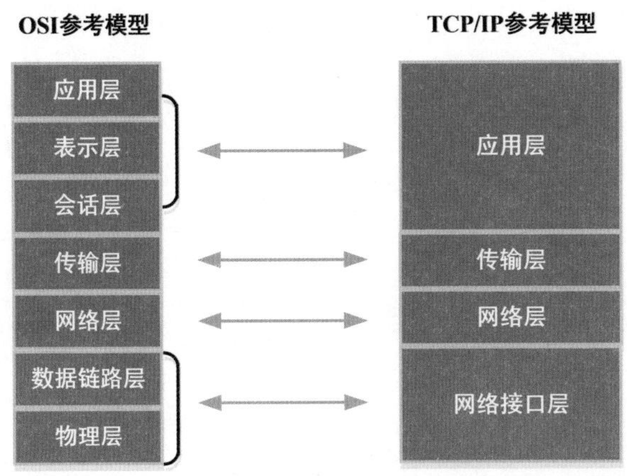

图 2-40 TCP/IP 参考模型与 OSI 参考模型的对比示意图

1) 应用层

应用层对应于 OSI 参考模型的高层，为用户提供所需要的各种服务，例如 DNS、FTP、Telnet、SMTP 等。

2) 传输层

传输层主要定义了两个协议：传输控制协议(TCP)和用户数据报协议(UDP)。该层对应于 OSI 参考模型的传输层，为应用层实体提供端到端的通信功能，保证了数据包的顺序传送及数据的完整性。TCP 协议提供的是一种可靠的、通过“三次握手”来连接的数据传输服务；而 UDP 协议提供的则是不保证可靠的(并不是不可靠)、无连接的数据传输服务。

3) 网络层

TCP/IP 模型的网络层又叫网际互联层(Internet Layer)，也称网际层或 IP 层，对应于 OSI 参考模型的网络层，主要解决主机到主机的通信问题。它所包含的协议设计数据包在整个网络上的逻辑传输。其注重重新赋予主机一个 IP 地址来完成对主机的寻址，它还负责数据包在多种网络中的路由。该层有三个主要协议：网际协议(IP)、互联网组管理协议(IGMP)和互联网控制报文协议(ICMP)。

IP 协议是网络层最重要的协议，它提供的是一个可靠的、无连接的数据包传递服务。

4) 网络接口层(主机—网络层)

网络接口层与 OSI 参考模型中的物理层和数据链路层相对应。它主要负责监视数据在主机和网络之间的交换。事实上，TCP/IP 本身并未定义该层的协议，而由参与互联的各网络使用自己的物理层和数据链路层协议，然后与 TCP/IP 的网络接入层进行连接。地址解析协议(ARP)工作在此层，即 OSI 参考模型的数据链路层。

2.4.4 OSI 参考模型和 TCP/IP 参考模型的比较

1. 两种模型的主要区别

OSI 参考模型与 TCP/IP 参考模型有很多相似之处。它们都基于独立的协议栈的概念，强调网络技术独立性(Network Technology Independence)和端对端确认(End-to-End Acknowledgement)，且层的功能大体相同，两个模型能够在相应的层找到相应的功能。当然，它们之间还存在很多不同。

(1) 分层模型存在差别。TCP/IP 模型没有会话层和表示层，并且数据链路层和物理层合二为一。造成这种区别的原因在于：前者是以“通信协议的必要功能是什么”这个问题为中心，再进行模型化；而后者是以“为了将协议实际安装到计算机中如何进行编程最好”这个问题为中心，再进行模型化。所以，TCP/IP 模型的实用性强。

(2) OSI 模型有三个需要明确的概念，即服务、接口和协议，而 TCP/IP 参考模型最初没有明确区分这三者。这是 OSI 模型最大的贡献。

(3) TCP/IP 模型一开就考虑通用连接(Universal Interconnection)，而 OSI 模型考虑的是由国家运行并使用 OSI 协议的连接。

(4) 从通信方式上讲，在网络层，OSI 模型支持无连接和面向连接的方式，而 TCP/IP 模型只支持无连接通信模式；在传输层，OSI 模式仅有面向连接的通信，而 TCP/IP 模型支持两种通信方式，给用户选择机会。这种选择对简单的请求—应答协议是非常重要的。

2. 两种模型的命运

由于 OSI 模型忽略了互联、数据安全、加密和网络管理等问题，因此在不断修补的过程中它便失去了市场。另外，OSI 协议在推出时，TCP/IP 协议已经被广泛地应用于大学科研中，很多开发商已经在谨慎地交付 TCP/IP 产品，再加上策略上的失误，导致 OSI 模型从来没有在真正意义上被实现过。

虽然 TCP/IP 模型同样有许多缺陷，但由于它一开始就着眼于通用连接，使得 TCP/IP 模型以及其协议可在任何互联的网络集合中进行通信。它形成的基本技术连接了 61 个国家的家庭、学校、公司和政府实验室的全球互联网，在短短的几年时间内形成了一个事实上存在的模型——TCP/IP 模型。

课后练习与思考

一、单项选择题

(1) 关于计算机网络的讨论中，下列哪个观点是正确的？(　　)

A. 组建计算机网络的目的是实现局域网的互联

B. 连入网络的所有计算机都必须使用同样的操作系统

C. 网络必须采用一个具有全局资源调度能力的分布操作系统

D. 互连的计算机是分布在不同地理位置的多台独立的自治计算机系统

(2) 常用的数据传输速率单位有kb/s、Mb/s、Gb/s，1 Gb/s等于(　　)。

A. 1×10^{3} Mb/s　　B. 1×10^{3} kb/s　　C. 1×10^{6} Mb/s　　D. 1×10^{9} kb/s

(3) TCP/IP协议是Internet中计算机之间通信所必须共同遵循的一种(　　)。

A. 通信规则　　B. 信息资源　　C. 软件　　D. 硬件

(4) 关于TCP/IP协议的描述中，下列哪个是错误的？(　　)

A. 地址解析协议ARP/RARP属于应用层

B. TCP、UDP协议都要通过IP协议来发送、接收数据

C. TCP协议提供可靠的面向连接服务

D. UDP协议提供简单的无连接服务

(5) 局域网与广域网、广域网与广域网的互联是通过哪种网络设备实现的？(　　)

A. 服务器　　B. 网桥　　C. 路由器　　D. 交换机

(6) 如果一个码元所载的信息是两位，则一码元可以表示的状态为(　　)。

A. 2个　　B. 4个　　C. 8个　　D. 16个

(7) 基带系统是使用(　　)进行传输的。

A. 模拟信号　　B. 多信道模拟信号

C. 数字信号　　D. 多路数字信号

(8) 采用曼彻斯特编码的数字信道，其数据传输速率为波特率的(　　)。

A. 2倍　　B. 3倍　　C. 1/2倍　　D. 1倍

(9) 在一个采用粗缆作为传输介质的以太网中，两个节点之间的距离超过500 m，那么最简单的方法是选用(　　)来扩大局域网覆盖范围。

A. 中继器　　B. 网桥　　C. 路由器　　D. 网关

(10) 在局域网拓扑结构中，传输时间固定，适用于数据传输实时性要求较高的是(　　)拓扑。

A. 星型　　B. 总线型　　C. 环型　　D. 树型

(11) 一个MAC地址是(　　)位的十六进制数。

A. 32　　B. 48　　C. 64　　D. 128

(12) 因特网主要的传输协议是(　　)。

A. TCP/IP　　B. IPC　　C. POP3　　D. NetBIOS

(13) 广域网一般采用网状拓扑结构，该结构的系统可靠性高，但是结构复杂。为了实现正确的传输必须采用(　　)。

Ⅰ. 光纤传输技术　Ⅱ. 路由选择算法　Ⅲ. 无线通信技术　Ⅳ. 流量控制方法

A. Ⅰ和Ⅱ　　B. Ⅰ和Ⅲ　　C. Ⅱ和Ⅳ　　D. Ⅲ和Ⅳ

(14) 将物理信道总频带分割成若干个子信道，每个子信道传输一路信号，这就是(　　)。

A. 同步时分多路复用　　B. 空分多路复用

C. 异步时分多路复用　　D. 频分多路复用

(15) 广域网覆盖的地理范围从几十千米到几千千米。它的通信子网主要使用(　　)。

A. 报文交换技术　　B. 分组交换技术

C. 文件交换技术　　D. 电路交换技术

二、填空题

1. 模拟通信系统通常由________、________、________以及________组成。

2. ________是 Internet 的前身。

3. 计算机网络按网络覆盖范围分为________、________和________三种。

4. 模拟数据的数字化必须经过________、________、________三个步骤。

5. 数据交换技术主要有________、________、________，其中交换技术有数据报和虚电路之分。

6. 决定局域网特性的主要技术要素包括________、________和________三个方面。

7. 局域网体系结构仅包含 OSI 参考模型最低两层，分别是______层和______层。

8. CSMA/CD 方式遵循“________，________，________”的原理控制数据包的发送。

9. 信号是________的表示形式，它分为________信号和________信号。

10. 模拟信号是一种连续变化的________，而数字信号是一种离散的脉冲序列。

三、简答题

1. 计算机网络的主要功能是什么？

2. OSI 参考模型共分为几层？其中交换机、集线器、路由器工作在第几层？

3. 在 CSMA/CD 中，什么情况会发生信息冲突？怎么解决？简述其工作原理。

4. 简述令牌环的工作原理。

5. 在位置偏远的山区安装电话，铜线和双绞线的长度在 4～5 km 时会出现高环阻问题，通信质量难以保证，那么应该采用什么接入技术？为什么？这种接入方式有何特点？

参考答案

第3章　典型现场总线技术

岗课赛证融合知识点3

课程思政7

学习目标：

(1) 掌握 RS-232/485/422 等常见串口通信的概念和特点；
(2) 掌握 PROFIBUS 和 PRIFINET 的协议结构和基本类型；
(3) 理解 PROFIBUS 和 PRIFINET 的主要区别；
(4) 理解 CC-Link 和 CC-Link IE 的主要网络结构；
(5) 理解 CAN 总线和 DeviceNet 的主要网络结构；
(6) 了解 EtherCAT 总线的主要特点；
(7) 理解 OPC 技术的主要特点和应用规范。

现场总线的种类繁多，各大厂商在现场总线标准的制定和推广上竞争激烈，很多重要企业都力图开发自己的接口技术，使自己的总线能和其他总线相连，在国际标准中也出现了协调共存的局面。虽然实现现场总线技术的统一是所有用户的愿望，但这还需要一个漫长的过程。在我国，各种现场总线的覆盖程度直接与工业控制器的覆盖程度相关。不可否认的是，在我国北方市场，以西门子为代表的德系工业控制器占据着主导地位；而在南方，日系工业控制器拥有相当大的市场；同时随着我国自主研发能力的提升，国内工业控制器(例如汇川、台达等)也逐渐发展起来。

综合考虑市场应用情况，本章针对国内市场上较为常见的各种典型现场总线进行介绍，以供读者学习。

随着计算机、通信、网络等信息技术的发展，信息交换的领域已经覆盖了工厂、企业乃至世界各地的市场，因此，需要建立包含从工业现场的设备层到控制层、管理层等各个层次的综合自动化网络平台，建立以工业控制网络技术为基础的企业信息化系统。工业控制网络作为一种特殊的网络，直接面向生产过程，肩负着工业生产现场的测量与控制信息传输的任务，并产生或引发物质或能量的运动和转换，因此它通常应满足强实时性、高可靠性、恶劣工业现场环境的适应性、总线供电等特殊要求和特点。

在这种背景下，20世纪80年代产生和发展起来的现场总线技术，以全数字的通信代替4～20 mA电流的模拟传输方式，使得控制系统与现场仪表之间不仅能传输生产过程测量与控制信息，而且能传输现场仪表的大量非控制信息，使得工业企业的管理控制一体化成为可能，并且促使目前的自动化仪表、DCS和可编程控制器(PLC)等产品所面临的体系结构和功能结构产生重大变革。但是，现场总线技术在其发展过程中还存在以下不足：

- 现有的现场总线标准过多，仅国际标准IEC 61158就包含了8种类型，未能统一。
- 不同总线之间不能兼容，不能实现透明信息互访，无法实现信息的无缝集成。
- 由于现场总线是专用实时通信网络，因此成本较高。
- 现场总线的速度较低，支持的应用有限，不便于和Internet信息集成。

现场总线是近年来迅速发展起来的一种工业数据总线，它主要解决工业现场的智能化仪器仪表、控制器、执行机构等现场设备间的数字通信以及这些现场控制设备和高级控制系统之间的信息传递问题。由于现场总线具有简单、可靠、经济、实用等一系列突出的优点，因而受到了许多标准团体和计算机厂商的高度重视。它是一种工业数据总线，是自动化领域中的底层数据通信网络。简单地说，现场总线就是以数字通信替代了传统4～20 mA模拟信号及普通开关量信号的传输，是连接智能现场设备和自动化系统的全数字、双向、多站的通信系统。

现场控制设备具有通信功能，便于构成工厂底层控制网络。通信标准的公开、一致，使系统具备开放性，设备间具有互可操作性。功能块与结构的规范化使相同功能的设备间具有互换性。控制功能下放到现场，使控制系统结构具备高度的分散性。

现场总线具有以下优点：

(1) 现场总线使自控设备与系统步入了信息网络的行列，为其应用开拓了更为广阔的领域；

(2) 一对双绞线上可挂接多个控制设备，便于节省安装费用；

(3) 节省维护开销；

(4) 提高了系统的可靠性；

(5) 为用户提供了更为灵活的系统集成主动权。

虽然现场总线的种类非常多，但应用的领域各不相同，表3-1所示的是各种现场总线在各个领域的使用情况。

表3-1　自动化相关的各个领域使用的主流现场总线

领域	主流现场总线			
程序自动化	BSAP CANopen DirectNet EtherNet/IP HART Protocol MECHATROLINK PieP SERCOS Ⅲ RAPIEnet	CC-Link ControlNet EtherCAT FINS Honeywell SDS MelsecNet PROFIBUS Sinec H1	CIP DeviceNet Ethernet Global Data(EGD) FOUNDATION FIELDBUS HostLink Modbus PROFINET I/O SynqNet	CAN DF-1 EtherNet PowerLink GE SRTP InterBus Optomux SERCOS interface TTEthernet

续表

领域	主流现场总线			
工业控制系统	OPC DA	OPC HDA	OPC UA	MTConnect
智能建筑	1-Wire DSI oBIX ZigBee	BACnet KNX VSCP	C-Bus LonTalk X10	DALI Modbus xAP
输配电通信协定	IEC 60870-5 IEC 62351	DNP3 Modbus	IEC 60870-6 PROFIBUS	IEC 61850
智能电表	ANSI C12.18 Modbus	IEC 61107 ZigBee Smart Energy 2.0	DLMS/IEC 62056	M-Bus
车用通信	CAN J1587 LIN	FMS J1708 MOST	FlexRay J1939 NMEA 2000	IEBus Keyword Protocol 2000 VAN

不管是哪种现场总线，从计算机网络通信方式的角度来说，都属于串口通信，因此本章首先介绍两种在工业领域最常见的串行通信接口，即 RS-232 和 RS-485，各种现场总线的基本硬件架构大都参考了这两种接口电路；然后，选取 PROFIBUS、PROFINET、CC-Link、CC-Link IE、CAN、DeviceNet、EtherCAT 等工业领域应用较为广泛的几种典型现场总线作一介绍，供读者学习。

3.1 典型串行通信接口

问题导入：

RS-485 和 RS-232 是我们在工业通信中经常能够听到的两种标准，它们到底属于硬件接口，还是通信协议？它们的产生和发展过程又是怎样的？

本节主要介绍 RS-232/RS-232C、RS-485 和 RS-422 的接口电路，以及各自的特点与应用领域。

3.1.1 RS-232/RS-232C 通信接口

1. RS-232 的定义

RS-232(Recommended Standard 232)是一种早期广泛应用在个人计算机上的通信接口，是由电子工业协会 EIA(Electronic Industries Association)所制定的异步传输标准接口。经过多年的发展，RS-232 的标准经历了多个版本（RS-232A、RS-232B 和

RS-232C)。在最初的RS-232接口中，信号会在+25 V和-25 V间跳变，会将可接收的电压从25 V降低到12 V和5 V。1969年，电子工业协会标准委员会采用RS-232C作为PC厂商的标准，也即EIA-RS-232-C标准接口。

EIA-RS-232-C标准接口最初是由EIA联合贝尔系统、调制解调器厂家及计算机终端生产厂家共同制定的，主要用于串行通信。它的全名是数据终端设备(DTE)和数据通信设备(DCE)之间串行二进制数据交换接口技术标准，该标准规定了一个25脚的DB-25连接器，并对连接器的每个引脚的信号内容加以规定，还对各种信号的电平加以规定，见图3-1。后来IBM的PC将RS-232简化成了DB-9连接器，从而成为了事实上的标准。

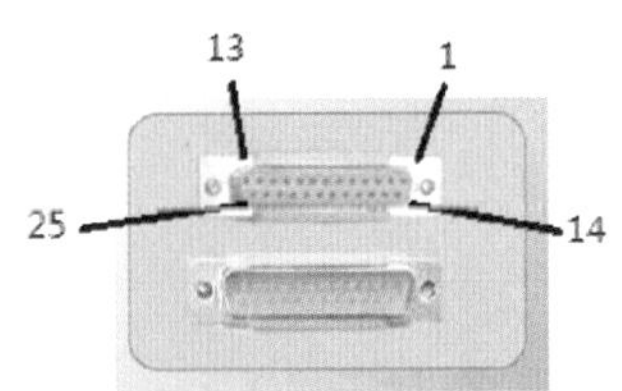

图3-1 DB-25连接器的外观及各引脚的位置分布

图3-1中展示了DB-25连接器的外观，且以母口为例，标注了1～13、14～25号引脚的位置分布。表3-2中表示的是DB-25连接器中各引脚的定义及作用。

表3-2 DB-25连接器各引脚的定义及作用

引脚	名称	作用	引脚	名称	作用
1	屏蔽地线	Protective Ground	11	数据发送(-)	
2	发送数据(TXD)	Transmit Data	12～17	未定义	
3	接收数据(RXD)	Received Data	18	数据接收(+)	
4	发送请求(RTS)	Request To Send	19	未定义	
5	发送清除(CTS)	Clear To Send	20	数据终端准备好(DTR)	Data Terminal Ready
6	数据准备好(DSR)	Data Set Ready	21	未定义	
7	信号地(SG)	Signal Ground	22	振铃(RI)	Ring Indicator
8	载波检测(DCD)	Received Line Signal Detector (Data Carrier Detect)	23	未定义	
9	发送返回(+)		24	未定义	
10	未定义		25	接收返回(-)	

目前，许多台式计算机上仍然保留了两组RS-232接口，分别称为COM1和COM2，也有很多计算机只保留了一组9个引脚的COM接口，见图3-2。而在工业控制中，许多RS-232接口一般只使用了RXD、TXD、GND三个引脚。

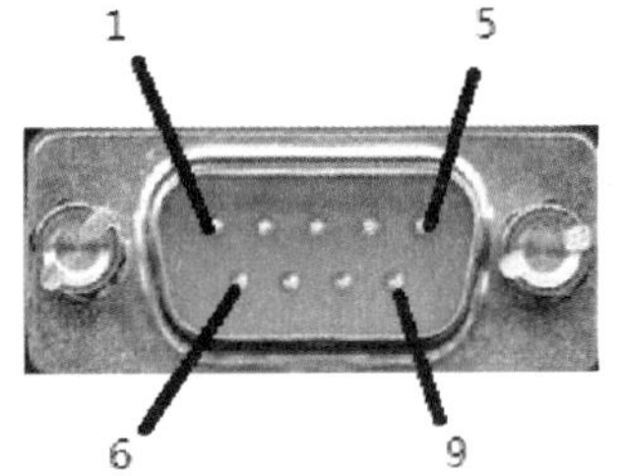

图3-2 DB-9连接器的外观及各引脚的位置分布

图3-2中展示了DB-9连接器的外观，且以公口为例，标注了1～5、6～9号引脚的位置分布。表3-3中所示的是DB-9连接器中各引脚的定义及作用。

表 3-3 DB-9 连接器各引脚的定义及作用

引脚	定 义	名 称	作 用
1	DCD	载波检测	Received Line Signal Detector (Data Carrier Detect)
2	RXD	接收数据	Received Data
3	TXD	发送数据	Transmit Data
4	DTR	数据终端准备好	Data Terminal Ready
5	SGND	信号地	Signal Ground
6	DSR	数据准备好	Data Set Ready
7	RTS	请求发送	Request To Send
8	CTS	清除发送	Clear To Send
9	RI	振铃提示	Ring Indicator

由表 3-2 和表 3-3 不难看出，DB-9 连接器的 9 个引脚全部来自于 DB-25 连接器的 25 个引脚中，其对应关系如表 3-4 所示。

表 3-4 DB-25 连接器与 DB-9 连接器的信号对应关系

25 芯接口	9 芯接口	25 芯接口	9 芯接口
2	3	7	5
3	2	8	1
4	7	20	4
5	8	22	9
6	6		

2. RS-232 的特点

RS-232 是现在主流的串行通信接口之一。RS-232 接口标准出现较早，难免有不足之处，主要表现在以下四点：

(1) 接口的信号电平值较高，易损坏接口电路的芯片。RS-232 接口任何一条信号线的电压均为负逻辑关系，即逻辑“1”为－3～－15 V，逻辑“0”为＋3～＋15 V，噪声容限为 2 V，也就是要求接收器能识别高于＋3 V 的信号作为逻辑“0”，低于－3 V 的信号作为逻辑“1”。这种信号电平与通常并行接口中使用的 TTL 电平不同，TTL 电平是 5 V 为逻辑正，0 为逻辑负，因此由 TTL 到 RS-232C 的转换要借助 MC1488，而由 RS-232C 电平到 TTL 的转换则要借助 MC1489，详见图 3-3。

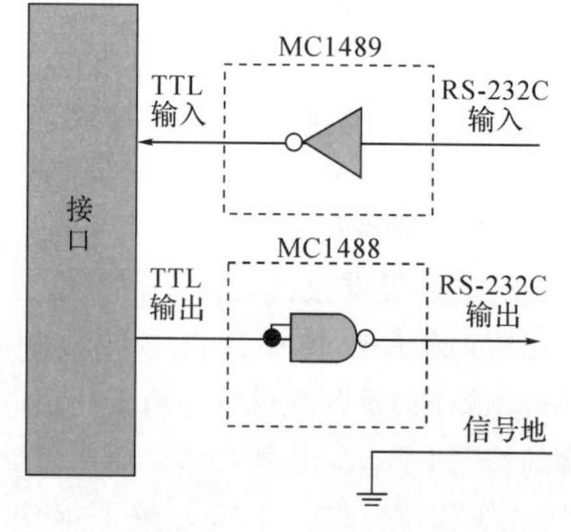

图 3-3 RS-232 与 TTL 信号转化电路

(2) 传输速率较低，在异步传输时，速率为 20 kb/s，因此在 51CPLD 开发板中，综合程序传输速率只能采用 19.2 kb/s。

(3) 接口使用一根信号线和一根信号返回线构成共地的传输形式，这种共地传输容易产生共模干扰，所以抗噪声干扰性弱。

(4) 传输距离有限，最大传输距离标准值为 50 英尺(注：1 英尺=0.3048 米)。实际上根据不同的传输速率，传输距离也会有较大波动，根据美国 DEC 公司的实验数据，当传输速率为 9.600 kb/s 时，传输距离最大为 75 m。

3. RS-232 与 USB 的特点比较

RS-232 与 USB 都是串行通信，但无论是底层信号、电平定义、机械连接方式，还是数据格式、通信协议等，两者完全不同。

RS-232 是一个流行的接口。在 MS-DOS 中，4 个串行接口分别称为 COM1、COM2、COM3 和 COM4，而绝大部分 Windows 应用程序最多可以有 4 个外设，但是如果用户要扩充更多外设，就必须用插入式串行卡或者外部开关盒实现。RS-232 点对点连接，一个串口只能连接一个外设。

USB 是一种多点、高速的连接方式，采用集线器能实现更多的连接。USB 接口的基本部分是串行接口引擎 SIE，SIE 从 USB 收/发器中接收数据位，转换为有效字节传送给 SIE 接口；反之，SIE 接口也可以接收字节转换为串行位送到总线。由于 PC 串口的最高速率仅为 115.2 kb/s，因此会形成一个速度瓶颈。

RS-232 系统包括 2 个串行信号路径，其方向相反，分别用于传输命令和数据，而命令和状态必须与数据交织在一起；USB 支持分离的命令和数据通道并允许独立的状态报告。USB 是一种方便、灵活、简单、高速的总线结构，与传统的 RS-232 接口相比，它主要有以下特点：

(1) USB 采用单一形式的连接头和连接电缆，实现了单一的数据通用接口。USB 统一的 4 针插头取代了 PC 箱后种类繁多的串/并插头，实现了将计算机常规 I/O 设备、多媒体设备(部分)、通信设备(电话、网络)以及家用电器统一为一种接口的愿望。

(2) USB 采用的是一种易于扩展的树状结构，通过使用 USB Hub 扩展，可连接多达 127 个外设。USB 免除了所有系统资源的要求，避免了安装硬件时发生端口冲突的问题，为其他设备空出了硬件资源。

(3) USB 外设能自动进行设置，支持即插即用与热插拔。

(4) 灵活供电。USB 电缆具有传送电源的功能，支持节约能源模式，耗电低。USB 总线可以提供+5 V 电压、500 mA 最大电流的电源，供低功耗的设备作电源使用，不需要额外的电源。

(5) USB 可以支持四种传输模式，即控制传输、同步传输、中断传输和批量传输，适用于很多类型的外设。

(6) 通信速度快。USB 支持三种总线速度：低速 1.5 Mb/s、全速 12 Mb/s 和高速 480 Mb/s。

(7) 数据传送可靠。USB 采用差分传输方式，且具有检错和纠错功能，保证了数据的正确传输。

(8) 低成本。USB简化了外设的连接和配置方法，具有较高的性能价格比，有效减少了系统的总体成本，是一种廉价、简单实用的解决方案。

RS-232应用范围广，价格便宜，编程容易，并且可以使用比其他接口更长的导线，因此随着USB端口的普及，将会出现更多将USB转换成RS-232或其他接口的转换装置。但是RS-232和类似的接口仍将在诸如监视和控制系统这样的应用中得到普遍应用。对习惯使用RS-232的开发者，设计时产品可以考虑使用USB/RS-232转换器，通过USB总线传输RS-232数据，即PC端的应用软件依然是针对RS-232串行端口编程的，外设也以RS-232为数据通信通道，但从PC到外设之间的物理连接是USB总线，其上的数据通信也是USB数据格式。采用这种方式的好处在于：一方面保护原有的软件开发投入，已开发成功的针对RS-232外设的应用软件可以不加修改地继续使用；另一方面充分利用了USB总线的优点，通过USB接口可连接更多的RS-232设备，不仅可获得更高的传输速率，实现真正的即插即用，同时解决了USB接口不能远距离传输的缺点(USB通信距离为5 m)。

3.1.2 RS-485与RS-422

1. RS-485

1) RS-485的产生

最初的数据模拟信号只输出简单过程量，后来的RS-232接口可以实现点对点的通信方式，但这种方式不能实现联网功能。直到出现了RS-485接口，才解决了这个问题。工业现场总线中的主-从通信和多点通信都是在RS-485出现以后才发展起来的。

RS-485的硬件接口非常灵活，但大部分仍然采用DB-9接口，只是每个引脚的定义有所不同，其电路原理是采用差分传输，三条线分别是信号正、信号负和地线。采用平衡连接的传输线可以大幅度地减少外界的干扰电平信号。RS-485可以采用任何导电导线，但大部分仍然采用双绞线为传输介质，见图3-4。

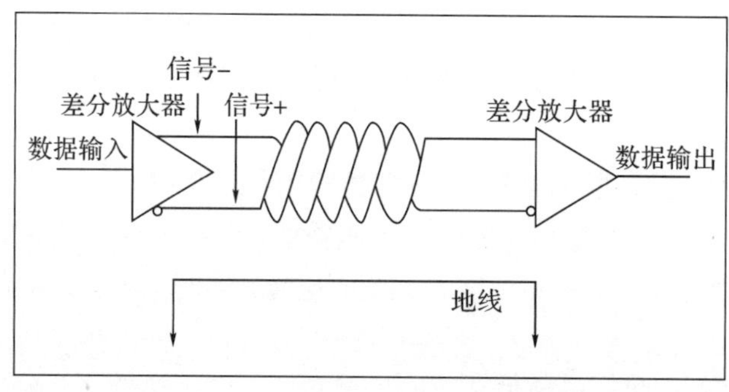

图3-4 RS-485信号的连接方法

2) RS-485的特点

作为工业网络中非常常用的一种通信接口，RS-485主要有以下特点：

(1) RS-485的电气特性：采用差分信号负逻辑，逻辑"1"以两线间的电压差+2～+6 V表示；逻辑"0"以两线间的电压差−6～−2 V表示。接口信号电平比RS-232C

的低，就不易损坏接口电路的芯片，且该电平与 TTL 电平兼容，可方便与 TTL 电路连接。

(2) RS-485 的数据传输速率最高为 10 Mb/s。

(3) RS-485 接口采用平衡驱动器和差分、接收器的组合，其抗共模干扰能力增强，即抗噪声干扰性好。

(4) RS-485 的最大通信距离约为 1219 m，最大传输速率为 10 Mb/s，传输速率与传输距离成反比，在 100 kb/s 的传输速率下，才可以达到最大的通信距离，如果需传输更长的距离，需要加 485 中继器。RS-485 总线一般最大支持 32 个节点，如果使用特制的 485 芯片，可以达到 128 个或者 256 个节点，最大可以支持 400 个节点。

2. RS-422

1) RS-422 的定义

RS-422(EIA RS-422A Standard)是 Apple 的 Macintosh 计算机的串口连接标准。RS-422 使用差分信号，使用 TTL 差动电平表示逻辑，就是两根信号线的电压差表示逻辑，RS-422 使用非平衡参考地信号，这样从根本上取消了信号地线，大大减少了信号地线所带来的共模干扰。平衡驱动差分接收电路如图 3－5 所示。

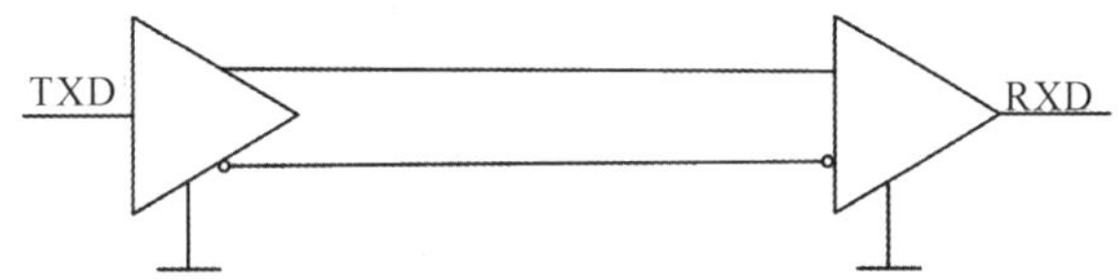

图 3－5　平衡驱动差分接收电路

RS-422 定义为全双工的，所以最少要 4 根通信线(一般额外多一根地线)，一个驱动器最多可以驱动 10 个接收器(即接收器为 1/10 单位负载)，通信距离与通信速率有关，一般距离短时可以使用高速率进行通信，速率低时可以进行较远距离通信(可达数百、上千米)。相比 RS-232，RS-422 能够更好地抗噪声，有更远的传输距离，在工业环境中具有很大的优势。

2) RS-422 的特点

RS-422 的最大传输距离为 1200 m，最大传输速率为 10 Mb/s。RS-422 平衡双绞线的长度与传输速率成反比，在 100 kb/s 速率以下，才可能达到最大传输距离。只有在很短的距离下才能获得最高传输速率。一般 100 m 长的双绞线上所能获得的最大传输速率仅为 1 Mb/s。

三菱 FX2N 系列 PLC 的编程接口采用 RS-422 标准，而计算机的串行口采用 RS-232 标准。因此，作为实现 PLC 计算机通信的接口电路，必须将 RS-422 标准转换成 RS-232 标准。

3. RS-485 和 RS-422 的比较

RS-485(EIA RS-485)其实是 RS-422 的改进，因为它增加了设备的个数，从 10 个增加到了 32 个，同时定义了在最大设备个数情况下的电气特性，以保证足够的信号电压。

在自动化领域，随着分布式控制系统的发展，迫切需要一种总线能适合远距离的数字通信。在 RS-422 标准的基础上，EIA 研究出了一种支持多节点、远距离和高接收灵敏度的 RS-485 总线标准。由于 RS-485 是从 RS-422 基础上发展而来的，所以 RS-485 的许多电气规定与 RS-422 相仿，如都采用平衡传输方式，都需要在传输线上接终端电阻等。

4. 各种串行通信接口的特点比较

RS-232/232C、RS-422、RS-485 分别作为目前较为常见的串行通信标准接口，其在硬件电路、通信距离、通信速率、驱动器/接收器最大电压、输入阻抗等方面都有所区别。表 3-5 列举了各种串行通信接口的特点。

表 3-5 各种串行通信接口的特点

描 述	RS-232C	RS-422	RS-485
操作模式	单端	差分	差分
驱动器与接收器的总数量(在 RS-485 网络中同一时刻只有一个驱动器是有效的)	1 个驱动 1 个接收	1 个驱动 10 个接收	32 个驱动 32 个接收
最大电缆长度/英尺	50	4000	4000
最大传输速率(RS-232 为 40 英尺，而 RS-422/RS-485 为 4000 英尺)	20 kb/s	10 Mb/s～ 100 kb/s	10 Mb/s～ 100 kb/s
驱动器最大输出电压/V	±25	−0.25～+6	−7～+12
驱动器输出电平(最小输出电平) 有负载/V	±5 ～±15	±2.0	±1.5
驱动器输出电平(最大输出电平)空载/V	±25	±6	±6
驱动器负载电阻	3～7 kΩ	100 Ω	54 Ω
最大转换率/(V/μs)	30	—	—
接收器最大输入电压/V	±15 V	(−10～+10)V	(−7～+12)V
接收器输入灵敏度	±3 V	±200 mV	±200 mV
接收器输入阻抗(RS-485 在一个标准负载下)/kΩ	3～7	最小 4	≥12

3.2 PROFIBUS 与 PROFINET

前面已经讲过，现场总线的种类多样，本节主要针对 PROFIBUS 与 PROFINET 两种现场总线进行讲解。

课程思政 8

3.2.1 PROFIBUS

1. PROFIBUS 概述

作为众多现场总线家族的成员之一，PROFIBUS 是欧洲工业界得到最广泛应用的一个现场总线标准，也是目前国际上通用的现场总线标准之一。PROFIBUS 属于单元级、现场级的 SIMITAC 网络，适用于传输中、小量的数据，其开放性允许众多厂商开发各自符合 PROFIBUS 协议的产品，这些产品可以连接在同一个 PROFIBUS 网络上。PROFIBUS 是一种电气网络，物理传输介质可以是屏蔽双绞线、光纤、无线传输。

PROFIBUS 的历史可追溯到 1987 年联邦德国开始的一个合作计划，该计划有 13 家公司及 5 个研究机构参与，目标是推动一种串列现场总线，满足现场设备接口的基本需求。为了达到这个目的，参与的成员同意支持有关工厂生产及程序自动化的共通技术研究。

PROFIBUS 中最早提出的是 PROFIBUS-FMS(Fieldbus Message Specification，现场总线消息规范)，它是一个复杂的通信协议，为要求严苛的通信任务所设计，适用于车间级通用性通信任务。后来在 1993 年提出了架构较简单、速度也提升了许多的 PROFIBUS-DP(Decentralized Peripherals，分散式外部设备)。PROFIBUS-FMS 是用在 PROFIBUS 主站之间的非确定性通信。PROFIBUS-DP 主要用于 PROFIBUS 主站和其远程从站之间的确定性通信，但仍允许主站及主站之间通信。

目前的 PROFIBUS 可分为两种，分别是大多数人使用的 PROFIBUS-DP 和用在过程控制领域的 PROFIBUS-PA。

(1) PROFIBUS-DP。PROFIBUS-DP 用于工厂自动化系统中，可以由中央控制器监控许多远程设备，也可以利用标准或选用的诊断机能得知各模块的状态。

(2) PROFIBUS-PA。PROFIBUS-PA(Process Automation，过程自动化)应用在过程自动化系统中，是本质安全(Essential Security)的通信协议，适用于防爆区域(工业防爆危险区分类中的 Ex-zone 0 及 Ex-zone 1)。其物理层(线缆)匹配 IEC 61158-2，允许由通信线缆提供电源给现场设备，即使在有故障时也可限制电流大小，避免制造可能导致爆炸的情形。因为使用网络供电，所以一个 PROFIBUS-PA 网络所能连接的设备数量受到了限制。PROFIBUS-PA 的通信速率为 31.25 kb/s。PROFIBUS-PA 使用的通信协议和 PROFIBUS-DP 的相同，只要有转换设备就可以和 PROFIBUS-DP 网络连接，由速率较快的 PROFIBUS-DP 作为网络主干，将信号传递给控制器。在一些需要同时处理自动化及过程控制的应用中可以同时使用 PROFIBUS-DP 及 PROFIBUS-PA。

PROFIBUS 技术的主要发展历程如下：

- 1987 年由 Siemens 公司等 13 家企业和 5 家研究机构联合开发；
- 1989 年批准为德国工业标准 DIN 19245；
- 1996 年批准为欧洲标准 EN 50170 V.2 (PROFIBUS-FMS/DP)；
- 1998 年 PROFIBUS-PA 批准纳入 EN 50170 V.2；
- 1999 年 PROFIBUS 成为国际标准 IEC 61158 的组成部分(Type 3)；
- 2001 年批准成为中国的行业标准 JB/T 10308.3—2001；
- 2003 年 PROFINET 成为国际标准 IEC 61158 的组成部分(Type 10)；
- 2004 年根据 IEC 61158(2003)版本，对 JB/T 10308.3—2001 进行了修订；
- 2005 年，全国工业过程测量和控制标准化技术委员会和中国机电一体化技术应用协会发布国家标准 GB/T 20540.X—2006，X 为 1～6，分别从 6 个方面对 PROFIBUS

现场总线技术进行了规范。

2. PROFIBUS 协议结构

PROFIBUS 利用了现有国际标准，它的协议结构以国际标准 OSI 系统互连模型为基础，如图 3－6 和图 3－7 所示，符合开放性和标准化的要求。在这个模型中，每个传输精确处理了所定义的任务。第 1 层物理层定义了物理的传输特性，第 2 层数据链路层定义了总线的存取协议，第 7 层应用层定义了应用功能。PROFIBUS-DP 使用了第 1 层、第 2 层和用户接口，第 3 层到第 7 层未加描述，这种流体结构确保了数据传输的快速和有效，直接数据链路映像 DDL(Direct Data Link mapper)提供了易于进入第 2 层的服务用户接口，该用户接口规定了用户与系统以及不同设备可调用的应用功能，并详细说明了各种不同 PROFIBUS-DP 设备的行为，还提供了 RS-485 传输技术或光纤。

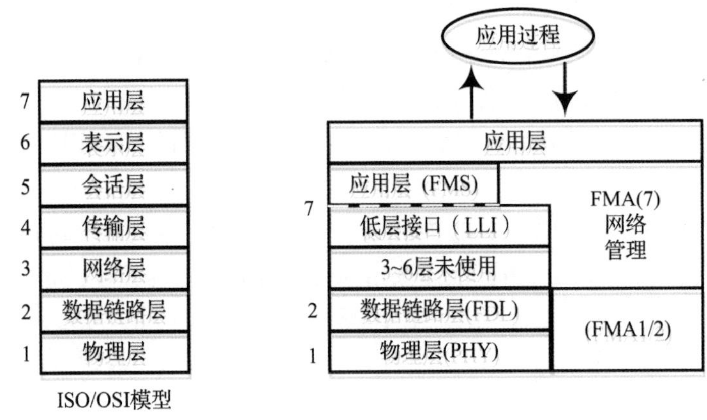

图 3－6 PROFIBUS 现场总线模型

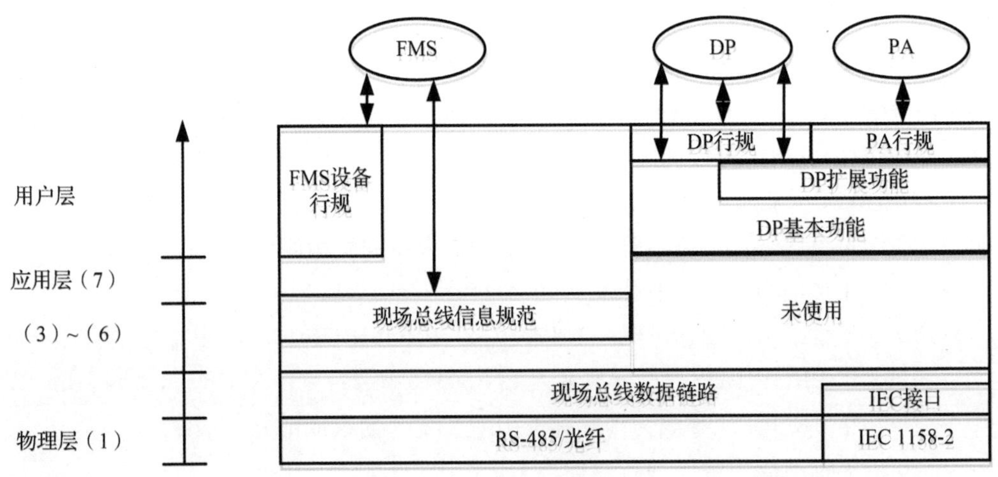

图 3－7 PROFIBUS 协议结构

1) PROFIBUS 第 1 层

第 1 层的物理层(PHY)规定了线路介质、物理连接的类型和电气特性。PROFIBUS

通过采用差分电压输出的 RS-485 实现连接，在线性拓扑结构下采用双绞线电缆，树型结构还可能要使用中继器。

2）PROFIBUS 第 2 层

PROFIBUS 的第 2 层数据链路层又分为介质存取控制子层(MAC)和现场总线链路控制子层(FLC)。

第 2 层的介质存取控制(MAC)子层描述了连接到传输介质的总线存取方法。PROFIBUS 采用一种混合访问方法。由于不能使所有设备在同一时刻传播，所以在 PROFIBUS 主设备(Master)之间用令牌方法。为使 PROFIBUS 从设备(Slave)之间也能传递信息，从设备由主设备循环查询。

第 2 层的现场总线链路控制(FLC)子层规定了对低层接口(LLI)有效的第 2 层服务，提供服务访问点(SAP)的管理与 LLI 相关的缓冲器。

第 2 层的现场总线管理(FMA1/2)子层完成第 2 层(MAC)特定的总线参数的设定和第 1 层(PHY)的设定。FLC 和 LLI 之间的 SAP 可以通过 FMA1/2 激活或撤消。此外，第 1 层和第 2 层可能出现的错误事件会被传递到更高层(FMA7)。

3）PROFIBUS 第 3～6 层

第 3～6 层在 PROFIBUS 中没有具体应用，这些层要求的任何重要功能都集成在 LLI 中，包括监控连接和数据传输。

4）PROFIBUS 第 7 层

PROFIBUS 的第 7 层应用层又分为低层接口(LLI)、现场总线信息子层(FMS)和现场管理子层(FMA7)。

低层接口(LLI)将现场总线信息规范(FMS)的服务映射到第 2 层(FLC)的服务。除了上面已经提到的监控连接或数据传输外，LLI 还检查在建立连接期间用于描述一个逻辑连接通道的所有重要参数。可以在 LLI 中选择不同的连接类型：主—主连接或主—从连接。数据交换既可以是循环的，也可以是非循环的。

第 7 层的现场总线信息(FMS)子层将用于通信管理的应用服务和用户数据(变量、域、程序、事件通告)分组。借助于此，才可能访问一个应用过程的通信对象。FMS 主要用于协议数据单元(PDU)的编码和译码。

与第 2 层类似，第 7 层也有现场总线管理(FMA7)。FMA7 保证 FMS 和 LLI 子层的参数化以及总线参数向第 2 层(FMA1/2)正确传递。某些实际的应用过程中，通过 FMA7 把各子层事件和错误显示给用户。

3. PROFIBUS-DP 的基本功能

PROFIBUS-DP 的基本功能如图 3-8 所示。

中央控制器周期性地读取从设备的输入信息并周期性地向从设备发送输出信息，总线循环时间必须比中央控制器的程序循环时间短。除周期性用户数据传输外，PROFIBUS-DP 还提供了强有力的诊断和配置功能，数据通信是由主机和从机进行监控的。

1）传输技术

RS-485 采用双绞线双线电缆或光缆，波特率为 9.6 kb/s～12 Mb/s。

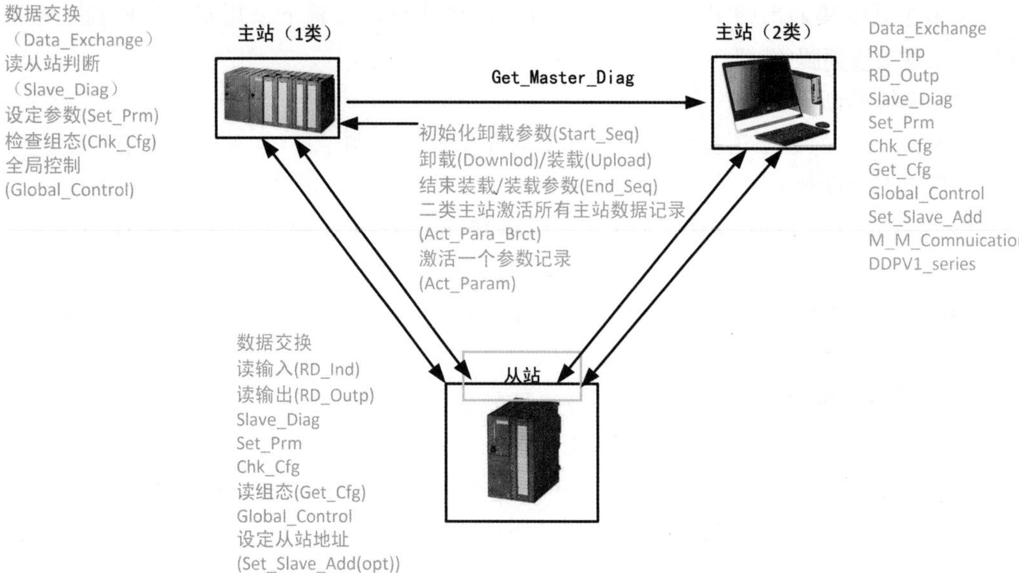

图 3-8 PROFIBUS-DP 的基本功能

2）总线存取

各主站间采用令牌传送，主站与从站间为主—从传送；支持单主或多主系统，总线上最多支持 126 个站点。

3）功能

(1) DP 主站和 DP 从站间的循环用户数据传送；

(2) 各 DP 从站的动态激活和撤消；

(3) DP 从站组态检查；

(4) 强大的诊断功能，三级诊断信息；

(5) 输入或输出的同步；

(6) 通过总线给 DP 从站赋予地址；

(7) 通过总线对 DP 主站(DPM1)进行配置；

(8) 每 DP 从站的输入和输出数据(最大为 246 字节)。

4）设备类型

每个 PROFIBUS-DP 系统包括以下三种不同类型的设备：

(1) 一类主站(DPM1)：是中央控制器，它在预定的信息周期内与分散的站(如 DP 从站)交换信息。典型的 DPM1 有 PLC、PC。

(2) 二类主站(DPM2)：是编程器、组态设备或控制面板，在 DP 系统组态操作时使用，完成监视目的。

(3) DP 从站：是进行输入与输出信息采集和发送的外围设备，如 I/O 设备、驱动器、HMI、阀门等。

5）诊断功能

经过扩展的 PROFIBUS-DP 诊断功能是对故障进行快速定位，诊断信息在总体上传输并由主站收集。这些诊断信息分为三类：

（1）本站诊断操作：诊断信息表示本站设备的一般操作状态，如温度过高、电压过低。

（2）模块诊断操作：诊断信息表示一个站点的某具体 I/O 模块（如 8 位的输出模块）出现故障。

（3）通道诊断操作：诊断信息表示一个单独的输入/输出位的故障（如输出通道 7 短路）。

6）系统配置

PROFIBUS-DP 允许构成单主站或多主站系统，这就为系统配置组态提供了高度的灵活性。系统配置的描述包括站点数目、站点地址、输入/输出数据格式、诊断信息的格式以及所使用的总体参数。

输入和输出信息量大小取决于设备形式，目前允许的输入和输出信息最多不超过 246 字节。

单主站系统中，在总线系统操作阶段，只有一个活动主站，单主站系统即可获得最短的总体循环时间。

多主配置中，总线上的主站与各自的从站构成相互独立的子系统或是作为网上的附加配置和诊断设备，任何一个主站均可读取 DP 从站的输入/输出映像，但只有一个主站（在系统配置时指定的 DPM1）可对 DP 从站写入输出数据，多主站系统的循环时间要比单主站系统的循环时间长。

7）运行模式

PRPFIBUS-DP 规范包括了对系统行为的详细描述，以保证设备的互换性。系统行为主要取决于 DPM1 的操作状态，这些状态由本地或总体的配置设备所控制，主要有以下三种：

（1）运行：输入和输出数据的循环传送。DPM1 由 DP 从站读取输入信息并向 DP 从站写入输出信息。

（2）清除：DPM1 读取 DP 从站的输入信息并使输出信息保持为故障/安全状态。

（3）停止：只能进行主—主数据之间的传送，DPM1 和 DP 从站之间没有数据传送。

DPM1 设备在一个预先设定的时间间隔内以有选择的广播方式，将其状态发送到每一个 DP 从站。如果在数据传送阶段发生错误，系统将做出反应。

8）通信

数据传送方式采用点对点的用户数据传送或广播控制命令数据传送，数据访问方式采用循环主—从用户数据访问方式或非循环主—主用户数据访问方式。

用户数据在 DPM1 的有关 DP 从站之间的传输由 DPM1 按照确定的递归顺序自动执行，在对总体系统进行配置时，用户在从站与 DPM1 的关系下定义并确定哪些 DP 从站被纳入信息交换的循环周期，哪些被排除在外。

DPM1 和 DP 从站之间的数据传送分为三个阶段：参数设定、组态配置和数据交换。

4. PROFIBUS-DP 的通信关系

按照 PROFIBUS-DP 协议，通信作业的发起者称为请求方，相应的通信伙伴称为响应方。所有 1 类 DP 主站的请求报文以第 2 层中的“高优先权”报文服务级别处理。与此相反，DP 从站发出的响应报文使用第 2 层中的“低优先权”报文级别。DP 从站可将当前出现的诊断中断或状态事件通告给 DP 主站，仅在此刻，可通过将 Data_Exchange 的响应报文服务级别从“低优先权”改变为“高优先权”来实现。数据的传输是非连接的一对一或一对多连接(仅控制命令和交叉通信)。表 3-6 列出了 DP 主站和 DP 从站的通信能力(按请求方和响应方分别列出)。

表 3-6 DP 主站和 DP 从站的通信能力

功能/服务	DP 从站	1 类 DP 主站	2 类 DP 主站 0	使用的 SAP 号	使用第二层服务
Data_Exchange	M	M	0	默认 SAP	SRD
RD_Inputs	M		0	56	SRD
RD_OutPut	M		0	57	SRD
Stave_Diag	M	M	0	60	SRD
Set_Prm	M	M	0	61	SRD
Chk_Cfg	M	M	0	62	SRD
Get_Cfg	M		0	59	SRD
Global_Control	M	M	0	58	SDN
Set_Stave_Addr	0		0	55	SRD
M_M_Communication		0	0	54	SRD/SDN
DDPV1_series	0	0	0	51/50	SRD

5. PROFIBUS-DP 报文

PROFIBUS-DP 报文有 FDL 状态请求报文、数据报文和令牌报文三种，其中数据报文又分为数据长度固定报文和数据长度可变报文。最大报文长度为 255 字节。报文由标志符、源地址、目的地址、数据长度、数据、命令字和循环校验码等构成。有效数据最长 246 字节，总线循环时间与数据传输的波特率、报文长度及站的个数有关。现对四种报文结构分别介绍如下：

(1) 无数据信息的固定长度报文(又称 FDL 状态请求报文)。无数据信息的固定长度请求报文(Request)、应答报文(Acknowledge)及短应答报文格式如图 3-9 所示。其中：SYN 为同步周期，至少有 33 个空闲位；SD1 为开始分界符(10H)；DA 为目的地址；SA 为源地址；FC 为功能代码；FCS 为帧校验序列；ED 为终止定界符(16H)；SC 为单字节；L 为报文中信息部分的长度，在这种类型报文中 L 为 3。

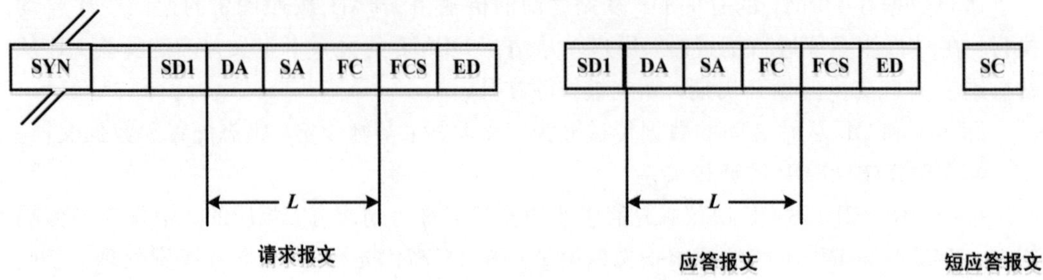

图 3-9 无数据信息的固定长度报文格式

(2) 有数据信息的固定长度报文。有数据信息的固定长度报文的发送/请求报文(Send/Request)和应答报文(Acknowledge)格式如图 3-10 所示。其中：SYN 为同步周期，至少有 33 个空闲位；SD3 为开始分界符(A2H)；DA 为目的地址；SA 为源地址；FC 为功能代码；DATA_UNIT 为数据信息，在该类型报文中为固定长度(8 字节)；FCS 为帧校验序列；ED 为终止定界符(16H)；L 为固定长度，在这种类型报文中 L 为 11。

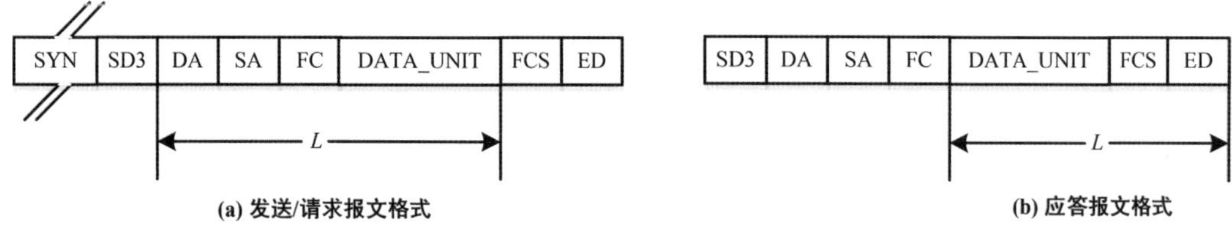

图 3-10　有数据信息的固定长度报文格式

(3) 具有数据信息的变化长度报文。因为在此种类型中，数据信息的长度是变化的，所以为了保证海明距离仍为 4，在固定报文头中加入了两次长度信息。该长度是从目的地址 DA 到帧校验序列 FCS，在接收过程中只有当这两次长度相等时，才被认为是有效报文。具有数据信息的变化长度报文的发送/请求报文和应答报格式如图 3-11 所示。其中：SYN 为同步周期，至少有 33 个空闲位；SD2 为开始分界符(68H)；LE 为报文长度，允许范围为 4～249 字节；LEr 为报文长度的重复；DA 为目的地址；SA 为源地址；FC 为功能代码；DATA _UNIT 为数据信息，在该类型报文中长度不固定，最大为 246 字节；FCS 为帧校验序列；ED 为终止定界符(16H)；L 为变长字节，长度范围为 4～249 字节。

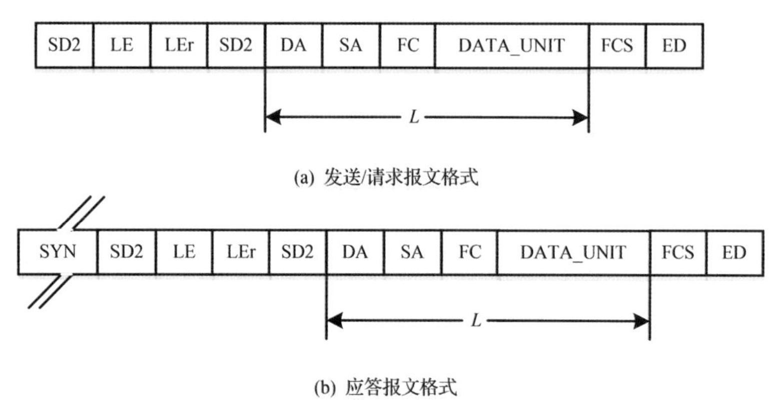

图 3-11　具有数据信息的变化长度报文格式

(4) 令牌报文。令牌报文包括 SYN、SD4、DA、SA 等，其格式如图 3-12 所示。其中：SYN 为同步周期，至少有 33 个空闲位；SD4 为开始分界符(DCH)；DA 为目的地址；SA 为源地址。

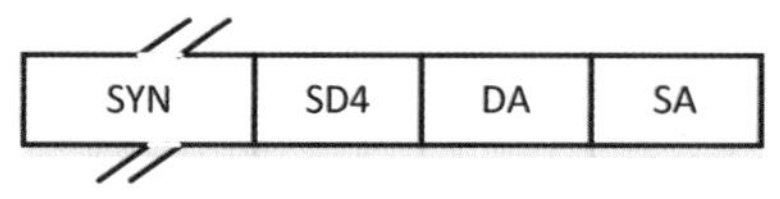

图 3-12　令牌报文格式

这些帧包括主动帧，也包括应答/回答帧，帧中字符间不存在空闲位。主动帧和应答/回答帧的帧前间隙有些不同。每个主动帧帧头都有至少33个同步位，也就是说，每个通信对立握手报文前必须保持至少33位长的空闲状态，这33个同步位长作为帧同步时间间隔，成为同步位SYN。而应答/回答帧前没有这个规定，响应时间取决于系统设置。

应答帧和回答帧也有一定的区别：应答帧是指在从站向主站的响应帧中无数据字段(DU)的帧，而回答帧是指响应帧中有数据字段(DU)的帧。另外，短应答只作应答使用，它是无数据字段固定长度的帧的一种简单形式。

3.2.2 PROFINET

PROFINET是一种基于工业以太网和IT标准的现场总线通信系统，具有比PROFIBUS更多的优点，因而在自动化控制领域得到了越来越广泛的应用。

1. 传输介质和连接器

1）传输介质

目前，PROFINET支持百兆以太网100BASE-TX，采用两对双绞屏蔽线(GP2×2系列)作为短距离信号传输。GP2×2系列电缆的特点及适用范围如表3-7所示。

表3-7 GP2×2系列电缆特点及适用范围

名称	特点	适用范围
GP2×2 A型	单股导体	固定设备
GP2×2 B型	较软电缆	偶尔移动的设备
GP2×2 C型	软电缆	经常移动的设备
GP2×2 船用	耐腐蚀	船用设备

表3-7中，GP2×2 A型电缆的结构图如图3-13所示。电缆中每根导体的颜色不同，对应的功能也不同，具体为：黄色/橙色用于发送信号，白色/蓝色用于接收信号。

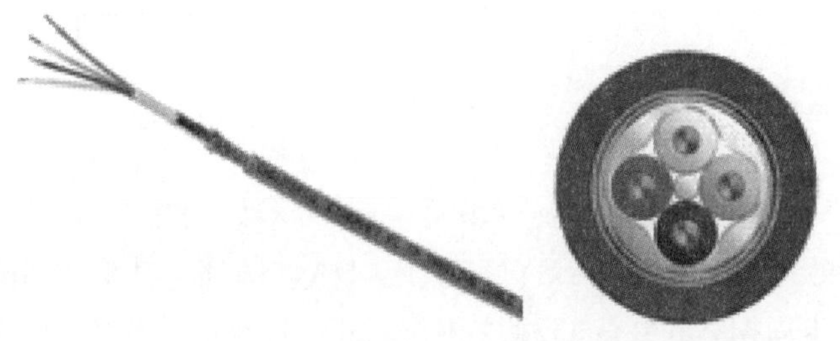

图3-13 GP2×2 A型电缆结构图

2）连接器

目前，PROFINET支持RJ-45网线接口和M12网线接口等。电缆与连接器的连接方法如表3-8所示。

表 3－8　电缆与连接器的连接方法

名 称	功 能	导线颜色	RJ-45	M12
TD+	发送数据	黄	1	1
TD−	发送数据	橙	2	3
RD+	接收数据	白	3	2
RD−	接收数据	蓝	6	4

PROFINET 与 PROFIBUS 相比较，在传输速率、传输方式等方面都具有较大的优势，其具体区别如表 3－9 所示。

表 3－9　PROFINET 与 PROFIBUS 的比较

名 称	PROFINET	PROFIBUS
最大传输速率/(Mb/s)	100	12
数据传输方式	全双工	半双工
网络拓扑结构	星型、线型、树型	线型
一致性数据范围/字节	254	32
网段长度/m	100	100
主站个数	无限制	多主站会影响速率
诊断功能	强	弱

2. PROFINET 通信协议模型

PROFINET 通信协议模型同样符合 ISO/OSI 七层网络结构模型，其部分层说明如表 3－10 所示。

表 3－10　PROFINET 通信协议模型

ISO/OSI	PROFINET	
7b	PROFINET IO 服务(IEC 61784) PROFINET IO 协议(IEC 61158)	PROFINET CBA (IEC 61158)
7a	无连接 RPC	面向连接 RPC(DCOM)
4	UDP(RFC 768)	TCP(RFC 793)
3	IP(RFC 791)	
2	IEEE 802.3 全双工，IEEE802.1 优先标识	
1	IEEE 802.3 100BASE-TX，100BASE-FX	

1）PROFINET 通信等级

（1）TCP/IP 用于对通信速率要求不高的数据传输，如设备组态、设置参数和下载/上传程序、低精度过程控制、低精度运动控制等。

（2）软实时(SRT)技术用于对通信速率要求较高的数据传输，如高精度过程控制、中精度的运动控制等。

（3）等时同步实时(IRT)技术用于对通信速率要求高的数据传输，如高精度的运动控制等。

2）PROFINET 通信通道模型

IT 的应用协议主要用于设备的参数化、诊断数据读取。实时 SRT 用于高性能的数据通信，等时同步通信 IRT 用于抖动时间小于 1 μs 的等时模式。RTC1 适用于周期性数据传输，可满足大部分工厂自动化的应用要求。RTC2/RTC3 需要特殊的硬件支持，分别用于实现高性能的控制任务和运动控制任务。具体传输过程如图 3－14 所示。

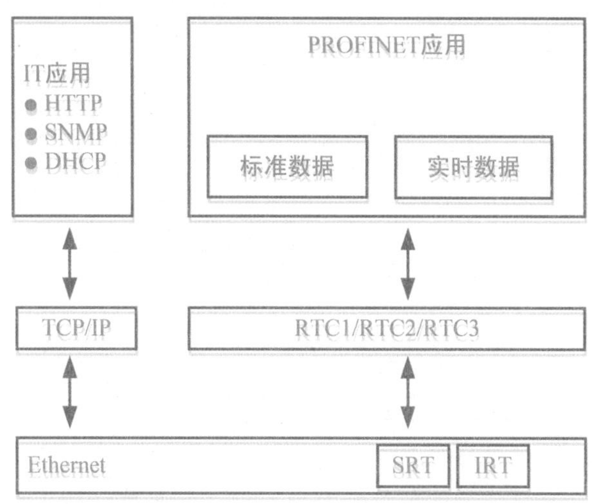

图 3－14 PROFINET 通信通道模型

3. PROFINET 的种类

PROFINET 有两种分类，分别为 PROFINET I/O 和 PROFINET CBA(Commponent-Based Automation)。

1）PROFINET I/O

（1）简介。PROFINET I/O 用于分布式 I/O 自动化控制系统，其工作性质类似于 PROFIBUS-DP。传感器、执行机构等装置连接到 I/O 设备上，通过 I/O 设备连接到网络中。网络中还有对 I/O 设备进行监控的 I/O 控制器和 I/O 监视器。PROFINET I/O 支持实时通信（RT）和等时同步通信（IRT）工作模式，数据传输速率高于 PROFIBUS-DP。

（2）系统基本组成如图 3－15 所示。

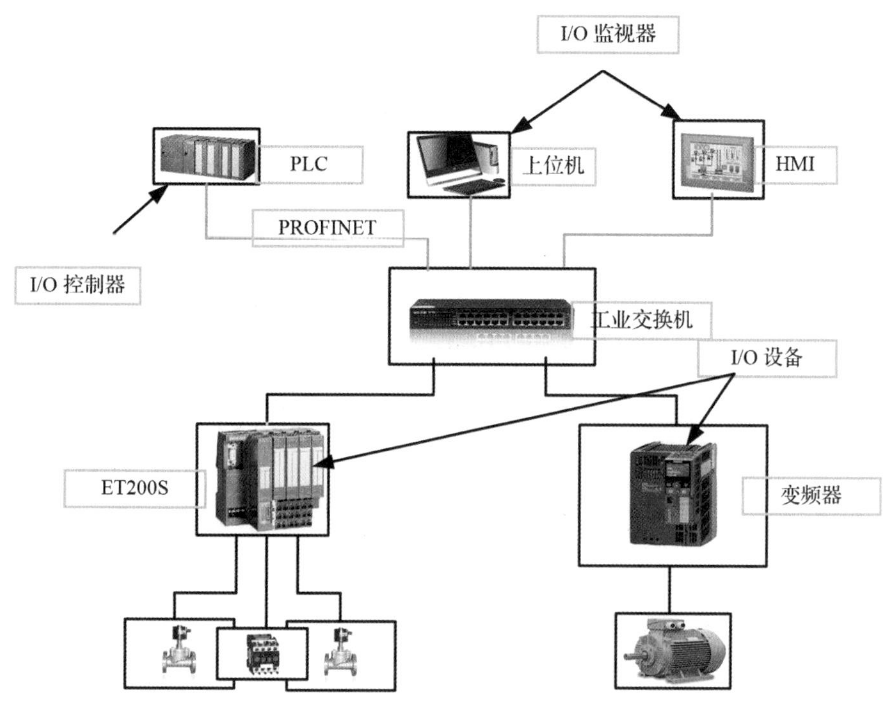

图 3－15 PROFINET I/O 系统的基本组成

各组成部分功能如下：

① I/O 控制器：读/写 I/O 设备的过程数据，接收 I/O 设备的报警诊断信息，执行自动化控制程序。

② I/O 监视器：读/写 I/O 控制器的数据，上位机可编写、上传、下载、调试控制器的程序，上位机、HMI 可对系统实现可视化监控。

③ I/O 设备：连接现场分散的检测装置、执行机构。传递现场采集的各类数据，传递执行机构的控制指令。

在西门子 PLC 中应用时，其组态要求如下：

① 网络中的节点必须分配设备名称，设备名称必须符合要求。例如，CPU314C 分配名称为 PLC01，人机界面分配名称为 HMI02。

② 网络中的节点必须分配 IP 地址，各 IP 地址要在同一网段内。例如，HMI 的 IP 地址为 255.255.255.1.2，CPU314C 的 IP 地址为 255.255.255.1.3。

③ 网络中节点的子网掩码相同，如 255.255.255.0。

④ 如果节点之间采用通信报文方式传输数据，则必须建立通信伙伴关系。

2）PROFINET CBA

（1）简介。把典型的控制环节做成标准组件，这些标准组件可以完成不同的标准控制任务。一个复杂的控制任务可以分解成若干个不同的标准任务，从中选择不同的标准组件连接成一个网络，对这些标准组件的工作进行协调，就能完成一个复杂的控制任务。PROFINET CBA 就是模块化的现场总线网络，它特别适用于大型控制系统，通信速率略低于 PROFINET I/O。

（2）系统的基本组成。系统的基本组成如图 3－16 所示，每个标准组件都是由控制器、分布式 I/O 设备、监视设备、检测装置、执行机构等组合而成的。

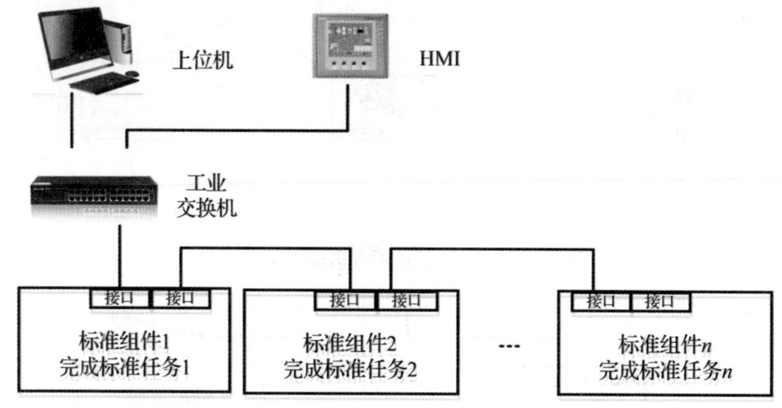

图 3-16 PROFINET CBA 系统的基本组成

(3) 特点。

① 减少了系统的设计工作量；

② 模块化的组件具有高度的独立性和完整性，减少了系统的调试工作量；

③ 简化了系统的维护工作量。

(4) 使用要求。为了完成某个特殊任务，需要设计者创建组件，并生成 PCD(Profinet Component Description)文件。标准组件通常由设备制造商提供，采用标准化的 PCD 文件描述。PCD 文件应用 XML 生成并存储，硬件组态时需要这个文件。

3.3 CC-Link 与 CC-Link IE

本节主要介绍 CC-Link 与 CC-Link IE 的通信方式及特点。

3.3.1 CC-Link

1. CC-Link 简介

现场总线控制系统是目前自动化技术研究的热点，是自动化系统网络化的发展趋势，并将导致自动化系统结构的深刻变革。

CC-Link 是一种开放式现场总线，其数据容量大，通信速度多级可选，而且它是一个复合的、开放的、适应性强的网络系统，适用范围从较高的管理层网络到较低的传感器层网络。

CC-Link 是 Control&Communication Link(控制与通信链路系统)的简称。作为开放式总线系统，CC-Link 起源于亚洲地区的现场总线，具有性能卓越、应用广泛、使用简单、节省成本等突出特点。

1996 年 11 月，以三菱电机为主导的多家公司以“多厂家设备环境、高性能、省配线”理念开发、公布和开放了现场总线 CC-Link，第一次正式向市场推出了 CC-Link 这一全新的多厂商、高性能、省配线的现场网络，并于 1997 年获得日本电机工业会(JEMA)颁发的杰出技术奖项。

1998 年，汽车行业的马自达、五十铃、雅马哈、通用、铃木等也成为了 CC-Link 的用户，而且 CC-Link 迅速进入中国市场。1999 年，CC-Link 销售的实绩已超过 17 万个节点，2001 年达到了 72 万个节点，到 2001 年累计量达到了 150 万，其增长势头迅猛，在亚洲市场占有份额超过 15%(据美国工控专业调查机构 ARC 调查)，受到了亚、欧、美、日等客户的高度评价。

2000 年 11 月，CC-Link 协会(CC-Link Partner Association，CLPA)在日本成立，主要负责 CC-Link 在全球的普及和推广工作。

2. CC-Link 通信方式

CC-Link 提供循环传输和瞬时传输两种通信方式。一般情况下，CC-Link 主要采用广播—轮询(循环传输)的方式进行通信。其具体的通信方式如下：

(1) 主站将刷新数据发送到所有从站，与此同时轮询从站 1；

(2) 从站 1 对主站的轮询作出响应，同时将该响应告知其他从站；

(3) 主站轮询从站 2(此时并不发送刷新数据)，从站 2 给出响应，并将该响应告知其他从站；

(4) 依此类推，循环往复。

广播—轮询时的数据传输帧格式如图 3－17 所示。

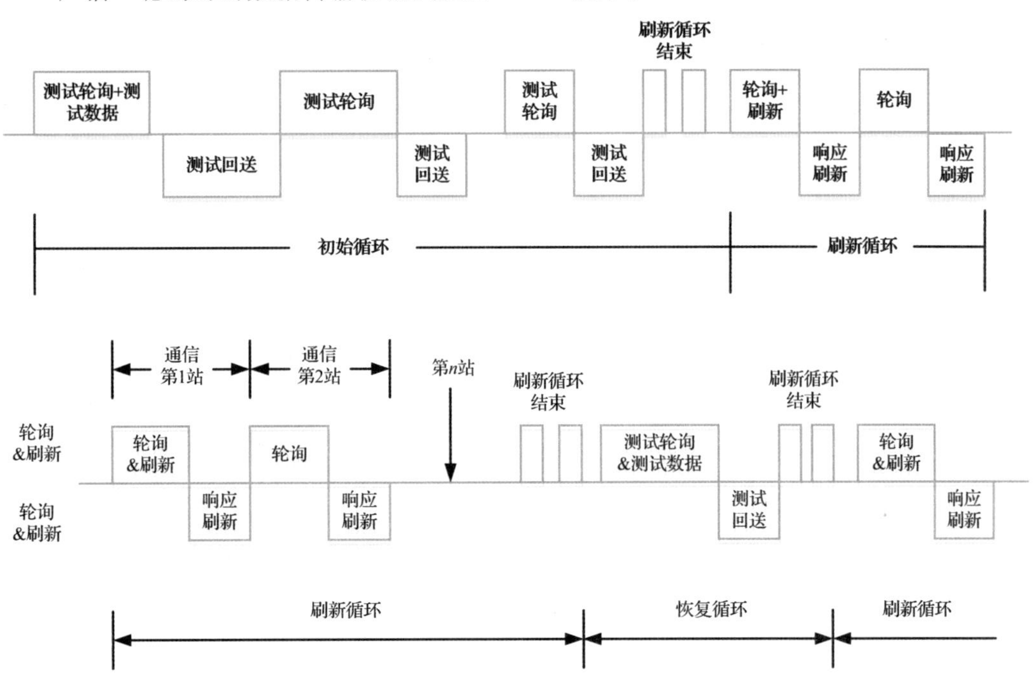

图 3－17　广播—轮询时的数据传输帧格式

(1) 标准帧数据格式如下：

F	F	F	A1	A2	ST1	ST2	DATA (Max. 918B)	CRC	F	F	F

(2) 轮询—刷新数据格式如下：

F	F	F	A1	A2	ST1	RY (256B)	RW (512B)	报文 (150B)	CRC	F	F	F

(3) 从站响应(刷新)数据格式如下：

F	F	F	A1	A2	ST1	ST2	RX (16B)	RWr (32B)	报文 (34B)	CRC	F	F	F

3. CC-Link 的网络结构

CC-Link 的网络结构如图 3－18 所示，CC-Link 整个一层网络可由 1 个主站和 64 个子站组成，它采用总线方式通过屏蔽双绞线进行连接。网络中的主站由三菱电机 Fx 系列以上的 PLC 或计算机担当。子站可以是远程 I/O 模块、特殊功能模块、带有 CPU 的 PLC 本地站、人机界面、变频器、伺服系统、机器人以及各种测量仪表、阀门、数控系统等现场仪表设备。

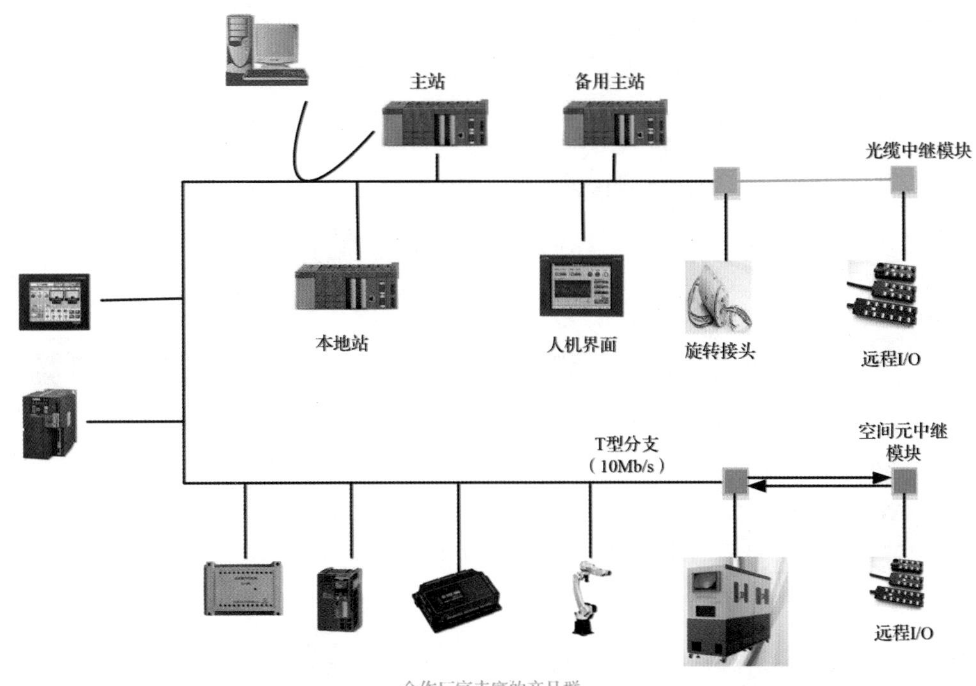

图 3－18　CC-Link 的网络结构

CC-Link 具有高速的数据传输速度，最高可以达到 10 Mb/s，其数据传输速度随距离的增长而逐渐减慢，传输速度和距离的具体关系如表 3－11 所示。

表 3－11　CC-Link 传输速度和距离

传输速度	距　离/m		
	不带中继器	带中继器	带 T 型分支
10 Mb/s	100	4300	1100
5 Mb/s	150	4450	1650
2.5 Mb/s	200	4600	2200
625 kb/s	600	5800	6600
156 kb/s	1200	7600	13 200

CC-Link 具有多厂商设备使用环境。用户可以从广泛的 CC-Link 产品群中选择适合自身自动化控制的最佳设备，如电磁阀、传感器、转换器、温度控制器、传输设备、条形码阅读器、ID 系统、网关、机器人、伺服驱动器及 PLC。CC-Link 具有丰富的 RAS (Reliability, Availability, Serviceability)功能，具体如下：

(1) 备用主站功能(如图 3-19 所示)：主站发生异常时，备用主站将会使通信继续。

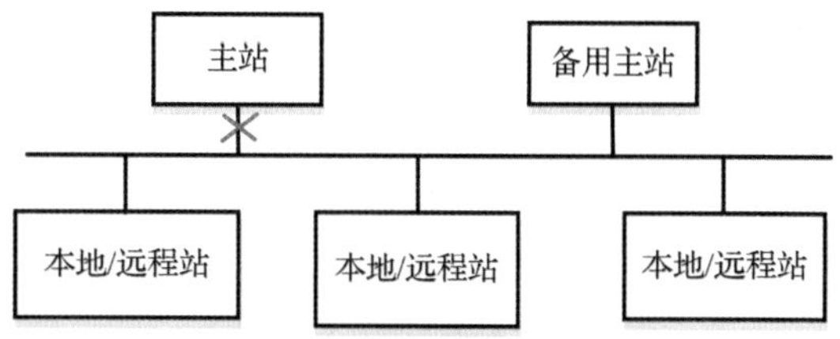

图 3-19 备用主站功能

(2) 从站脱离功能(如图 3-20 所示)：当一个从站发生异常时可以将其切断，CC-Link 允许其他站继续通信。

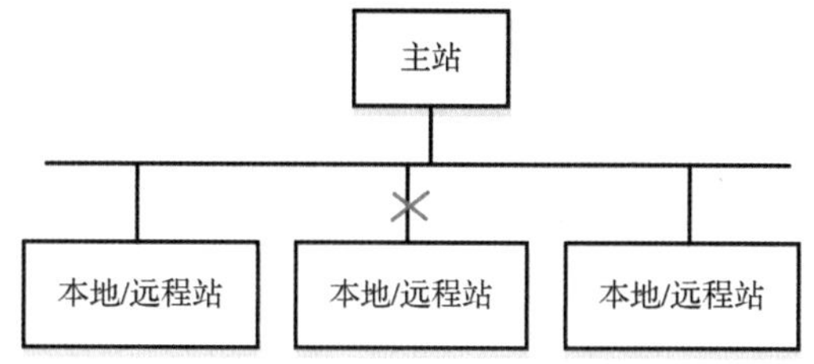

图 3-20 从站脱离功能

(3) 自动恢复功能(如图 3-21 所示)：当异常恢复时，CC-Link 能让脱离的从站自动恢复加入数据连接中。当个别站恢复正常时不需要对整个系统进行复位。

(4) 测试和监控功能：监视数据链接状态，并进行一系列的硬件和回路测试。

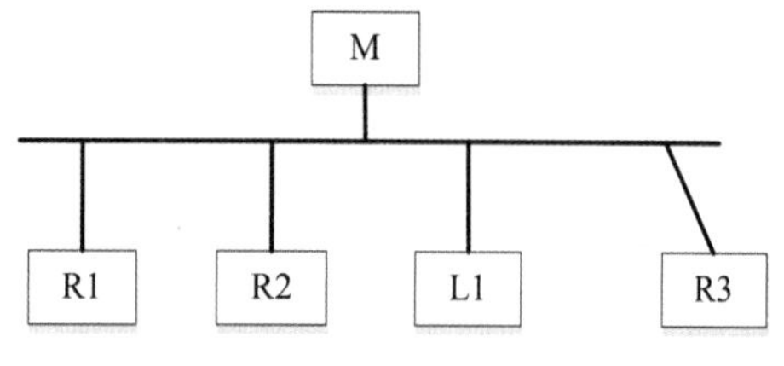

图 3-21 自动恢复功能

3.3.2 CC-Link IE

1. CC-Link IE 简介

CC-Link IE 控制器网络一般采用光纤电缆，此时通过双光纤回路和外部供电功能，可以确保网络的高可靠性。该网络也可采用双绞线电缆，其配线灵活、功能丰富，可方便地集成各种控制器，网络可靠性也很高。该网络数据通信容量大，最大可利用链接点数达 128 K 字，可轻松满足不断增加的配方数据和可追溯性数据的通信要求。

CC-Link IE 是基于以太网并能够实现从信息层到应用层纵向整合的网络。当前，企业层面的应用是以太网，生产层面则是多种不同网络的结合。因此，系统设置复杂，而且维护困难。

CC-Link IE 是一种整合的基于以太网的网络，它的目标是使系统能够无缝通信，改善了企业系统的连通性，降低了工程成本（配置网络的成本），同时也降低了安装和维护成本（接线等）。

CC-Link IE 现场网络集成了高速控制器分散控制、I/O 控制、安全控制及运动控制，并以其高度灵活的配线性，满足用户的设备布局要求。

CC-Link IE 控制器网络可进行高速、大容量通信，采用了双光纤回路，系统可靠性高。

这些开放式现场网络可利用超过 1000 种机型的合作伙伴产品，如图 3－22 所示，以满足用户从节省配线到安全设备的需求。

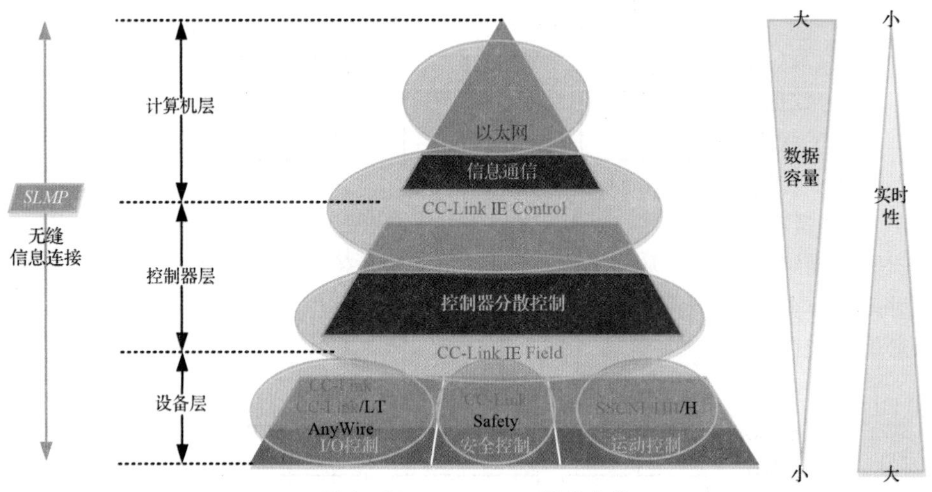

图 3－22 CC-Link IE 网络定位

2．CC-Link IE 网络结构

CC-Link IE 网络的分布如图 3－23 所示。CC-Link IE Field 网络能够同时处理离散控制、I/O 控制以及运动控制。用户可以自由选择总线型、星型、总线—星型混合、环型的网络拓扑结构。

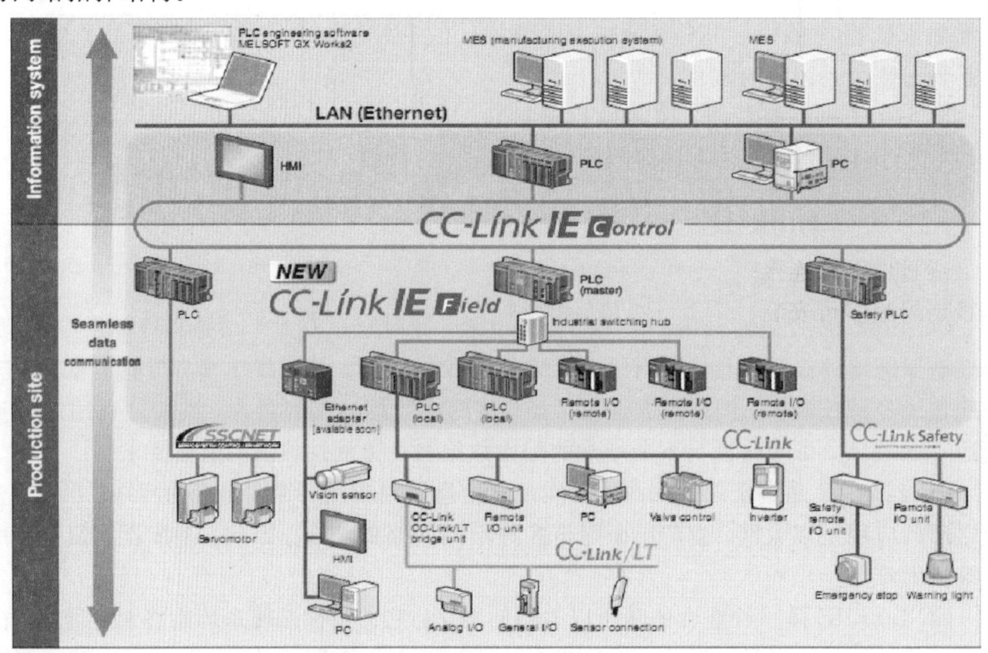

图 3－23 CC-Link IE 网络的分布

CC-Link IE 是一种先进的千兆级以太网技术，用以实现高速、大容量的数据通信，如图 3－24 所示。

CC-Link IE 具有以下显著优势：

(1) 以太网拓扑结构。

① 利用标准以太网电缆和接头可以真正地降低成本；

② 以太网拓扑结构(IEEE 802.3)；

③ 多模光纤(1000BASE-SX)；

④ LC 接头(IEC 61754-20)。

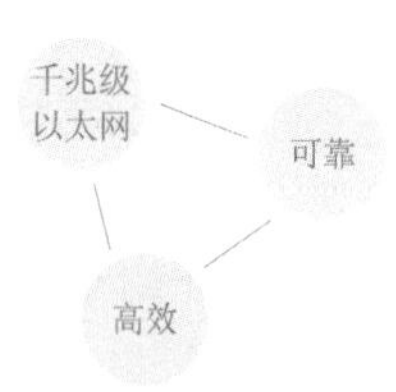

图 3－24　CC-Link IE 千兆级以太网技术的优势

(2) 高速数据传输。

① 增强了网络内部的数据传输性能；

② 降低了传输延迟，同时缩短了等待时间。

(3) 大容量存储。

① 同一网络内可以实现多达 256 KB 的数据共享；

② 无须拆分网络即可实现大容量的数据传送。

CC-Link IE Control 网络可以分为单一网络系统和多网络系统两种。

1) CC-Link IE Control ——单一网络系统

CC-Link IE Control 的传送形态仅限于光纤环路系统。管理站可以设置为任意站号，但是一个网络中只能有 1 个管理站，如图 3－25 所示，管理站是 1 号站。

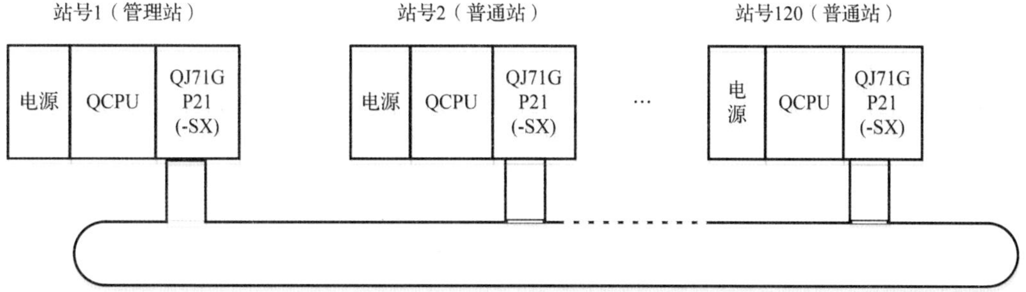

图 3－25　单一网络系统

2) CC-Link IE Control ——多网络系统

通过中继站连接多个网络的系统，网络号可在 1～239 的范围内自由设置。1 台可编程控制器最多可安装 4 个网络模块(如图 3－26 所示)。

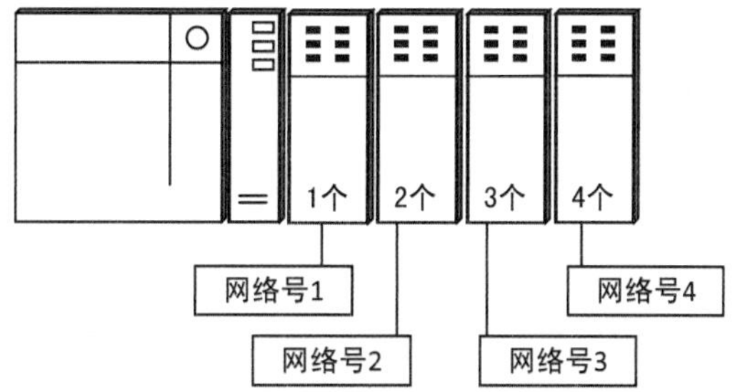

图 3－26　多网络系统

(1) 高性能型 QCPU：最多 2 个(与 MELSECNET/H 合计最多 4 个)。

(2) 通用型 QCPU：若为 Q02UCPU，最多 2 个(与 MELSECNET/H 合计最多 2 个)；若为非 Q02UCPU，最多 4 个(与 MELSECNET/H 合计最多 4 个)。

3.4 CAN 与 DeviceNet

课程思政 9

本节主要介绍 CAN 总线与 DeviceNet 总线的相关知识。

3.4.1 CAN 总线

早在 20 世纪 80 年代初，Bosch 公司的工程人员就在探讨现有的串行总线系统运用于轿车的可能性，因为还没有一个网络协议能够完全满足汽车工程的要求。1983 年，Uwe Kiencke 开始设计一个新的串行总线系统。

1986 年 2 月，在 SAE(汽车工程人员协会)大会上，Roberc Bosch 公司提出了 CAN，这个由 Bosch 公司设计的新的总线系统，称为"Automotive Serial Controller Area Network"(汽车串行控制局域网)，这就是一个最成功的网络协议诞生的时刻。今天，几乎每一辆在欧洲生产的新轿车至少都装配有一个 CAN 网络系统，CAN 也应用在从火车到轮船等类型的运输工具上以及工业控制方面。CAN 是最主要的总线协议之一，仅仅在 1919 年就有近万个 CAN 控制器被投入使用，2000 年销售了 1 亿多 CAN 的芯片。

CAN 总线是个多主网络协议。它的基础是无破坏性仲裁机制，这使得总线能以最高优先权访问报文而没有任何延时，这里没有中心总线主设(Central Bus Master)。CAN 的创始者除上述提及的外，还有 Bosch 的人员 Wolfgang Borst、Wolfgang Botzenhard、Otto Karl、Helmut Schelling 和 Jan Unruh。他们提出了几类错误检测机制，对错误的处理包括自动断开有问题的总线节点，使得其余节点之间的通信继续进行；被传送的报文的身份标识不是用发送器或接收器节点的地址(如其他几乎所有的总线系统)，而是用它们的内容；作为报文的一部分的标识，也同时具有确定报文在这个系统中优先级的功能。

此后，陆续发表了一些介绍这个改进通信协议的文章。1987 年，Intel 公司推出第一片 CAN 控制芯片。其后不久，Philips 半导体公司推出了 82C200。CAN 控制器的这两种早先的芯片在考虑验收过滤和报文处理方面完全不同：Intel 公司青睐的 FuuCAN 比 Philips 公司选择的 Basic CAN 对相连的微控制器方的 CPU 干预的要求较少；FuuCAN 装置对可接受的报文数目有限制；Basic CAN 控制器的硅片较小。如今，新一代的 CAN 控制器以同样的模式执行不同概念的验收过滤和报文处理。

1. CAN 总线的特点

CAN 总线物理传输层详细和高效的定义，使其具有其他总线无法达到的优势，注定它在工业现场总线中占有不可动摇的地位。CAN 总线通信主要具有如下的优势和特点：

(1) CAN 总线上任意节点均可在任意时刻主动地向其他节点发起通信，节点没有主从之分，但在同一时刻，优先级高的节点能获得总线的使用权，在高优先级的节点释放总线后，任意节点都可使用总线。

(2) CAN 总线传输速率为 5 kb/s～1 Mb/s，在 5 kb/s 的通信速率下最远传输距离可以达到 10 km，即使在 1 Mb/s 的速率下也能传输 40 m 的距离。在 1 Mb/s 速率下节点发送一帧数据最多需要 134 μs。

(3) CAN 总线采用载波监听多路访问、逐位仲裁的非破坏性总线仲裁技术。在节点需要发送信息时，节点先监听总线是否空闲，只有节点监听到总线空闲时才能发送数据，即载波监听多路访问方式。在总线出现两个以上的节点同时发送数据时，CAN 协议规定，按位进行仲裁，按照显性位优先级大于隐性位优先级的规则进行仲裁，最后高优先级的节点数据毫无破坏地被发送，其他节点停止发送数据(即逐位仲裁无破坏的传输技术)。这样能大大提高总线的使用效率及实时性。

(4) CAN 总线所挂接的节点数量主要取决于 CAN 总线收/发器或驱动器，目前的驱动器一般都可以使同一网络容量达到 110 个节点。CAN 报文分为两个标准，即 CAN 2.0A标准帧和 CAN 2.0B 扩展帧，两个标准最大的区别在于 CAN 2.0A 只有 11 位标识符，而 CAN 2.0B 具有 29 位标识符。

(5) CAN 总线定义使用了硬件报文滤波，可实现一对一及一对多的通信方式，不需要软件来控制。数据采用短帧发送方式，每帧数据不超过 8 字节，抗干扰能力强，每帧接收的数据都进行 CRC 校验，使得数据出错概率极大限度地降低了。CAN 节点在错误严重的情况下具有自动关闭的功能，避免了对总线上其他节点的干扰。

(6) CAN 总线通信介质可采用双绞线、同轴电缆或光纤，选择极为灵活，可大大节约组网成本。

2. CAN 总线的物理连接和电平特性

CAN 总线可以被细分为以下不同的层次：CAN 对象层(the Object Layer)、CAN 传输层(the Transfer Layer)和物理层(the Phyical Layer)。

对象层和传输层包括所有由 ISO/OSI 模型定义的数据链路层的服务和功能。对象层的作用范围包括：查找被发送的报文、确定由实际要使用的传输层接收哪一个报文和为应用层相关硬件提供接口。

在这里，定义对象处理较为灵活。传输层的作用主要是传送规则，也就是控制帧结构、执行仲裁、错误检测、出错标定、故障界定。总线上什么时候开始发送新报文及什么时候开始接收报文，均在传输层里确定。位定时的一些普通功能也可以看作传输层的一部分。理所当然，传输层的修改是受到限制的。

物理层的作用是在不同节点之间根据所有的电气属性进行位信息的实际传输。当然，同一网络内，物理层对于所有的节点必须是相同的。尽管如此，在选择物理层方面还是很自由的。

CAN 总线采用差分信号传输，通常情况下只需要两根信号线(CAN-H 和 CAN-L)就可以进行正常的通信。在干扰比较强的场合，还需要使用屏蔽地即 CAN-G(主要功能是屏蔽干扰信号)，CAN 协议推荐用户使用屏蔽双绞线作为 CAN 总线的传输线。在隐性状态下，CAN-H 与 CAN-L 的输入差分电压为0 V(最大不超过0.5 V)，共模输入电压为2.5 V。在显性状态下，CAN-H 与 CAN-L 的输入差分电压为2 V(最小不小于0.9 V)。CAN 总线的物理连接如 3－27 所示。

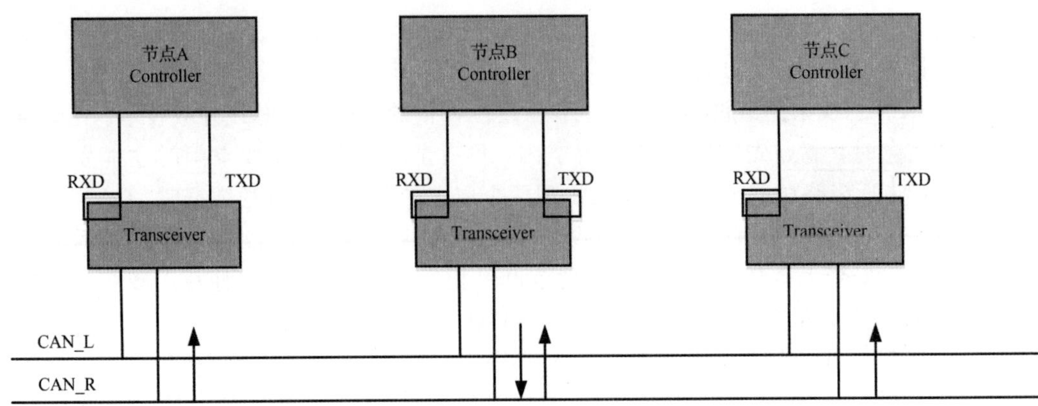

图 3-27 CAN 总线的物理连接

CAN 总线的电平特性如图 3-28 所示。CAN 协议有五种不同类型的帧格式，如表 3-12 所示。

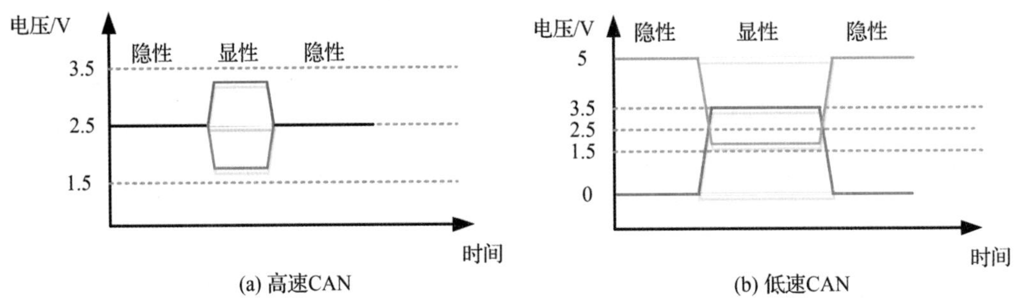

图 3-28 CAN 总线的电平特性

表 3-12 CAN 协议的帧格式

帧	帧 用 途
数据帧	用于发送单元向接收单元传送数据的帧
远程帧	用于接收单元向有相同 ID 的发送单元请求数据的帧
错误帧	用于当检测出错误时向其他单元通知错误的帧
过载帧	用于接收单元通知尚未做好接收准备的帧
帧间隔	用于数据帧及远程帧与前面的帧分隔开来的帧

CAN 2.0B 总线规范定义了两种不同的数据格式(标准帧和扩展帧)，其主要区别在于标识符的长度不同：标准帧有 11 位的标识符，扩展帧有 29 位的标识符。CAN 总线的标准帧数据长度是 44～108 位，而扩展帧的长度是 64～128 位。根据数据流代码的不同，标准帧可以插入 32 位的填充位，扩展帧可以插入 28 位的填充位。因此，标准数据帧最长为 108 位，扩展帧最长为 156 位。

数据帧(如图 3-29 所示)中各数据位的意义如下：

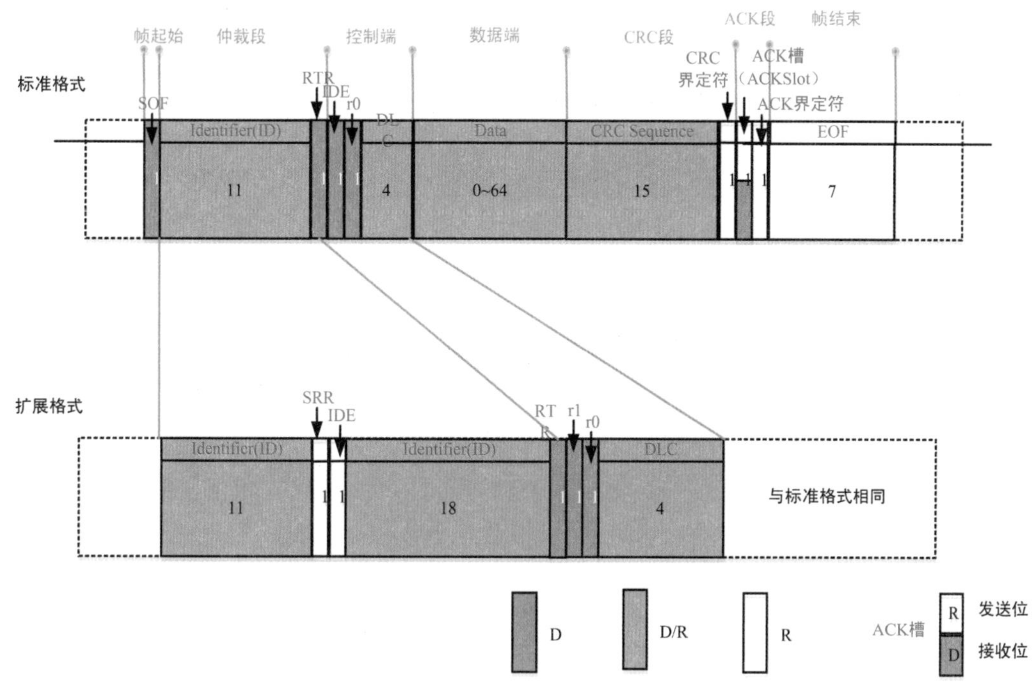

图 3-29　数据帧的数据格式

SOF(1 bit)：标识一个消息帧的开始，在空闲时间的下降沿同步所有的总线模块。

ID(11/29 bit)：标准帧 11 位，扩展帧 29 位，标识了此消息的优先级和过滤信息。

RTR(1 bit)：远程传输请求，如果 RTR=1，表示在数据帧中没有有效数据，请求远程节点向发出请求帧的节点发送数据。

IDE(1 bit)：标识符扩展，如果 IDE=1，则采用扩展的数据帧传送数据。

r0(1 bit)：保留。

DLC(4 bit)：数据长度代码，数据帧允许的数据字节数为 0～8，其他长度数值不允许使用。

Data(0～64 bit)：消息数据。

CRC(15 bit)：循环冗余校验码，只用于检测错误而不能校正。

ACK(2 bit)：每一个接听者收到消息后必须发送响应位(ACK)。

EOF(7 bit)：帧的结束。

远程帧的主要作用是向其他的 CAN 节点发送数据请求，以及发送相同标识符的数据帧。与数据帧相比，远程帧的 RTR 位是隐性的，而且没有数据场。DLC 中的值是数据帧的数据长度。远程帧的数据格式如图 3-30 所示。

错误帧由错误标志的叠加部分和结束符组成。错误标志有主动错误标志与被动错误标志。主动错误标志为 6 个显性位，被动错误标志为 6 个隐性位。错误主动节点与错误被动节点(参考“CAN 节点的错误状态”)对错误的反应是不一样的。错误帧的数据格式如图 3-31 所示。

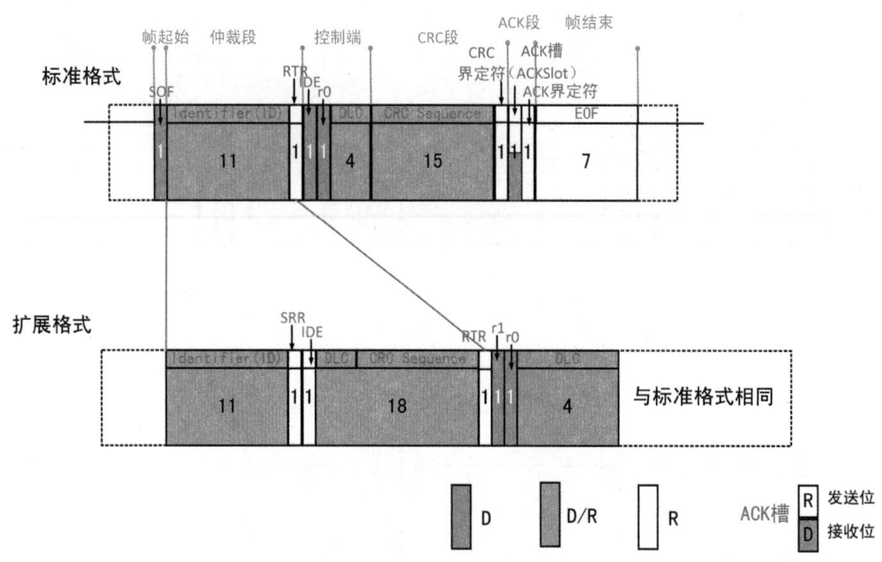

图 3-30 远程帧的数据格式

过载帧与主动错误帧非常类似，特别是位的组成和全局化的过程。它们的主要差别在于错误帧发生在数据帧和远程帧期间，而过载帧发生于间歇字段期间。过载帧的数据格式如图 3-32 所示。

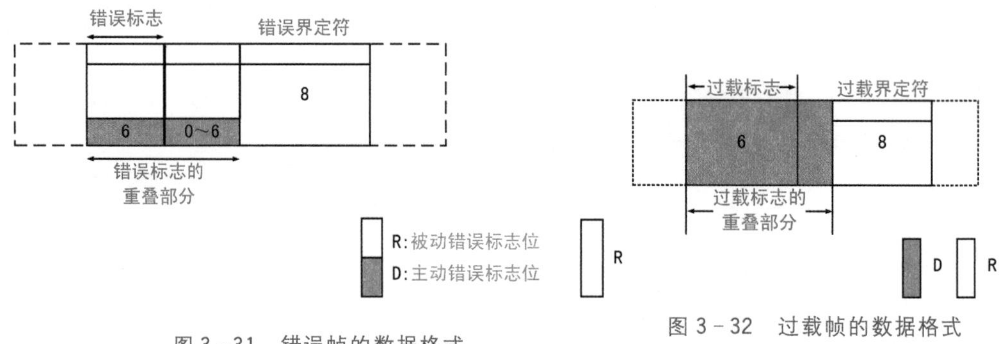

图 3-31 错误帧的数据格式

图 3-32 过载帧的数据格式

3.4.2 DeviceNet

1. DeviceNet 简介

DeviceNet 是一种基于 CAN 的通信技术，主要用于构建底层控制网络，在车间级的现场设备(传感器、执行器等)和控制设备(PLC、工控机)间建立连接，避免昂贵和繁琐的硬接线。DeviceNet 总线是全球使用最广泛的现场总线之一，在工厂自动化领域有明显优势，能连接到变频器、机器人、PLC 等各类工控产品。它最初是由罗克韦尔(Rockwell)自动化公司提出的，现已广泛应用于美国，并在欧洲、日本和中国市场也占有一定的份额。

DeviceNet 应用于工业网络的底层，是最接近现场的总线类型。DeviceNet 的一般结构如图 3-33 所示。它是一种数字化、多点连接的网络，在控制器和 I/O 设备之间实现通信。每一个设备和控制器都是网络上的一个节点。

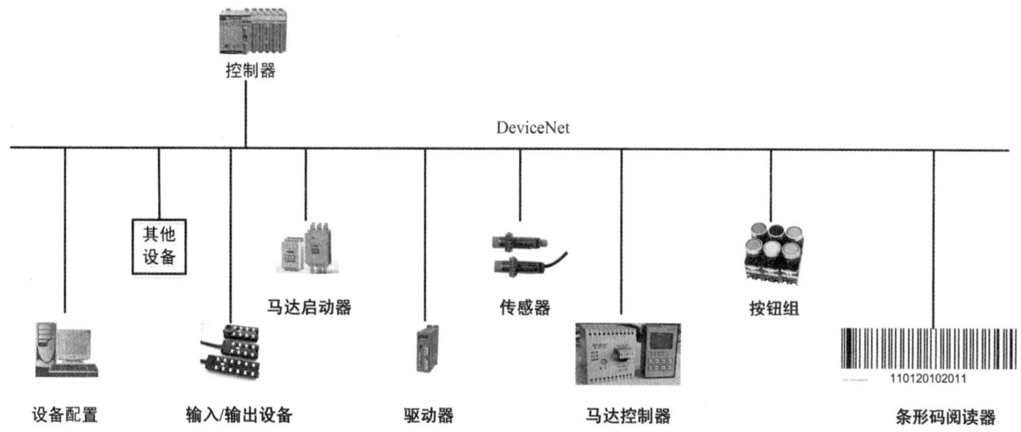

图 3-33 DeviceNet 的一般结构

DeviceNet 是一种生产者/消费者模式的网络，支持分级通信和报文优先级，可配置成工作在主—从模式或基于对等通信的分布式控制结构。

DeviceNet 系统支持使用 I/O 和显式报文实现配置及控制的单点连接，还具有独特的性能—支持网络供电。这就允许那些功耗不高的设备可以直接从网络上获取电源，从而减少了接线点和尺寸。

2. DeviceNet 的特点

在 Rockwell 提出的三层网络结构中，DeviceNet 处于最底层，即设备层，如图3-34 所示。

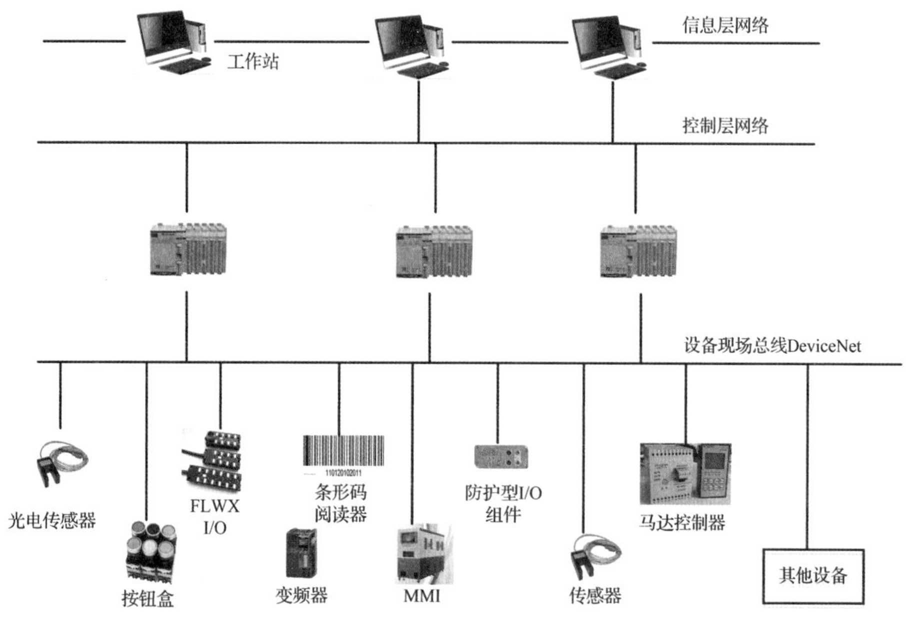

图 3-34 DeviceNet 位于最底层

1) DeviceNet 的作用

(1) 低端网络设备的低成本解决方案；

(2) 低端设备的智能化；

(3) 主—从以及对等通信的能力。

2) DeviceNet 的主要用途

(1) 传送与低端设备关联的面向控制的信息；

(2) 传送与被控系统间接关联的其他信息(如配置参数)。

3) DeviceNet 物理介质特性

(1) 主干线—分支线结构；

(2) 最多支持 64 个节点；

(3) 无须中断网络即可解除节点；

(4) 同时支持网络供电(传感器)及自供电(执行器)设备；

(5) 使用密封式或开放式连接器；

(6) 接线错误保护；

(7) 数据波特率可选 125 kb/s、250 kb/s、500 kb/s；

(8) 标准电源插头，电源最大容量可达 16 A；

(9) 内置式过载保护；

(10) DeviceNet 通信特性；

(11) 物理信号及 MAC 使用 CAN；

(12) 基于连接概念的协议，要与设备交换信息，须先与它连接；

(13) 典型的请求/响应方式，适用于两个设备间多用途的点对点报文传递；

(14) I/O 数据的高效传输；

(15) 为长度大于 8 字节的报文提供分段服务；

(16) 重复节点地址(MAC ID)的检测。

DeviceNet 的主要技术特点如表 3-13 所示。

表 3-13 DeviceNet 的主要技术特点

网络大小	最多 64 个节点，每个节点可支持无限多的 I/O	
网络长度	端—端网络距离随网络传输速率而变化	
	波特率/(kb/s)	距离/m
	125	500
	250	250
	500	100
网络模型	生产者/消费者模型	
数据包	0～8 字节	
总线拓扑结构	线性(干线/支线)，总线供电	
总线寻址	点对点(或一对多)；多主站和主从；轮询或状态改变(基于事件)	
系统特性	支持设备的热插拔，无须网络断电	

4）DeviceNet 的通信模式

在现场总线领域常用的通信模式有两种：源/目标模式和生产者/消费者模式。

源/目标(点对点)通信模式的缺点如下：

(1) 多个节点间同步动作困难；

(2) 浪费带宽，源节点必须多次发送给不同节点。

生产者/消费者模式的特点如下：

(1) 一个生产者，多个消费者；

(2) 数据更新在多个节点同时发生；

(3) 提供多级优先，适用于实时 I/O 数据交换。

5）DeviceNet 通信参考模型

DeviceNet 通信参考模型如图 3-35 所示。

图 3-35　DeviceNet 通信参考模型

DeviceNet 的通信参考模型分为三层：物理层、数据链路层和应用层。DeviceNet 技术规范定义了应用层、介质访问单元和传输介质。数据链路层的逻辑链路控制、媒体访问层和物理层规范则直接应用了 CAN 技术规范，并在 CAN 技术的基础上，沿用了规范所规定的物理层和数据链路层的一部分。DeviceNet 的应用层则定义了传输数据的语法和语义。简言之，CAN 定义了数据传输方式，而 DeviceNet 的应用层补充了传输数据的意义。

另外，CAN 与 DeviceNet 之间的关系还体现在：CAN 中定义了数据帧、远程帧、出错帧和超载帧；DeviceNet 使用标准数据帧而不使用远程帧，出错帧和超载帧由 CAN 控制芯片控制，在 DeviceNet 规范中捕捉定义。由于采用生产者/消费者通信模式，DeviceNet 总线上所有报文均带有连接标志符，节点可充分利用 CAN 控制器的报文过滤功能以节省 CPU 资源。

基于上述原因，DeviceNet 智能节点开发方案都是基于 CAN 技术进行设计的，是在 CAN 节点开发的技术上进行的物理层改造、波特率和中段速率设定及应用程序设计。

(1) 传输介质。DeviceNet 的物理层规范规定了 DeviceNet 的总线型拓扑结构和网络元件，包括系统接地、粗缆和细缆混合结构的网络连接、电源分配等。设备网所采用的典型拓扑结构是总线型拓扑；采用总线分支连接方式。粗缆多用作主干总线，细缆多用于分支连线。

DeviceNet 提供三种通信速率：125 kb/s、250 kb/s、500 kb/s。在每种通信速率下主干与分支电缆的允许长度见表 3-14。

表 3-14　主干与分支电缆的允许长度

传输速率/(kb/s)	主干长度/m	单支线长度/m	支线总长/m
125	500	5	156
250	250	6	78
500	125	6	39

（2）物理层信号。DeviceNet 的物理层信号规范完全相同。CAN 规范定义了两种互补的逻辑电平：显性(Dominant)和隐性(Recessive)，且同时传送显性和隐性位时，总线结果值为显性。

（3）数据链路层。DeviceNet 的数据链路层基本遵循 CAN 规范，并通过 CAN 控制器芯片来实现。

（4）应用层。DeviceNet 应用层采用通用工业协议(CIP)，详细定义了连接、报文、对象模型和设备描述等方面的内容。

DeviceNet 是面向连接服务的网络，任意两个节点在开始通信之前必须事先建立连接以提供通信路径，这种连接是逻辑上的关系，在物理上并不实际存在。在 DeviceNet 中，每个连接由 11 位的连接标识符(Connection ID，CID)来标识，该 11 位的连接标识符包括媒体访问控制标志符(MAC ID)、报文标识符(Message ID)和报文标识组。

6）对象模型

对象模型是 DeviceNet 在 CAN 技术上添加的特色技术。DeviceNet 的对象模型提供了组成和实现其产品功能的属性、服务和行为，可以通过 C++ 中的类直接实现。DeviceNet 对象的具体模型如图 3-36 所示。

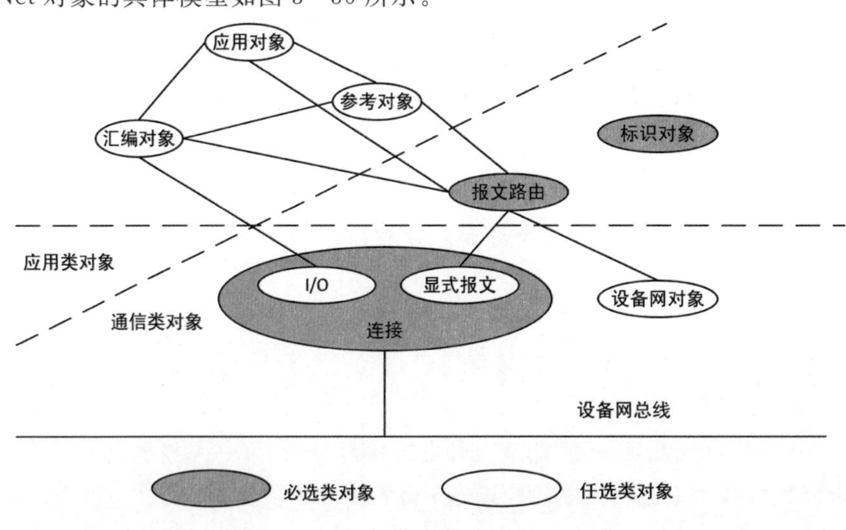

图 3-36　DeviceNet 对象的具体模型

（1）标识对象：DeviceNet 一般都有一个标识对象。它包含供应商的 ID、设备类型、产品代码、版本、状态、序列号、产品名称、相关说明等的属性。标识对象的对象标识符为 0X01。

（2）报文路由对象：报文路由对象用于向其他对象传送显式报文。一般在 DeviceNet 网络中它不具有外部可视性，其对象标识符为 0X02。

(3) 设备网对象：DeviceNet 的产品一般都有一个设备网对象。它包含以下属性：节点地址或 MAC ID、波特率、总线关闭、总线关闭计数器、单元选择和主机的 MAC ID。设备网对象的对象标识符为 0X03。

(4) 组合对象：DeviceNet 产品一般具有一个或多个可选的组合对象。这些对象的主要任务就是将来自不同应用对象的多个属性数据组合成一个能够随单个报文传送的属性。组合对象的对象标识符为 0X04。

(5) 连接对象：DeviceNet 产品一般至少包括两个连接对象。每个连接对象代表 DeviceNet 网络上节点间虚拟连接的一个端点。它所拥有的两种连接类型分别称为显式报文连接和 I/O 报文连接。I/O 报文连接只包含数据，所有有关如何处理数据的信息都包含在与该 I/O 报文相关的连接对象中。连接对象的对象标识符为 0X05。

(6) 参数对象：可设置参数的设备都要用到参数对象。参数对象带有设备的配置参数，提供访问参数的接口。参数对象的属性可以包括数值、量程、文本和相关信息。其对象标识符为 0X0F。

(7) 应用对象：应用对象泛指描述特定行为和功能的一组对象，例如开关量输入/输出对象、模拟量输入/输出对象等。设备网上的节点若需实现某种特定功能，至少需要建立一个应用对象。DeviceNet 对象库中有大量的标准应用对象。

7) 设备通信流程

DeviceNet 总线上的设备(客户机或服务器)在上电初始化后，首先需要进行重复 MAC ID 检测，如果重复 MAC ID 检测通过，则设备当前状态为在线；如果重复 MAC ID 检测未通过，则转至离线状态。进入离线状态后，设备使用未连接显示报文管理与服务器建立显式连接，进行显式报文通信。设备可通过显式连接建立 I/O 连接，也可通过定义主—从连接建立 I/O 连接，通过显式报文配置激活，通过 I/O 数据交换。

(1) 重复 MAC ID：DeviceNet 上的每个物理设备必须分配一个 MAC ID。该过程一般采用手动软/硬件配置实现，在同一总线上将两个不同设备配置为相同 MAC ID 的情况难以避免。如果同一总线上存在两个 MAC ID 相同的节点，必然会有一个节点无法上线，因此要求所有设备上电初始化后必须立即用自身的 MAC ID 进行重复 MAC ID 检测。

(2) 显式连接：可通过未连接信息管理器(UCMM)建立，是典型的点对点的请求—响应通信方式，只存在于两个设备之间的一般的、多用途的通信途径。

显式连接主要用于发送设备间多用途的报文，例如组态数据、控制命令等。连接是一对一的连接，报文接入必须对接到的报文作出成功或错误的响应。显式报文由一个 CID 和附带的协议信息组成。图 3-37 所示为显式连接的一个请求响应的应答过程示意图。

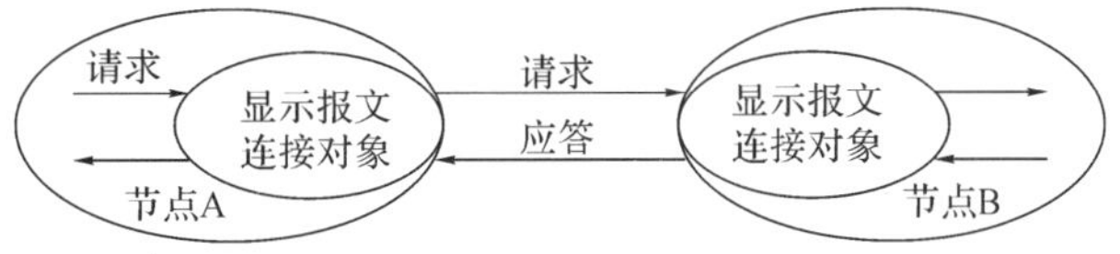

图 3-37　一个请求响应的应答过程

(3) I/O 连接：主要用于传输工业现场设备中实时性要求较高的输入/输出数据报文。通过这种连接方式可以进行一对一或一对多的数据传送。它不要求数据接收方对所接到的报文作出应答。节点 A 与节点 B 之间实现 I/O 连接的示意图见图 3-38，这是一个单向连接过程。

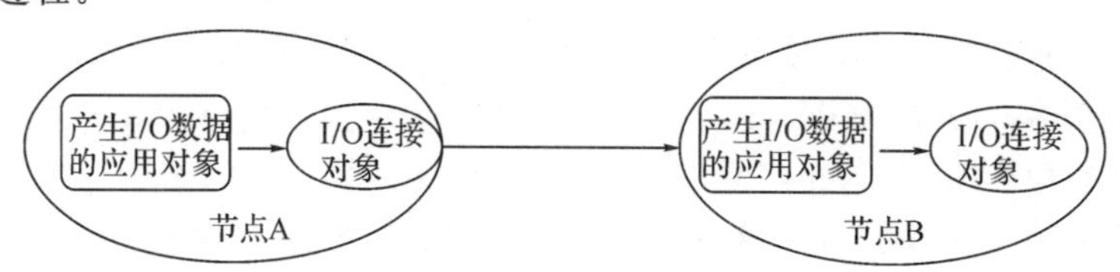

图 3-38 节点 A 与节点 B 之间实现 I/O 连接的示意图

(4) 分段/重组协议：对于数据长度大于 8 字节的报文必须采用分段和重组的方法。分段/重组功能由 DeviceNet 连接对象提供。在设计一个 DeviceNet 智能节点时，可选择是否支持分段传送及接收，也需要用户考虑。

8) UCMM 和预定义主—从连接

DeviceNet 节点在开机后能够立即寻址的唯一端口是“非连接信息管理器端口”(UCMM 端口)和预定义主—从连接组的“Group2 非连接显式请求端口”。当通过 UCMM 端口或者 Group2 非连接显式请求端口建立一个显式报文连接后，这个连接可用于从一个节点向其他节点传送信息，或建立 I/O 信息连接。一旦建立了 I/O 信息连接，就可以在网络设备之间传送 I/O 数据。

通过 UCMM 端口可以动态地建立显式信息连接。一个支持预定义主—从连接组，并且具有 UCMM 功能的设备称为 Group 2 服务器。一个 Group 2 服务器可被一个或多个客户机通过一个或多个连接进行寻址。

DeviceNet 应用层协议功能很强，设备间的连接允许动态配置。但考虑到有些设备根本不需要也没有资源使用这一强大功能，因此 DeviceNet 指定了一套称为预定义主—从连接组的 CID，用来简化主—从结构中 I/O 数据的传送。

许多设备要实现的功能在设计时就已经预先决定了(如感受压力、启动电动机等)，因此这些设备将要生产或消费的数据的类型和数量在通电前就已经知道了。这些设备通常提供输入数据或请求输出数据和配置数据。预定义主—从连接组可以满足设备的这些要求。

9) 离线连接组

离线连接组报文可由客户机来恢复处于 DeviceNet 离线故障状态的节点。通过离线连接组报文，客户机可以：

① 通过 LED 闪烁状态确定故障节点；

② 如果可能，向故障节点发送故障恢复报文；

③ 在不从网上拆除故障节点的情况下，恢复故障节点。

离线连接组的优先权较低，可能会由于其他的网络通信而导致延迟。任何处于 DeviceNet 离线故障的节点，在任何时刻，仅能有一个客户节点与它通信。客户机间通过使用 DeviceNet 离线节点控制权请求/响应报文来获得对 DeviceNet 离线故障节点的控制权。

得到 DeviceNet 离线节点控制权的客户机用组 4 报文 ID=2D 向所有 DeviceNet 离线故障节点发出 DeviceNet 离线故障请求报文。发生 DeviceNet 离线故障的节点应使用组 4 报文 ID=2C 产生相应的 DeviceNet 离线故障响应报文。

10) DeviceNet 节点设计及组网

(1) 连接器选择。DeviceNet 规范允许使用开放式和密封式的连接器，还可以使用小型和微型的可插式密封连接器。在一些无法使用开放式连接器的场所或工作环境比较恶劣的现场，可采用密封式连接器。

(2) 总线供电设计。除了提供通信通道外，DeviceNet 总线上还提供电源。因此，电源线和信号线在同一电缆中，设备可从总线上直接获取电源，而不需要另外的电源。

(3) 误接线保护设计。DeviceNet 总线上的节点能承受连接器上 5 根线的各种组合的接线错误。此时，需要提供外部保护回路。

(4) 通信速率的设置。在 DeviceNet 规范中只有 125 kb/s、250 kb/s、500 kb/s 三种速率。由于严格的传输距离限制，它不支持 CAN 总线的 1 Mb/s 的传输速率。一般在 DeviceNet 设备中通过设置拨码开关来选择设备的通信速率。

(5) CAN 控制器的选择。CAN 控制器的类型有：① 独立 CAN 控制器集成 CAN 控制器串行连接 I/O CAN 控制器；② 选择时应确定完全符合 DeviceNet 协议规定的特性；③ 支持 11 位的标准帧结构；④ 支持 125 kb/s、250 kb/s、500 kb/s 传输速率；⑤ 允许访问所有 11 位的 CAN 标识符区，节点能够发送任何合法的标识符区数据。另外，选择 CAN 控制器还应该考虑的因素有：① 接收和处理报文的数量和速度；② 多个报文对象可连续处理输入报文，从而提高相应的速度；③ 支持 DeviceNet 的 I/O 分段协议可使开发者节约代码空间，提高响应的速度。

(6) CAN 收/发器的选择。CAN 收/发器在 DeviceNet 总线上接收差分信号传送给 CAN 控制器，并将 CAN 控制器传来的信号差分驱动后发送到总线上。

DeviceNet 上最多挂接 64 个物理设备，因此对收/发器的要求超过了 ISO 11898。常用的 CAN 收/发器有 Philips 的 82C250/251 和 TI 的 SN65LBC031 等。

3.5　EtherCAT

EtherCAT(以太网控制自动化技术)是一个以以太网为基础的开放架构的现场总线系统，EtherCAT 名称中的 CAT 为 Control Automation Technology(控制自动化技术)首字母的缩写，最初由德国倍福自动化有限公司(Beckhoff Automation GmbH)研发。EtherCAT 为系统的实时性能和拓扑的灵活性树立了新的标准，同时，它还符合甚至降低了现场总线的使用成本。EtherCAT 的特点还包括高精度设备同步，可选线缆冗余和功能性安全协议(SIL3)。它于 2003 年被引入市场，于 2007 年成为国际标准，并于 2014 年成为中国国家标准。

(1) EtherCAT 是最快的工业以太网技术之一，同时它提供纳秒级精确同步。相对于设置了相同循环时间的其他总线系统，EtherCAT 系统结构通常能减少 25%～30%的 CPU 负载。

(2) EtherCAT 在网络拓扑结构方面没有任何限制，最多 65 535 个节点可以组成线型、总线型、树型、星型或者任意组合的拓扑结构。

(3) 相对于传统的现场总线系统，EtherCAT 节点地址可被自动设置，无须网络调试，集成的诊断信息可以精确定位到错误。同时，无须配置交换机，无须处理复杂的 MAC 或者 IP 地址。

(4) EtherCAT 主站设备无须特殊插卡，从站设备可以使用由多个供应商提供的高集成度、低成本的芯片。

(5) 利用分布时钟的精确校准技术；EtherCAT 提供了有效的同步解决方案，在

EtherCAT中，数据交换完全基于纯粹的硬件设备。由于通信利用了逻辑环网结构和全双工快速以太网而又有实际环网结构，“主站时钟”可以简单而精确地确定对每个“从站时钟”的运行补偿，反之亦然。分布时钟基于该值进行调整，这意味着它可以在网络范围内提供信号抖动很小、非常精确的时钟。

总体来说，EtherCAT 具有高性能、拓扑结构灵活、应用容易、低成本、高精度设备同步、可选线缆冗余和功能性安全协议、热插拔等特点。

3.6 OPC 技术介绍

课程思政 10

在传统自动化系统中，SCADA(监控与数据采集)系统、HMI(人机接口)等应用程序是通过驱动程序与现场设备进行通信的，但驱动程序也存在自身的局限性：

(1) 同一设备为适应不同的客户端应用程序而需要开发不同的驱动程序，造成劳动重复，占用了那些可以用来增强系统性能的资源。

(2) 驱动程序对硬件存在着极大的依赖性，一旦硬件升级，先前为此硬件开发的驱动程序就不能再用，必须重新修改。

(3) 驱动程序一般采用 DLL 的形式，动态数据交换是其进行数据交换的主要方式，但这种方式不允许多个应用程序同时访问一个设备。

(4) 硬件厂商无法通过改进驱动程序来解决以上问题，因为不可能知道所有客户端应用程序的协议。

与之对应，新的过程控制信息体系的各层都有着各自的需求，都要求信息的一致性：

(1) 现场控制层：智能现场设备的出现，可以提供过去不能提供的大量丰富的有关现场设备的信息。所以这些信息必须以一致的方式提供给客户端应用程序。

(2) 过程管理层：DCS 和 SCADA 必须以统一的方式为操作员和工程师等决策者提供数据。

(3) 经营决策层：对生产过程信息的综合，有利于企业实现最优化生产，节省开支；向客户端应用程序以统一的方式提供信息，可最小化企业在信息综合上的精力。

所以，制定出一种集中于数据存取而不是数据类型的开放的、有效的通信标准，可以使自动化系统设备厂商能够集成不同厂商的不同硬件设备和软件产品，各厂商设备间能实现互操作，把工业现场的数据从车间级汇入到整个企业信息系统。

OPC(OLE for Process Control)即用于过程控制的 OLE。OPC 是一种技术，是 OPC 基金会组织制定的工业控制软件互操作性规范，也是 Microsoft 公司为了把 Windows 应用于控制系统和控制界共同推出的一项技术。

OPC 是一个工业标准，管理这个标准的国际组织是 OPC 基金会，OPC 基金会现有会员已超过 220 家。它遍布全球，包括世界上所有主要的自动化控制系统、仪器仪表及过程控制系统的公司。

OPC 以 Microsoft 公司的 OLE(现在的 Active X)、COM/DCOM 技术为基础，为工业控制软件定义了一套标准的对象、接口和属性。C/S(客户端/服务器)模型如图 3-39 所示。

OPC 规范要求硬件厂商提供所发布的每一种新设备和协议的 OPC 服务器。硬件的驱动程序也是由硬件开发商根据硬件的特征提供统一的 OPC 接口程序。

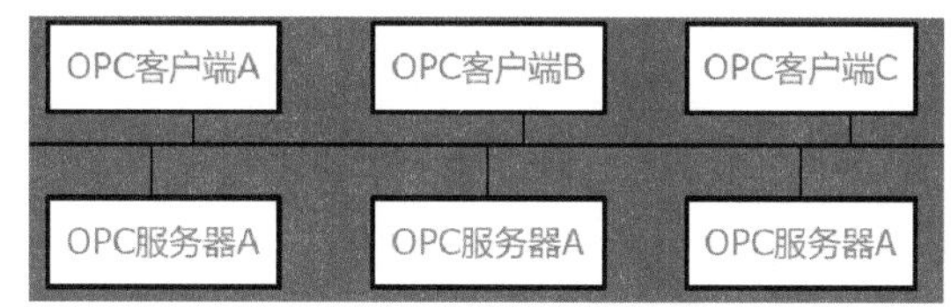

图 3－39　C/S(客户端/服务器)模型

OPC服务器作为SCADA系统的一部分，为设备提供基本协议接口，这样任何符合OPC规范的客户端程序都可以标准方式对之进行访问。

OPC基础委员会主席Dave Rehbein是这样描述的：OPC是以OLE/COM机制作为应用程序的通信标准。OLE/COM是一种客户端/服务器模式，具有语言无关性、代码重用性、易于集成性等优点。OPC规范了接口函数，不管现场设备以何种形式存在，客户都以统一的方式访问。

1）OPC的优点

(1) OPC规范以OLE/DCOM为技术基础，而OLE/DCOM支持TCP/IP等网络协议，因此可以将各子系统从物理上分开，分布于网络的不同节点上。

(2) OPC按照面向对象的原则，将一个应用程序(OPC服务器)作为一个对象封装起来，只将接口方法暴露在外面，客户以统一的方式调用这个方法，从而保证软件对客户的透明性。

(3) OPC实现了远程调用，使得应用程序的分布与系统硬件的分布无关，便于系统硬件配置，使得系统的应用范围更广。

(4) 采用OPC规范，便于系统的组态化，将系统复杂性大大简化，可以大大缩短软件开发周期，提高软件运行的可靠性和稳定性，便于系统的升级与维护。

(5) OPC规范了接口函数，不管现场设备以何种形式存在，客户都以统一的方式访问，从而实现系统的开放性，易于实现与其他系统的连接，从而使得用户完全从低层的开发中脱离出来。

OPC规范涉及以下领域；① 在线数据监测；② 报警与事件处理；③ 历史数据存取；④ 远程数据存取；⑤ 安全性、批处理、历史报警与事件数据存取。

OPC是连接数据源(OPC服务器)和数据的使用者(OPC应用程序)之间的接口标准。数据源可以是PLC、DCS、条形码读取器等控制设备。服务器既可以是本地服务器，也可以是远程服务器。OPC是具有高度柔软性的接口标准。目前，OPC技术主要应用于以下几大工业控制领域：在线数据监测、报警和事件处理、历史数据访问和远程数据访问。

OPC一般采用客户端/服务器模式。通常把符合OPC规范的设备驱动程序称为OPC服务器，它是一个典型的数据源程序；将符合OPC规范的应用软件称为OPC客户，它是一个典型的数据接收程序。服务器充当客户和硬件设备之间的桥梁。客户对硬件设备的读/写操作由服务器代理完成。

在客户端和服务器端都各自定义了统一的标准接口，接口具有不变特性。接口明确定义了客户同服务器间的通信机制，是连接客户与服务器的桥梁和纽带。客户通过接口实现与服务器通信，获取现场设备的各种信息。统一的标准接口是OPC的实质和灵魂。

OPC的突出优势为异构网络的互联。现场总线至今仍然是多种总线共存的局面，致使系统集成和异构网段之间的数据交换面临许多困难。以 OPC 作为异构网段集成的中间件可以形成如图 3-40 所示的系统集成软件解决方案。每个总线段提供各自的 OPC 服务器，任一 OPC 客户端软件都可以通过一致的 OPC 接口访问这些 OPC 服务器，从而获得各个总线段的数据。

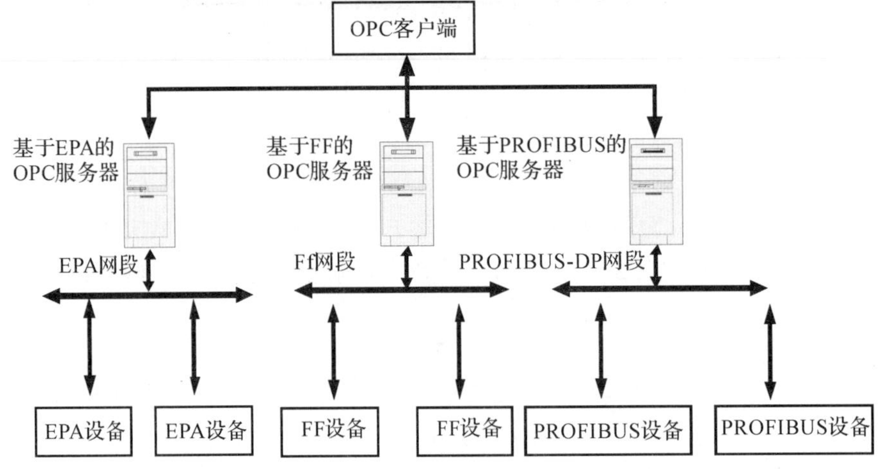

图 3-40　OPC 实现异构网络的互联结构

OPC 的优势在于异构系统的集成既可以通过 OPC 技术来解决，也可以通过协议转换桥来解决。OPC 服务器集成了多种总线协议，在服务器中实现协议转换，并将接收到的数据通过 COM 或 DCOM 传给客户端。

2) OPC 服务器的结构

OPC 服务器由硬件厂商提供，因为硬件厂商了解底层协议，方便编写 OPC 服务器。上层用户可以用任意一个客户端(很多组态软件集成 OPC 客户端)，从接口把数据读出即可，OPC 服务器通信系统如图 3-41 所示。

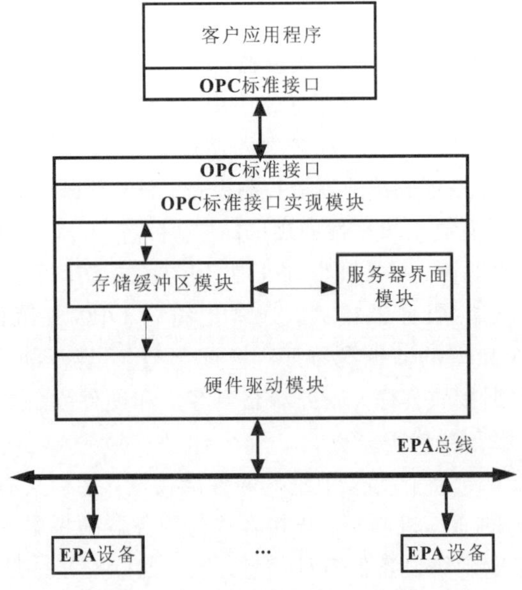

图 3-41　OPC 服务器通信系统

OPC 数据访问服务器在结构上由服务器(Server)、组(Group)、项(Item)三级对象组成。如图 3-42 所示，在逻辑关系上，服务器和组之间是聚合关系，组和项之间是包容关系。其中项对应着硬件设备中某个具体设备单元，它包括当前设备单元数据值、当前设备单元的数据时间标签、数据品质信息等。

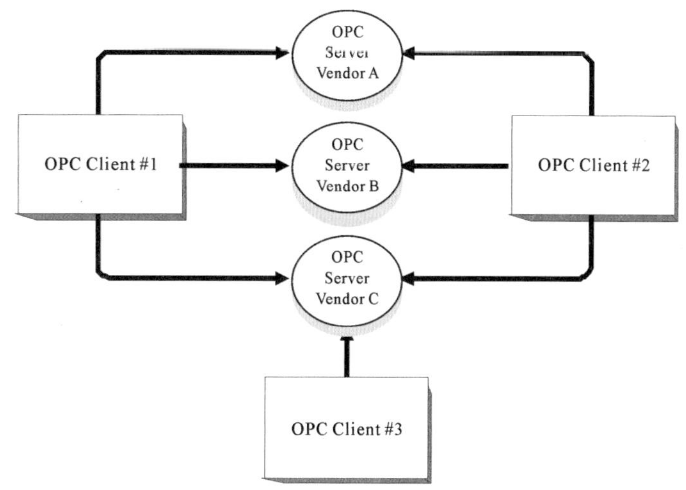

图 3-42　OPC 访问服务器结构

1. OPC 数据传输方式

同步和异步方式是 OPC Client 与 OPC Server 之间交换数据的两种方式。

(1) 同步方式是按照一定的时间频率交换所有数据的方式，方法简单，但效率较低，适用于发送数据量较少的场合。

(2) 异步方式则是当服务器缓冲区发生更改时，向客户发出通知，客户得到通知后再进行处理的一种方式。异步方式需要在客户程序中实现服务器的回调函数，适用于发送数据量大的场合。

OPC 的同步访问方式如图 3-43 所示，异步访问方式如图 3-44 所示。

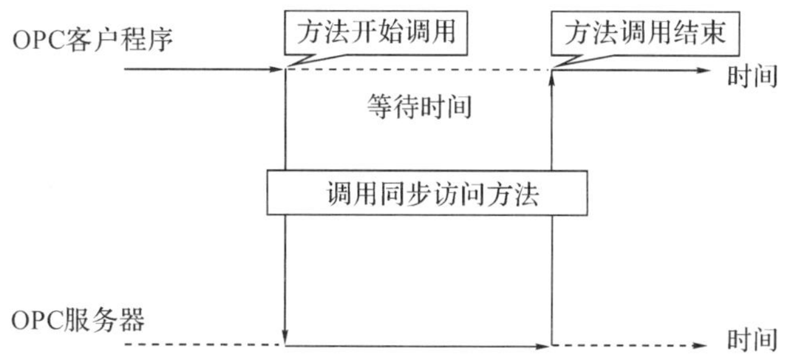

图 3-43　同步访问方式

2. Cache 方式与 Device 方式

OPC Server 有一个数据缓冲区，存储来自设备最新的数据值，OPC Client 通过该缓冲区读/写数据的方式为 Cache 方式。不通过数据缓冲区，直接从设备读取数据的方式为 Device 方式。

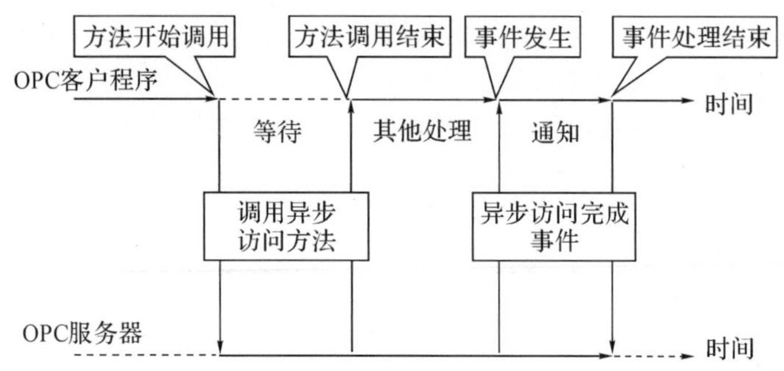

图 3-44　异步访问方式

3. 基于 EPA 的 OPC 服务器模型

OPC 服务器总体结构由 OPC 标准接口实现模块、服务器界面模块、存储缓冲区模块和硬件驱动模块组成，OPC 服务器与 EPA 协议中的详细交互部分如图 3-45 所示。这样，OPC 不仅保证了 EPA 与其他标准产品的互联互通，也解决了 EPA 设备与其他标准设备间的互操作性问题。

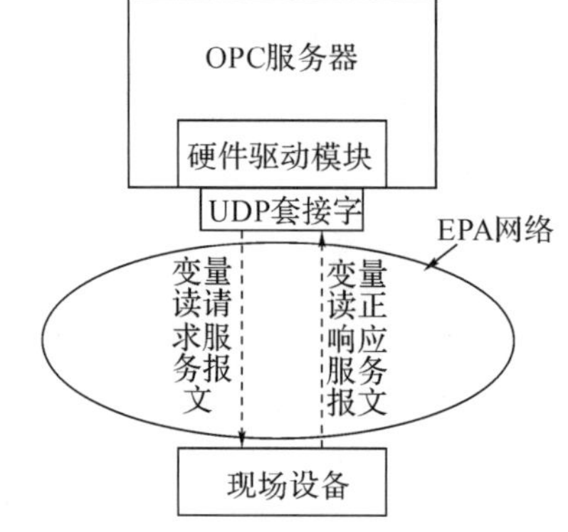

图 3-45　EPA 协议实现 OPC 服务器的驱动

存储缓冲区中缓存从 EPA 现场设备采集到的实时数据，并存储来自 OPC 客户端的数据，而且在 OPC 客户端需要时传给客户端。存储缓冲区高速缓存现场设备的数据，使得 OPC 客户端的调用不需等待而快速地从 OPC 服务器中返回，从而减少了 OPC 客户端的应用程序阻塞时间，加快了其应用程序的执行。

现场设备通过驱动程序与 OPC 服务器进行数据交互，简单地说，即对现场设备进行读/写操作。在这里，我们通过 EPA 协议与主控制器的通信来实现 OPC 服务器的驱动部分，如图 3-44 所示。这里用到的 EPA 应用层服务是变量访问服务，包含读服务、写服务和信息分发服务。

由于 EPA 协议数据传输是基于 TCP(UDP)/IP 传输协议的，为了使数据传输的效率提高，OPC 服务器采用 UDP 套接字进行通信，其中，读/写服务的通信过程采用客户端/服务器(C/S)模式进行通信。下面结合图3-45以变量读服务来说明数据传输流程。

首先，EPA 通信发起方通过链接对象标识 ID 查找与其相对应的 EPA 链接对象，将 EPA 链接对象中本次通信所需的 EPA 链路信息，包括 EPA 通信应答方的设备 IP 地址、功能块实例 ID 等信息读取出来。

其次，当获得这些信息后，调用相应的应用层服务，进行 EPA 报文的编码。

把 EPA 报文头和变量读请求服务报文封装好后，EPA 服务报文下传到 EPA 套接字映射接口实体。套接字映射接口主要完成以下功能：

(1) 按照应用层服务内容(本例中为读服务)确定其优先级，并将报文送到相应的优先级缓冲队列中。

(2) 监控 EPA 链路，当链路空闲时按优先级顺序进行报文的发送。

(3) EPA 现场设备收到读请求报文后，采用 EPA 服务中的变量读正响应服务回答，OPC 硬件驱动程序模块接收线程函数通过套接字接收到报文数据后，按照变量读正响应报文进行报文解析，刷新 OPC 数据。

下面以 EPA 服务中的信息分发服务为例说明数据传输过程，如图3-46所示，具体流程如下：

(1) 现场设备中集成了 EPA 协议栈，把现场实时数据打包成 EPA 数据，发送到 EPA 网络上。

(2) OPC 服务器中的硬件驱动模块把接收到的 EPA 报文解包，并把数据放到存储缓冲区中。

(3) OPC 客户端从存储缓冲区中读取数据。

(4) OPC 客户端将数据显示出来。

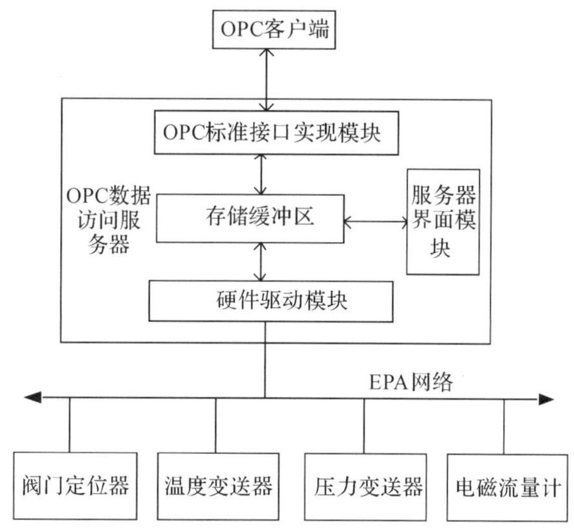

图 3-46　EPA 数据传输流程

课后练习与思考

一、判断题

(1) 在 CAN 总线中，发出报文的节点称为报文发送器，如果总线不处于空闲状态，一个不是报文发送器的节点称为接收器。　(　　)

(2) 现场总线之所以具有较高的测控性能，一是得益于仪表的智能化，二是得益于设备的通信化。　(　　)

(3) 同轴电缆按阻抗可以分为两种，50 Ω 的同轴电缆也称为宽带同轴电缆。(　　)

(4) EtherNet/IP 提供“隐式”和“显式”方式对网络设备中的数据进行访问和控制。(　　)

(5) CAN 总线采用非破坏性总线仲裁技术，本质上属于以事件触发的通信方式，具有某种程度的非确定性。　(　　)

(6) 在 PROFIBUS 中，SFC14 用于数据解包，而 SFC15 用于数据打包。　(　　)

(7) PROFIBUS 的通信参考模型中包括物理层、数据链路层、应用层和网络层。(　　)

(8) PROFIBUS 从站不仅可以是 ET200 系列的远程 I/O 站，还可以是一些智能从站。(　　)

(9) CAN 总线采用非破坏性总线仲裁技术，本质上属于以事件触发的通信方式，具有某种程度的非确定性。(　　)

(10) DeviceNet 切断网络即可移除节点。(　　)

(11) 现场总线电缆分为 A、B、C、D 等类型，B 型是符合 IEC/ISA 物理层一致测试的首选电缆。(　　)

(12) 在远程帧发送/接收时，其发送/接收的数据字节数目为 0。(　　)

(13) 工业自动化网络控制系统只是一个完成数据传输的通信系统。(　　)

(14) 采用大容量服务器可以在工业以太网的使用中缓解其通信不确定性弊端。(　　)

(15) 在 TCP/IP 参考模型中 TCP 协议工作在传输层。(　　)

二、填空题

(1) CAN 的通信模型只采用了 ISO/OSI 模型中的________和________。

(2) 控制网络与计算机网络相比主要特点有：数据传输的和系统响应的________及________。

(3) 开放系统互连参考模型 OSI 中，共分七个层次，分别是________、________、________、________、________、________、________。

(4) PROFIBUS 由三个兼容部分组成，即________、________、________。

LonWorks 拥有三个处理单元的神经元芯片，分别用于______、______、______。

(5) LonTalk 协议提供了________、________和________类型的报文服务。

(6) PROFIBUS 的 OSI 模型由________、________和________组成三层模型。

(7) CAN 的 ISO/OSI 参考模型的层次结构分为________和________。

(8) CAN 控制器的验收滤波器由________和________定义。

(9) CAN 总线上用________和________两个互补的逻辑值表示“0”和“1”。

(10) PROFIBUS 的总线存取方式有：主站之间采用________传送，主站和从站之间采用________传送。

三、简答题

1. PROFIBUS-DP 的主要功能是什么？
2. 简述 CAN 总线的主要特点。
3. 列写几种传输介质，并详细描绘其物理特性。
4. 常用现场总线有哪些？它们各有什么特点？
5. 简述 RS-485 传输技术的基本特征。

参考答案

下篇

笃 行 致 远

项目一　基于 S7-300 PLC 的污水处理厂升级改造

岗课赛证融合知识点 4

课程思政 11

学习目标：

(1) 掌握 S7-300 PLC 的结构和 STEP7 的基本操作；

(2) 理解 ET200 远程 I/O 模块的作用；

(3) 理解 MM4 以及 G120 变频器的远程通信模块的作用；

(4) 掌握 S7-300 PLC 与 ET200 远程 I/O 模块之间的通信方法；

(5) 掌握 S7-300 PLC 与 MM4 以及 G120 变频器之间的通信方法。

在第 1 章中我们就曾经提出了这样一个问题："在某污水处理厂的调节池中，需要根据池中的水位高度以及酸碱度来决定向池中投放药剂的量。原本该项工作由人工来完成，现要对该污水处理厂进行升级改造，整个调节池改由 PLC 来控制，池中的水位高度以及酸碱度都由专门的传感器将测量值转化成模拟量电流信号送给 PLC，调节池的药剂的投放也改由水泵来自动完成。那么，用 PLC 以及自带的 DI/DO、AI/AO 模块能否完成该系统的控制？"

答案显然是否定的。因为在之前的实验室中，我们的控制器与 I/O 设备之间的距离一般不会大于 10 m，而在实际工程中，工业控制器与现场 I/O 设备之间的距离一般会比较大，当这个距离超出一定范围时，现场 I/O 设备的电信号(0～10 V、4～20 mA 等)在向 PLC 传输时，可能会遇到较大的衰减，从而造成信号的不准确。如何解决这一实际问题？目前采用的主要方法就是将电模拟信号就地进行数字化，从而就有了 PLC 主站和从站等概念。本章以污水处理厂项目为例，主要介绍 PLC 主站与从站之间的通信。

项目背景及要求

在实际的工程项目中，每个 PLC 控制系统包含多个现场 I/O 设备，许多现场 I/O 设备与 PLC 之间的距离较远，此时可以将相对比较集中的现场 I/O 信号采集后就近送给某个接口模块，然后由这个接口模块将采集到的信号转换成网络数字信号，通过各种形式的现场总线一起传送给 PLC。这个接口模块和现场的 I/O 模块就形成了一个远程通信站点，我们把它称为从站，把 PLC 称为主站。

下面我们通过一个项目实例来了解主站和从站是如何定义的，以及它们之间是如何进行通信的。

一、项目背景

生态文明是实现人与自然和谐发展的必然要求，生态文明建设是关系中华民族永续发展的根本大计。习近平总书记在 2018 年 5 月 18 日至 19 日召开的全国生态环境保护大会上发表了重要讲话，系统总结了十八大以来我国生态文明建设和生态环境保护工作的历史性成就和变革，深刻阐述了生态文明建设的重大意义，明确提出了新时代生态文明建设的基本原则，对加强生态环境保护、打好污染防治攻坚战作出了全面部署。

2015 年，国务院专门印发了《水污染防治计划》，计划指出要加快城镇污水处理设施建设与改造。现有城镇污水处理设施要因地制宜地进行改造，2020 年指底前达到相应排放标准或再生利用要求。按照国家新型城镇化规划要求，到 2020 年，全国所有县城和重点镇具备污水收集处理能力，县城、城市污水处理率分别达到 85％、95％左右。京津冀、长三角、珠三角等区域已提前一年完成。城镇污水处理迎来了投资机会。

在这样的社会背景下，一些污水处理厂纷纷对原有的污水处理系统进行升级改造。河北省某污水处理厂计划投资 1.5 亿元，用于对原有污水处理设施进行升级改造，图 4－1 为该污水处理厂生化反应池。预计改造完成后，该厂的污水处理能力能从原来的4 万吨/日提升至 10 万吨/日。经过严格的招投标手续，该项目最终由中国某市政工程研究院总承包，其中 PLC 控制系统的改造作为子项目由天津某自动化设计公司承包。

图 4－1 某污水处理厂生化反应池

二、项目要求

首先我们来了解一下该污水处理厂的系统工艺流程，系统工艺流程图如图 4－2 所示。

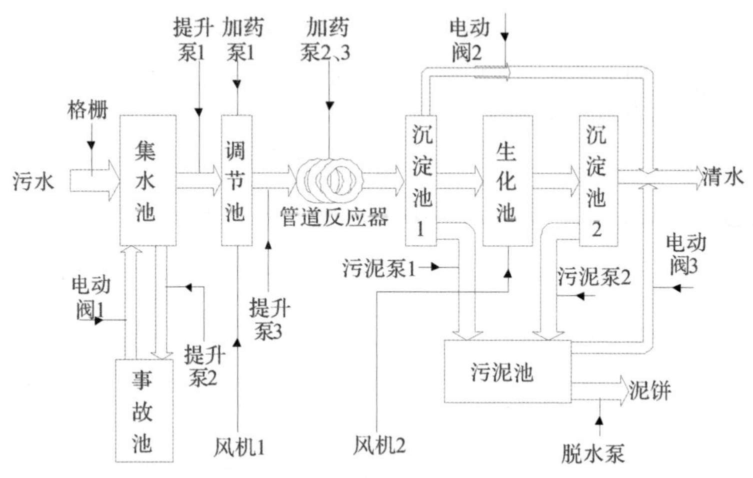

图 4-2 系统工艺流程图

由工艺流程图可知，污水首先进入集水池，当集水池中的 pH 值在一定范围内时，开启提升泵 1，将污水提升至调节池；当集水池中污水的 pH 值超出这一范围时，开启提升泵 2，将污水提升至事故池，污水在事故池内经过酸化处理之后再经过电动阀 1 流回集水池；进入调节池的污水经过加药泵 1 加药处理之后由提升泵 3 进入管道反应器，根据从调节池内出来的污水的 pH 值的大小控制加药泵 2、3 的加药速度，在管道反应器内对污水进行进一步的加药处理；经过管道反应器的污水直接进入到沉淀池 1；沉淀池 1 上层少量达到排放标准的污水将会直接被排出，中层大部分污水将进入生化池进行生化氧化处理；风机 2 主要给生化池提供理想的溶解氧浓度，溶解氧浓度的大小直接关系着整个污水处理的效果，在生化池内经过生化处理的污水即可达到中水的排放标准，处理后的水将被排放到沉淀池 2；沉淀池 1、2 的下层污泥分别经由污泥泵 1、2 进入污泥池；污泥池上层的中水还可以通过电动阀 3 排出，下层的污泥再经过一系列的滤干处理，做成泥饼外运。

整个项目的控制要求较为复杂，我们可把该项目需求进行简化，只考虑调节池的控制过程。已知调节池中共有加药泵一台和风机一台，用于控制调节池的酸碱度(pH 值)和药物反应速度。出于电机的节能等因素的考虑，加药泵和电机都采用变频器控制，两台电机的启/停分别有本地控制和远程控制两种，可以通过调节池旁边的电气控制柜进行控制模式选择。当选择本地控制时，可以分别选择两台电机的高低速运行。当选择远程控制时，两台电机的运行完全由 PLC 根据调节池中的 pH 值来决定。已知 PLC 安装在中控室，距离调节池的控制柜约 200 m。调节池与 PLC 的位置示意图如图 4-3 所示。

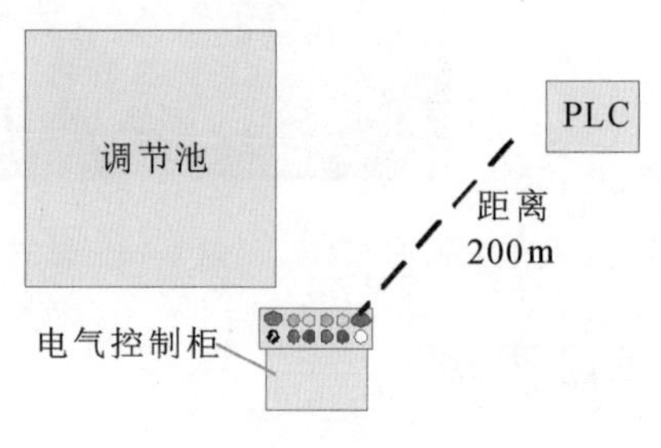

图 4-3 调节池与 PLC 的位置示意图(1)

项目准备

根据项目控制要求，在本控制系统中加入现场总线技术是十分必要的。如图 4－4 所示，本污水处理系统选用 S7-300 型 PLC 作为中央处理单元，采用 ET200 作为远程 I/O 通信模块，整个系统采用 PROFIBUS 或者 PROFINET 总线控制技术，将现场采集到的各个液位、pH 值等各信号(输入量)通过现场总线传给主站 CPU，再将 CPU 的输出量通过现场总线传给各个泵、风机、电磁阀等，这样就实现了分布采集、集中控制的过程。要完成本项目，首先应该了解 S7-300 型 PLC(可编程控制器)及其编程软件，了解 ET200 远程 I/O 以及西门子变频器。

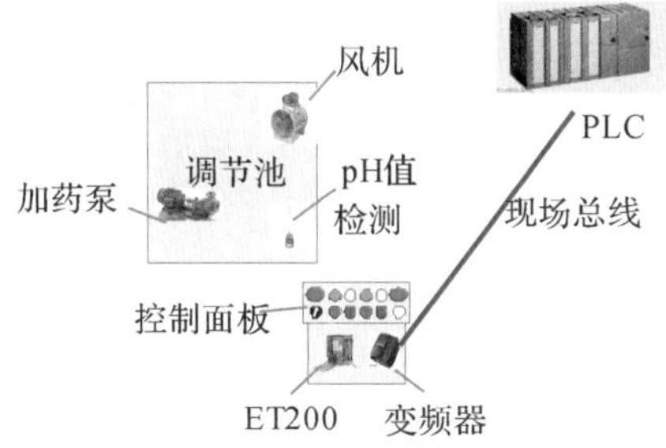

图 4－4　调节池与 PLC 的位置示意图(2)

一、认识 S7-300 PLC

S7-300 PLC 是德国西门子公司生产的 PLC 系列产品之一，其模块化结构易于实现分布式的配置，具有性价比高、电磁兼容性强、抗震动冲击性能好的特点，因此广泛应用在工业控制领域中，控制设计方案既经济又切合实际。

S7-300 PLC 硬件组成主要有电源模块(PS)、中央处理单元(CPU)、信号模块(SM)、功能模块(FM)、通信处理器(CP)、接口模块(IM)及导轨等。

1. 电源模块

电源模块将市电电压(AC 120/230 V)转换为 DC 24 V，为 CPU 和 24 V 直流负载电路(信号模块、传感器、执行器等)供电。其额定输出电流有 2 A、5 A、10 A 三种。

2. 中央处理单元

各种 CPU 有不同的性能，例如有的 CPU 集成有数字量和模拟量输入/输出点，有的 CPU 集成有 PROFIBUS-DP 等通信接口。CPU 前面板上有状态故障指示灯、模式开关、24 V 电源端子、电池盒与存储器模块盒(有的 CPU 没有)。

3. 信号模块

信号模块是数字量输入/输出模块和模拟量输入/输出模块的总称，它们使不同的过程信号电压或电流与 PLC 内部的信号电平匹配。信号模块主要有数字量输入模块 SM321 和数字量输出模块 SM322、模拟量输入模块 SM331 和模拟量输出模块 SM332。模拟量输入模块可以输入热电阻、热电偶、DC 4～20 mA 和 DC 0～10 V 等多种不同类型及不同量程的模拟信号。每个模块上有一个背板总线连接器，现场的过程信号连接到前连接器的端子上。

4. 功能模块

功能模块主要用于对实时性和存储容量要求高的控制任务，例如计数器模块、快速/慢速进给驱动位置控制模块、电子凸轮控制器模块、步进电动机定位模块、伺服电动机定位模块、定位和连续路径控制模块、闭环控制模块、工业标识系统的接口模块、称重模块、位置输入模块、超声波位置解码器等。

5. 通信处理器

通信处理器用于 PLC 之间、PLC 与计算机和其他智能设备之间的通信，可以将 PLC 接入 PROFIBUS-DP、AS-I 和工业以太网，或用于实现点对点通信等。通信处理器可以减轻 CPU 处理通信的负担，并减少用户对通信的编程工作。

6. 接口模块

接口模块用于多机架配置时连接主机架(CR)和扩展机架(ER)。S7-300 通过分布式的主机架和 3 个扩展机架，最多可以配置 32 个信号模块、功能模块和通信处理器。

7. 导轨

铝质导轨用来固定和安装 S7-300 上述的各种模块。

除了带 CPU 的中央机架(CR)，S7-300 PLC 最多可以增加 3 个扩展机架(ER)，每个机架可以插 8 个模块(不包括电源模块、CPU 模块和接口模块)，4 个机架最多可以安装 32 个模块。机架的最左边是 1 号槽，最右边是 11 号槽，电源模块总是在 1 号槽的位置。中央机架(0 号机架)的 2 号槽上是 CPU 模块，3 号槽是接口模块。这 3 个槽号被固定占用，信号模块、功能模块和通信处理器使用 4～11 号槽，如图 4-5 所示。

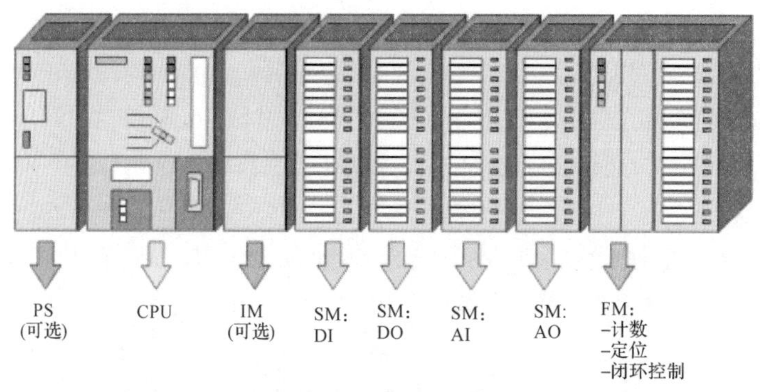

图 4-5　S7-300 机架结构

因为模块是用总线连接器连接的，而不像其他模块式 PLC 那样用焊在背板上的总线插座来安装模块，所以槽号是相对的，在机架导轨上并不存在物理槽位。例如，在不需要扩展机架时，中央机架上没有接口模块，此时虽然 3 号槽位仍然被实际上并不存在的接口模块占用，中央机架上的 CPU 模块和 4 号槽的模块实际上是挨在一起的。

如果有扩展机架，接口模块占用 3 号槽位，负责与其他扩展机架自动地进行数据通信。如果只需要扩展一个机架，可以使用价格便宜的 IM365 接口模块对，两个接口模块用 1 m 长的固定电缆连接，由于 IM365 不能给机架 1 提供通信总线，机架 1 上只能安装信号模块，不能安装通信模块和其他智能模块。扩展机架的电源由 IM365 提供，两个机架的 DC 5 V 电源的总电流应在允许值之内。

S7-300 有 20 种不同型号的 CPU，以适应不同等级的控制系统。有的 CPU 上集成有输入/输出点，有的 CPU 上集成有 PROFIBUS-DP 通信接口，有的 CPU 上集成有 PtP 接口等，目前大致可以分为以下几类：

(1) 6 种紧凑型 CPU，带有集成功能和 I/O：CPU312C、CPU313C、CPU313C-PtP、CPU313C-2DP、CPU314C-PtP 和 CPU314C-2DP。

(2) 3 种重新定义的 CPU：CPU312、CPU314 和 CPU315-2DP。

(3) 5 种标准的 CPU：CPU313、CPU314、CPU315、CPU315-2DP 和 CPU316-2DP。

(4) 4 种户外型 CPU：CPU312IFM、CPU314IFM、CPU314 户外型和 CPU315-2DP。

(5) 高端 CPU：CPU317-2DP 和 CPU318-2DP。

(6) 故障安全型 CPU：CPU315F 和 CPU317F-2DP。

二、STEP7 V5.5 基本操作

S7-300 系列 PLC 的编程软件是 STEP7，它用文件块的形式管理用户编写的程序及程序运行所需的数据，组成结构化的用户程序。这样，PLC 的程序组织明确，结构清晰，易于修改。

为支持结构化程序设计，STEP7 中的用户程序通常由组织块(OB)、功能块(FB)和功能(FC)三种类型的逻辑块和数据块(DB)组成。OB1 是主程序循环块，在任何情况下它都是必需的。

STEP7 用户程序一般包含的模块如表 4-1 所示。

表 4-1 STEP7 用户程序包含的模块

块	简要描述
组织块(OB)	操作系统与用户程序的接口，决定用户程序的结构
系统功能块(SFB)	CPU 提供的重要系统功能，有存储区
系统功能(SFC)	CPU 提供的重要系统功能，无存储区
功能块(FB)	用户编写的包含常用功能的子程序，有存储区
功能(FC)	用户编写的包含常用功能的子程序，无存储区
背景数据块(DI)	调用 FB 和 SFB 时用于传递参数的数据块，编译时自动生成数据
共享数据块(DB)	存储用户数据的数据区域，供所有块共享

程序块(FB、FC)实际上是用户子程序，分为带“记忆”的功能块 FB 和不带“记忆”的功能 FC。FB 带有背景数据块(Instance Data Block)，在 FB 块结束时继续保持，即被“记忆”。功能 FC 没有背景数据块。

数据块(DB)是用户定义的用于存取数据的存储区，可以被打开或关闭。DB 可以是

属于某个 FB 的情景数据块，也可以是通用的全局数据块，用于 FB 或 FC。

S7 系列的 CPU 还提供了标准系统功能块(SFB、SFC)，集成在 CPU 中的功能程序库中。用户可以直接调用它们，由于它们是操作系统的一部分，因此不需将其作为用户程序下载到 PLC。STEP7 用户程序中各个模块之间块调用的分层结构如图 4-6 所示。

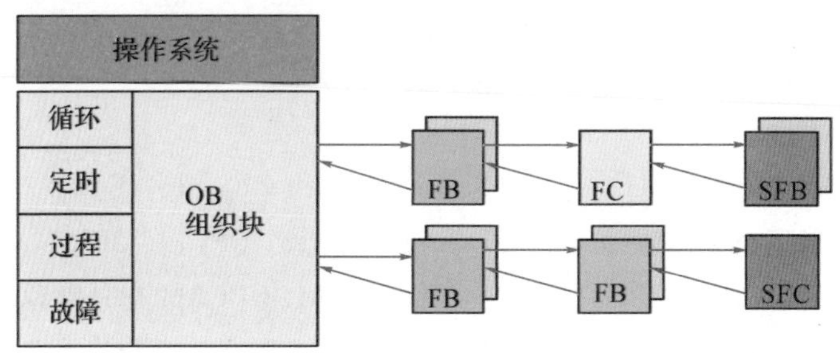

图 4-6　块调用的分层结构

STEP7 编程软件用于 SIMATIC S7/C7/M7 和基于 PC 的 Windows AC，是供它们编程、监控和设置参数的标准工具。

为了在 PC 上使用 STEP7，必须配置 MPI 通信卡或 PC/MPI 通信适配器，将计算机接入 MPI 或 PROFIBUS 网络，以便下载和上传用户程序及组态数据。STEP7 允许多个用户同时处理一个工程项目，但不允许多个用户同时对一个项目进行写操作(如程序及组态数据的下载)。

STEP7 的项目结构如图 4-7 所示。

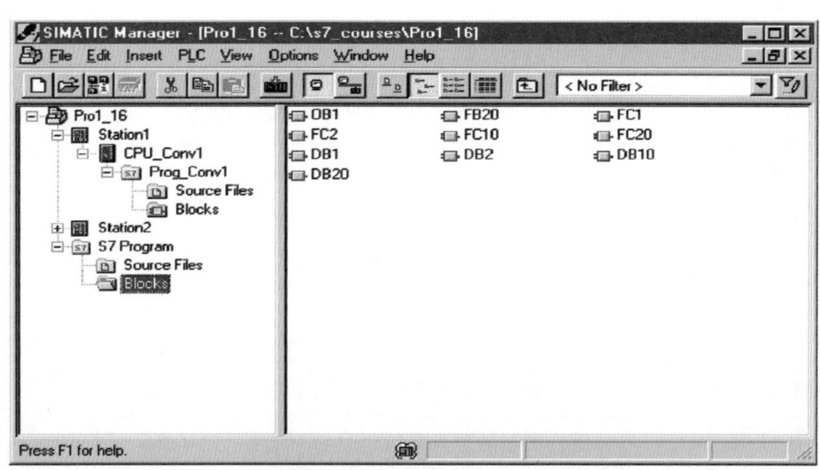

图 4-7　STEP7 的项目结构

在 STEP7 中，一个自动化系统的所有数据以项目(Project)的形式来进行组织和管理。一个项目包含以下三类数据：

(1) 硬件结构的组态数据及模块参数；

(2) 通信网络的组态数据；

(3) 可编程模块的程序。

上述数据都以对象的形式存储，STEP7 采用目录式的层次结构管理项目中的所有对象。对象从上到下有三个层次：

第一层：项目；

第二层：通信子网、PLC 站或 S7 程序；

第三层：第二层下面的具体对象，视第二层决定。

STEP7 可以通过 S7-PLCSIM 实现在线仿真。其使用方法如下：

(1) 调用。可以通过 STEP7 菜单点击 Options→Simulate Modules 项，激活 S7-PLCSIM；或者通过点击工具栏中的图标来激活 S7-PLCSIM。

(2) 下载程序。点击下载按钮，将设备组态及程序下载到 PLCSIM。

(3) 运行状态切换。如图 4-8 所示，将 PLCSIM 的 CPU 由 STOP 状态切换为 RUN-P 状态，模拟 CPU 运行。

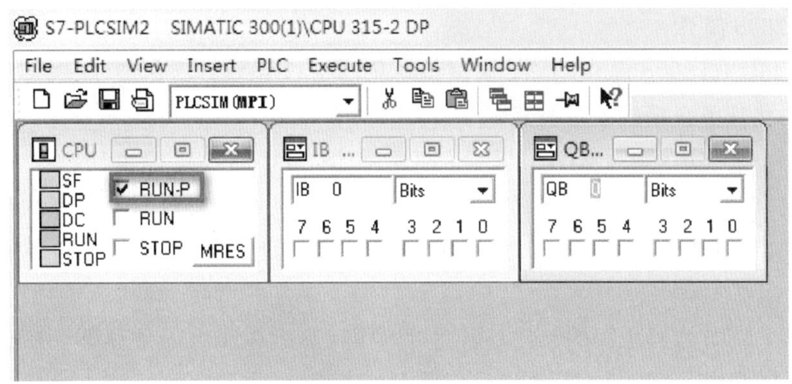

图 4-8　PLCSIM 界面

(4) 使程序在线。点击在线按钮，将离线程序切换为在线。

三、ET200 远程 I/O 模块

ET200 分布式 I/O 系列模块是西门子远程 I/O 模块，同时支持 PROFIBUS 和 PROFINET 现场总线。根据其大小、集成度、性能等指标，被分为 ET200M、ET200S、ET200SP 等类型。

1. ET200M 简介

ET200M 是一款高度模块化的分布式 I/O 系统，防护等级为 IP20。它使用 S7-300 可编程控制器的信号模块，对功能模块和通信模块进行扩展。由于模块的种类众多，ET200M 尤其适用于高密度且复杂的自动化任务，而且适宜与冗余系统一起使用。

该产品具有以下特点：

(1) 模块化 I/O 系统，防护等级为 IP20，特别适用于高密度且复杂的自动化任务；

(2) 同时支持 PROFIBUS 和 PROFINET 现场总线；

(3) 使用 S7-300 信号模块、功能模块和通信模块；

(4) 可以最多扩展 8 或 12 个 S7-300 信号模块；

(5) IM153-2 接口模块能够在 S7-400H 及软冗余系统中应用；

(6) 通过配置有源背板总线模块，ET 200M 可以支持带电热插拔功能；

(7) 可以将故障安全型模块与标准模块配置在同一站点内；

(8) 能够使用用于危险区域的信号模块。

如果输入和输出远离可编程控制器，将需要敷设很长的电缆，从而不易实现，并且可能因为电磁干扰而使得可靠性降低。分布式 I/O 设备便是这类系统的理想解决方案：

(1) 控制 CPU 位于中央位置；

(2) I/O 设备在本地分布式运行；

(3) 功能强大的 PROFIBUS-DP 具有高速数据传输能力，可以确保控制 CPU 和 I/O 设备稳定顺畅地进行通信；

(4) 支持 PROFINET IO 通信。

2. ET200S 简介

SIMATIC ET200S 是多功能、高度模块化的 I/O 系统，具有 IP20 的防护等级，可以针对自动化任务来精确地量身定制。

带有集成的 CPU 和 PROFINET/PROFIBUS 连接的接口模块现已推出标准设计和安全型设计两种。模块化的 ET200S 可以提供丰富的模块，包括电源模块、数字或模拟输入和输出模块、技术模块、一个 IO-Link 主站以及电机启动器、变频器和一个启动接口。

由于 ET200S 具有坚固的结构，因此可以用在高机械压力的条件下。在空间紧张的条件下，可以使用 ET200S COMPACT 完成 I/O 扩展。ET200S 还有 SIPLUS 版本，它具有更大的温度适用范围。丰富的模块使 ET200S 几乎成为适用于所有行业的理想 I/O 系统；同时，因 ET200S 强大的内部数据传输能力和同步工作模式，它还非常适宜于时间关键型的应用。

ET200S 具有以下优点：

(1) 永久性接线；

(2) 按位模块化结构，充分利用所有的资源，节省用户的投资成本；

(3) 体积小，功能全；

(4) 集成 PROFIBUS CPU 功能的 IM151-7 和集成 PROFINET 功能的 IM151-8 PN/DP；

(5) 数据传输速率最大为 12 Mb/s 或 100 Mb/s；

(6) 集成的故障安全型技术；

(7) 可以在运行中更换模块(热插拔)。

由于 ET200S 的机械装置与电子装置相互隔离，所以可以进行永久性的接线，即站点可以在安装或启动前预先接好线。因此，预接线的检查无须电子模块，这就防范了敏感组件的损坏，并由此减少了启动时间。同时，还可以在发生故障时快速更换模块，而无须重新接线。ET200S 在使用时还具有以下特点：

(1) 根据接口模块情况，最多可以插入 63 个 I/O 模块；

(2) 根据接口模块情况，ET200S 的最大可能宽度为 2 m；

(3) 通过绝缘部署方式，快速连接甚至为安装电子和电源模块提供了更多的益处。利用这种新方法，可以连接截面积为 0.34～1.5 mm^2 标准的导线，而无须剥皮或压接。

3. ET200SP 简介

SIMATIC ET200SP 是高度灵活可扩展的分布式 I/O 系统，通过 PROFINET 或者 PROFIBUS 将过程信号连接到中央控制器。

ET200SP 安装于标准导轨，其基本组成如下：

(1) 一个接口模块与控制器通过 PROFINET 或者 PROFIBUS 进行通信；

(2) 最多 64 个插入无源基座中的 I/O 模块；

(3) 一个最右侧用于完成站点配置的服务模块(无须单独订购，随接口模块附带)。

ET200SP 的使用方法尤其简单，其设计紧凑，并节省了控制箱的空间，从而带来了极大的经济性。SIMATIC ET200SP 还支持高速 PROFINET 通信，其性能更高。

SIMATIC ET200SP 是一种多功能分布式 I/O 系统，适用于各种应用领域。其防护等级为 IP20，用于柜内。ET200SP 具有灵活的架构，使得 I/O 站可以安装于现场，以满足系统最确切的需要。

ET200SP 的优点如下：

(1) 通过总线适配器，可以灵活选择 PROFINET 的连接方式；

(2) 直插式端子技术，接线无须工具；

(3) 接线端子孔和弹簧下压触点的排布更加合理，接线更加方便；

(4) 彩色端子标签、参考标识牌以及标签条带来了清晰明确的标识；

(5) 通道级的诊断功能；

(6) 单站扩展最多支持 64 个模块；

(7) 节省控制箱内的空间；

(8) 外形紧凑，适用于 80 mm 的标准控制箱；

(9) PROFINET 高速通信；

(10) 电子模块和接线端子盒部分均可在线热插拔；

(11) 从导线、端子盒和背板总线直至 PROFINET 电缆，采用统一的屏蔽设计理念；

(12) 系统集成 PROFIenergy，带来了更高的能效；

(13) 支持 AS-I 总线；

(14) 通过软件进行组态设置，无须拨码。

四、MM4/G120C 变频器

1. 变频调速的基本原理

变频调速技术是指通过改变电机频率和电压来达到改变电机转速目的的一种技术。

通常，水泵由异步电机驱动来提升管路系统内的水压，通过变频器的调节作用，可以调节异步电机的转速，从而改变水泵的 Q - H 性能，以满足工程要求。实际上，异步电机的变频调速是变频调速技术的核心，而改变定子供电频率是异步电机的变频调速的核心，因而实现调速的核心是改变同步转速。

异步电机的同步转速n_0为

$$n_0 = \frac{60f_1}{p} \tag{4-1}$$

异步电机的转差率为

$$s = \frac{n_0 - n}{n_0} = 1 - \frac{n}{n_0} \tag{4-2}$$

异步电机的实际转速 n 为

$$n = n_0(1-s) = \frac{60f_1(1-s)}{p} \tag{4-3}$$

式中：n 为电机转速(r/min)；s 为电机转差率；f_1 为交流电频率(Hz)；p 为电机定子磁极对数。

由式(4-3)可知，当电机极对数 p 不变时，转子转速 n 正比于定子电源频率，因而对电机同步转速进行的连续平稳调节可以通过调节异步电机供电频率来实现。由于变频调速时，转差率可以从高转速到低转速保持在有限的范围内，所以变频调速具有平滑性较高、精度高、调速范围广、机械特性较硬、效率高等诸多优点，因此成为水泵站调速的首选方案。

2. 变频器的基本构成

变频器的主要任务是将工频电转换为另一频率的交流电，以满足交流电机变频调速的需要。变频器采用的变频方式主要有交—交变频和交—直—交变频，市场上的变频器较多采用交—直—交方式(VVVF，变压变频或矢量控制变频)，即先将工频交流电通过整流转换成直流电，再把直流电转换成频率、电压均可控制的交流电，以供给电机。

变频器的结构主要包括主电路和控制电路两部分，其中主电路一般由整流器、中间直流环节和逆变器三部分组成，如图 4-9 所示。整流部分为三相桥式不可控整流器；中间直流环节为滤波、直流储能和缓冲无功功率；逆变部分为 IGBT 三相桥式逆变器，且输出为 PWM 波形。

二极管不可控桥式整流电路是变频器中的整流器，在变频器使用 PWM 方式的情况下，一般不需要设置控制电路，其控制简单、成本低。当然，整流器也可以使用晶闸管，但需要设置控制电路，其操作复杂。

二极管整流电路工作原理简单，理论上，二极管整流器侧功率因数接近 1，因为中间直流电路采用大电容滤波，整流器的输入电流实际上是电容器的充电电流，谐波分量较大。

逆变器也称为负载侧的变流器。图 4-9 中，逆变器常采用 6 个半导体主开关器件，逆变器的输出量接负载。通过有规律地控制逆变器中的主开关器件的通与断，即可得到任意频率的三相交流电。只要调节主开关的通断速度就可以调节交流电频率，调节 U_d

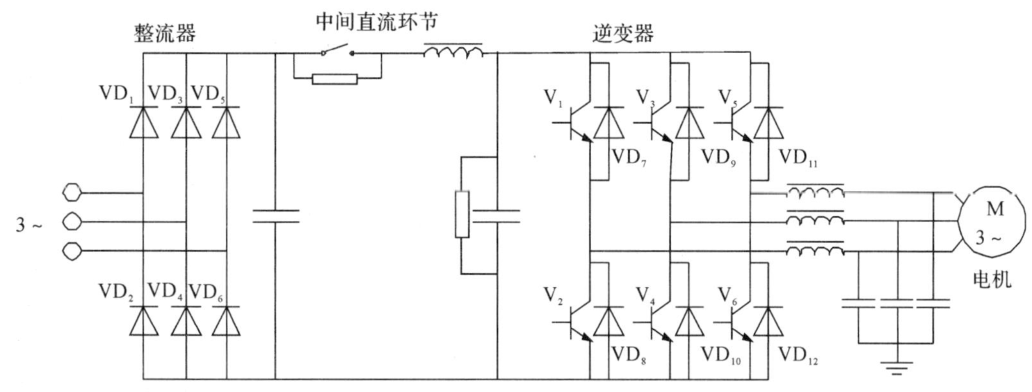

图 4－9 变频器的主电路内部结构

的大小就可以调节直流电流幅值的大小。

现在常用于逆变器的晶体管有绝缘栅双极晶体管(IGBT)、大功率晶体管(GTR)、门极关断晶闸管(GTO)、晶闸管(SCR)、金属氧化物场效应晶体管(MOSFET)等。

逆变器的主要功能如下：

(1) 电机是感性负载，工作时为无功电流返回电流电源提供通路；

(2) 减速时，电机处于再生制动状态，VD_7～VD_{12}为再生电流提供释放能量的通路；

(3) 逆变时，为线路的分布电感提供释放能量的通路。

中间直流环节常称为中间直流储能环节。因为变频器的负载为电机(感性负载)，所以无论电机处于电动或发电制动状态，其功率因数总不为 1，在中间直流环节和电机之间总会有无功功率的交换，这种交换依靠中间直流环节的储能元件(电容器或电抗器)来缓冲。中间直流环节一般有电容滤波和电感滤波两种，前者中间直流电路的电压恒定，被称为电压源型变频器；后者中间直流电路的电流恒定，被称为电流源型变频器。

3. MICRO MASTER 440(MM440)

1) MM440 变频器的发展

西门子变频器种类众多，在中国变频器市场上的早期的西门子变频器主要有 MICRO MASTER(MM410/420/430/440 等)、SIMOVERT MASTERDRIVE(也就是我们常说的 6SE70 系列)，以及西门子近几年推出的 G120。

MM440 是全新一代可以广泛应用的多功能标准变频器。它采用高性能的矢量控制技术，提供低速高转矩输出和良好的动态特性，同时具备超强的过载能力，以满足广泛的应用场合；创新的 BiCo(内部功能互连)功能有无可比拟的灵活性。

2) MM440 变频器接线端子

MM440 变频器的主电路接线端子和控制电路接线端子分别如图 4－10 和图 4－11 所示。

主电路接线端子中 L1、L2、L3 接输入电源，U、V、W 接电机 U 相、V 相、W 相，PE 端接地。

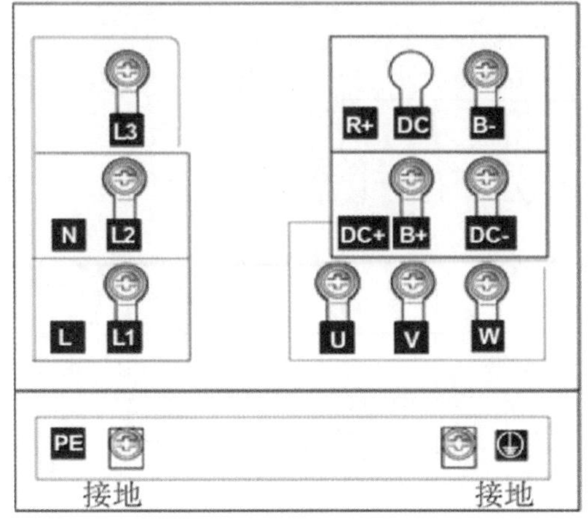

图 4-10 主电路接线端子

图 4-11 控制电路接线端子

3）MM440 的接线原理

MM440 变频器接线端子原理图如图 4-12 所示。其中端子的作用按功能可以分为以下四类：

（1）模拟量输入端子。

端子 1——+10 V。

端子 2——0 V。

端子 3、4——模拟量 1（AIN1）输入端子，其中"端子 3"为模拟量输入 1"+"端，"端子 4"为模拟量输入 1"-"端。

端子 10、11——模拟量 2（AIN2）输入端子，其中"端子 10"为模拟量输入 2"+"端，"端子 11"为模拟量输入 2"-"端。

模拟输入 1（AIN1）可采用 0～10 V、0～20 mA 和 -10～+10 V；模拟输入 2（AIN2）可采用 0～10 V 和 0～20 mA。模拟输入回路可以另行配置，用于提供两个附加的数字量输入（DIN7 和 DIN8）。

（2）多功能数字量（开关量）输入端。

"端子 5～8"和"端子 16、17"——分别为数字量（DIN1、DIN2、DIN3、DIN4、DIN5、DIN6）输入端。

端子 9——带隔离的+24 V。

端子 28——带隔离的 0 V。

"端子 5～8"和"端子 16、17"的功能可以由参数 P0701～P0706 设置。

（3）模拟量输出端子。

端子 12、13——模拟量 1（AOUT1）输出端子，其中"端子 12"为模拟量输出 1"+"端，"端子 13"为模拟量输出 1"-"端。

端子 26、27——模拟量 2（AOUT2）输出端子，其中"端子 26"为模拟量输出 2"+"端，"端子 27"为模拟量输出 2"-"端。

（4）多功能数字量（继电器）输出端。

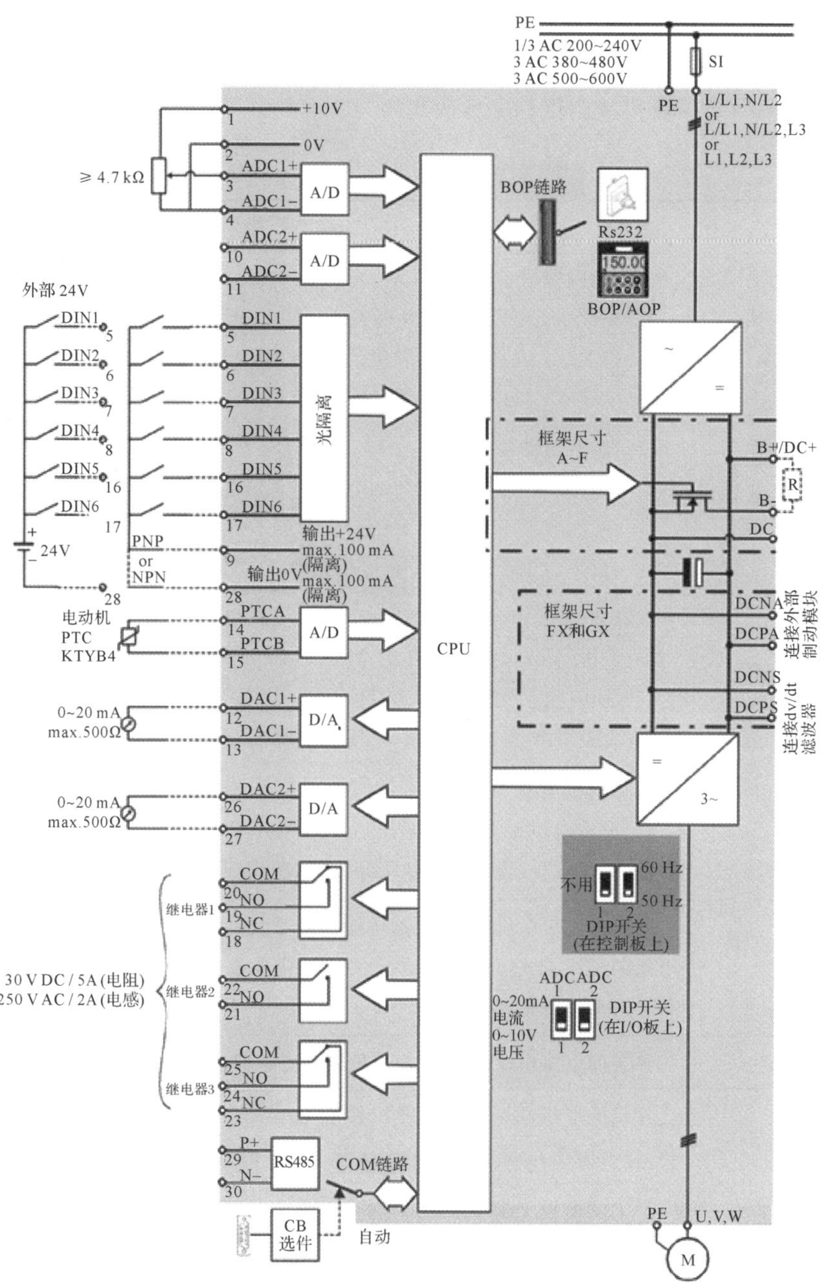

图 4-12 MM440 变频器接线端子原理图

端子 18～20——继电器 1 输出端，其中“端子 18”为常闭触点，“端子 19”为常开触点，“端子 20”为公共端，既可作常闭触点，也可作常开触点。

端子 21、22——继电器 2 输出端，为常开触点。

端子 23～25——继电器 3 输出端，其中“端子 23”为常闭触点，“端子 24”为常开触点，“端子 25”为公共端，既可作常闭触点，也可作常开触点。

此外，端子 14、15 为外接电阻端，一般不使用。

继电器 1、继电器 2、继电器 3 的功能可以由 P0731、P0732、P0733 等设置。

4）MM440 的快速调试

学会变频器的基本应用，首先需要掌握变频器的基本参数调试方法。表 4－2 所示是 MM440 系列变频器快速调试相关参数说明。

表 4－2　MM440 系列变频器快速调试参数设置

参　数	功　　能
P0003＝3	用户访问级 1—标准级，可以访问常用参数 2—扩展级，允许访问扩展功能参数，如变频器 I/O 功能参数 3—专家级，仅限于高级用户
P0010＝1	调试参数过滤器 0—准备就绪 1—快速调试 30—出厂设置说明，要进行电机铭牌数据参数化，P0010 应该设置为 1
P0100＝0	欧洲北美输入 z 电机频率 0—欧洲[kW]，电源频率 50 Hz 1—北美[hp]，电源频率 60 Hz 2—北美[kW]，电源频率 60 Hz
P0300＝1	选择电机类型 1—异步电机 2—同步电机（说明：仅可采用 V/f 控制（P1300 ＜ 20））
P0304＝?	额定的电机电压（从电机铭牌输入数据，单位为 V）输入的铭牌数据必须与电机的接线方式（星接/角接）一致，也就是说，如果电机是角接的，那么就必须输入角接的铭牌数据
P0305＝?	额定的电机电流，以 A 为单位输入电机铭牌数据
P0307＝?	额定的电机功率，输入电机铭牌数据，单位为 kW 或者 hp。说明：如果 P0100＝0 或 2，则数据单位为 kW；如果 P0100＝1，则数据单位为 hp
P0308＝?	额定的电机 cosϕ（仅当 P0100＝0 或 2 时可见），根据电机铭牌输入电机的功率因数 cos。如果设置 P0308＝0，则内部自动计算该值
P0309＝?	额定的电机效率（仅当 P0100＝1 时可见），按照电机铭牌以“%”输入该值。如果 P0309＝0，则该值由内部计算得出
P0310＝?	额定的电机频率，按照电机铭牌以 Hz 输入该值。如果改变该值，变频器将重新计算极对数
P0311＝?	额定的电机转速，从电机铭牌输入相应数据，单位为 r/min。如果 P0311＝0，则该值由内部计算得出。说明：如果采用矢量控制和带速度控制器 V/f 控制，则需要输入此参数。V/f 控制中滑差补偿需要电机采用额定转速，才能进行正确的操作

续表

参　数	功　　能
P0700＝2	命令源的选择： 0—工厂默认设置 1—OP（操作面板） 2—接线端子(CUS240S 默认为此设置) 4—RS-232 口上的 USS 5—RS-485 口上的 USS 6—现场总线(CUS240S DP 和 CUS240S DP-F 默认为此设置)
P1080＝?	最小频率，输入电机运行的最小频率(Hz)，电机运行在最小频率限定值时，频率设定值将不再起作用。该设定值对正向和反向旋转都起作用
P1082＝?	最大频率，输入电机运行的最大频率(Hz)，电机运行在最大频率限定值时，频率设定值将不再起作用。该设定值对正向和反向旋转都起作用
P1120＝?	上升斜坡时间，输入电机从静止状态加速到电机最大频率(P1082)的加速斜坡时间(单位为 s)。如果上升斜坡，时间设置得过短，则会导致 A0501(电流超限)报警或者变频器因 F0001(过电流)故障跳闸
P1121＝?	下降斜坡时间，输入电机从最大频率 P1082 减速(采用制动)到静止状态的下降斜坡时间(单位为 s)。如果下降斜坡时间设置得过短，则会导致 A0501(电流超限)/A0502（电压超限)报警或者变频器因 F0001(过电流)/ F0002(过电压)故障跳闸
P3900＝?	结束快速调试(QC)： 0—放弃快速调试(不进行电机参数计算) 1—进行电机参数计算，并将在快速调试中未被修改的参数复位为出厂设置 2—进行电机参数计算，并将 I/O 参数设置复位为出厂设置 3—只进行电机参数计算，其余参数不进行复位。说明：如果 P3900＝1、2 或 3，那么 P0340 将被设置为 1，并且 P1082 中的值将被复制到 P2000 中，同时计算出合适的电机参数。在结束快速调试时，操作面板将显示“BUSY”。这表明变频器正在进行控制数据的计算并将各参数值保存到 EEPROM 中的操作。快速调试结束后，P3900 和 P0010 将自动复位为 0

4. 西门子 G120 紧凑型变频器

1) G120 变频器的发展

SINAMICS G120C 紧凑型变频器在许多方面为同类变频器的设计树立了典范，包括它紧凑的尺寸、便捷的快速调试、简单的面板操作、方便友好的维护以及丰富的集成功能都将成为新的标准。

SINAMICS G120C 是专门为满足 OEM 用户对于高性价比和节省空间的要求而设计的变频器，同时它还具有操作简单和功能丰富的特点。这个系列的变频器与同类产品相比，相同的功率具有更小的尺寸，并且它安装快速、调试简便，具有友好的用户接线方式和简单的调试工具，这些都使它与众不同。SINAMICS G120C 还集成了众多功能，如安全功能(STO，可通过端子或 PROFIsafe 激活)、多种可选的通用的现场总线接口，以及用于参数拷贝的存储卡槽。

SINAMICS G120C 变频器包含了三个不同的尺寸，功率范围为 0.55～18.5 kW。为了提高能效，变频器集成了矢量控制以实现能量的优化利用，并自动降低了磁通。该系列的变频器是全集成自动化的组成部分，可选 PROFIBUS、Modbus RTU、CAN、USS 等通信接口，并且支持 PROFINET 通信。操作控制和调试可以采用 PC 通过 USB 接口或者采用 BOP-2(基本操作面板)或 IOP(智能操作面板)来快速简单地实现。

2) 硬件介绍

G120 中 CU240E-2 PN-F 的外部图如图 4-13 所示。

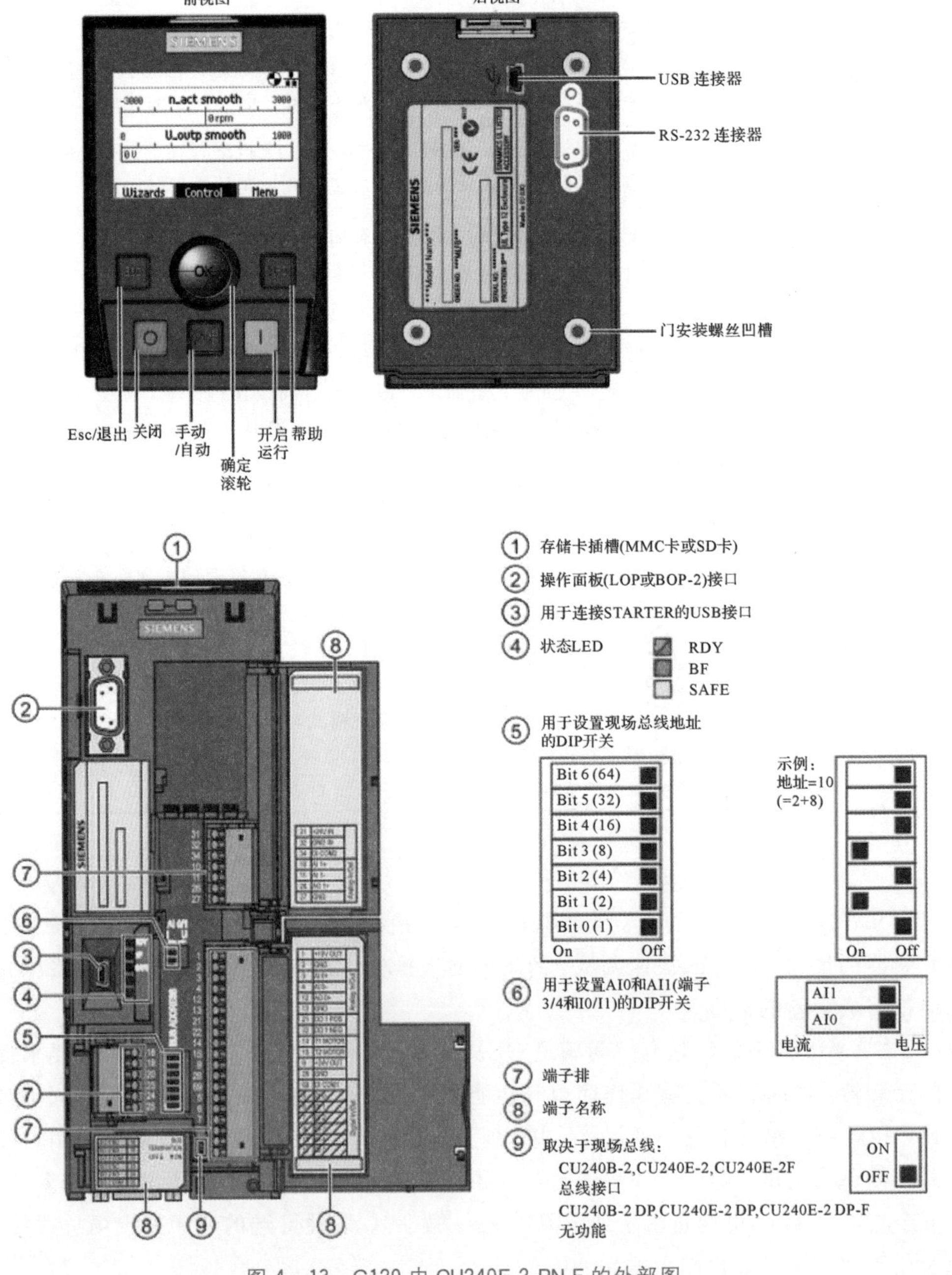

图 4-13 G120 中 CU240E-2 PN-F 的外部图

3）G120 变频器的控制单元介绍（以 CU240S 为例）

CU240S 的控制端子接线方法与 MM440 较为类似，具体可参考图 4－14。

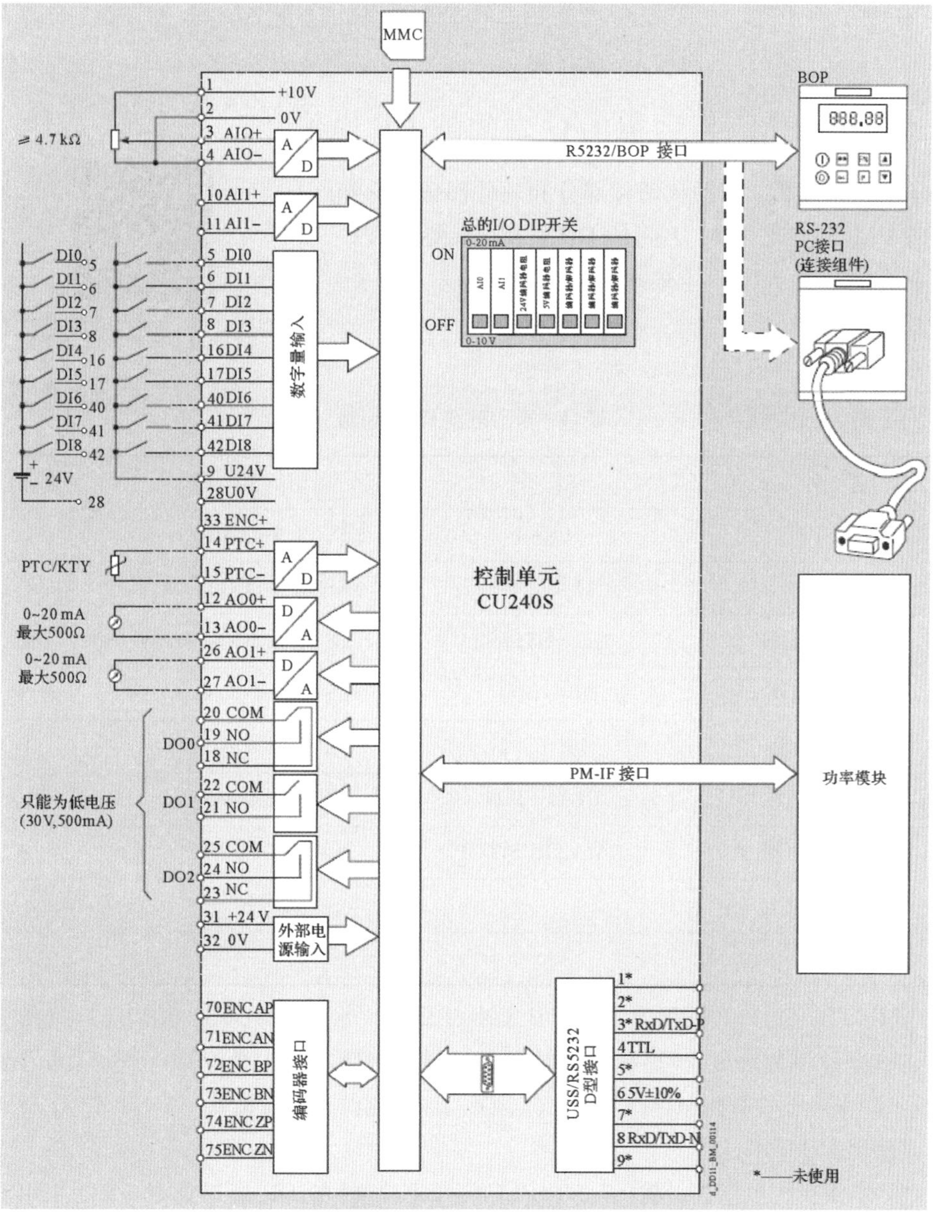

图 4－14　CU240S 控制单元的外部端子

4）快速调试

G120 CU240S 的面板参数调试方式与 MM440 变频器相同，具体可参考表 4－2。

项目演练

根据项目控制要求，本污水处理系统选用 S7-300 型 PLC 作为中央处理单元，采用

ET200 作为远程 I/O 通信模块，采用西门子变频器来驱动加药泵和风机的运行，整个系统采用 PROFIBUS 或者 PROFINET 总线控制技术。因此在完成本项目之前，首先应该了解 S7-300 型 PLC 与 ET200 之间的 DP/PN 通信，以及 S7-300 型 PLC 与西门子 MM440/G120 变频器之间的 DP/PN 通信。

一、S7-300 PLC 与远程 I/O 之间的 DP 通信

下面通过实例，分别从硬件部分和软件部分来介绍 S7-300 PLC 与 ET200M 之间的 DP 通信，最终实现一个远程开关对一个 PLC 本地指示灯的控制。

S7-300 PLC 与 ET200M 之间的 DP 通信实例

1. 硬件部分

(1) 系统硬件的组成如表 4－3 所示。

表 4－3 系统硬件组成

名 称	型 号	订 货 号	数 量
电源 PS	PS307	6ES7 307-1EA01-0AA0	1
CPU	314C-2 DP	6ES7 314-6CG03-0AB0	1
自带输入模块	DI8/AI5/A02	6ES7 314-6CG03-0AB0	1
自带输出模块	DI16/DO16	6ES7 314-6CG03-0AB0	1
远程 I/O 模块	IM 153-2	153-2BA02-0XB0	1
扩展输入/输出模块	IN/OUT 16	374-2BA02-0XB0	2
直流 24 V 电源	SIMATIC SITOP	6EP1 334-2BA01	1
指示灯 L1	—	—	1
按钮 SB1	—	—	1

SIMATIC S7-300 采用 314C-2 DP 紧凑型 CPU，带有 1 个 MPI 接口、24 个数字量输入、16 个数字量输出、4 路模拟量输入、2 路模拟量输出、1 个 PT100 输入、4 个高速计数器(60 kHz)，同时集成了 DP 接口、DC 24 V 电源、前连接器 (2×40 针)、192 KB 工作存储区和 MMC 卡。

(2) 硬件接线示意图。将 S7-300 PLC 与 ET200M 的 DP 接口通过 PROFIBUS-DP 总线连接起来，如图 4－15 所示。

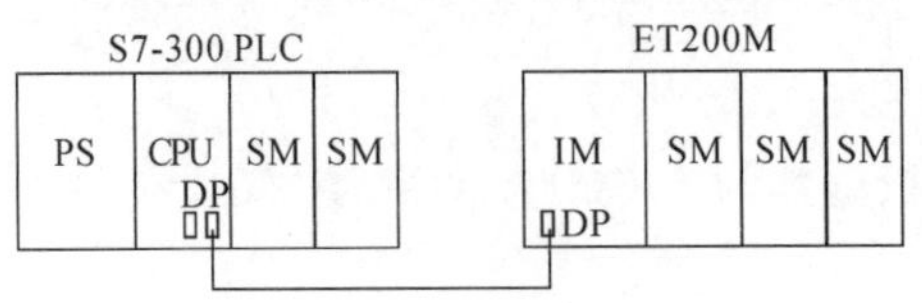

图 4－15 硬件接线图

注意：

① 两个终端电阻设置为 ON；

② 将拨码开关设置为正确的 DP 地址；

③ 所有设置完成后再统一上电。

终端电阻演示动画

(3) I/O 的分配见表 4－4。

表 4－4　I/O 分配表

名　　称	地　　址
启动按钮 SB1	I0.0
指示灯 L1	Q124.0

2. 软件部分

1) 硬件组态及网络组态

(1) 硬件组态。打开 STEP7 软件，新建项目，点击“插入”，插入 SIMATIC 300 站点，双击打开 SIMATIC 300 站点，然后双击 硬件，进行硬件组态，依据表 4－3 的模块型号及订货号完成组态，如图 4－16 所示。

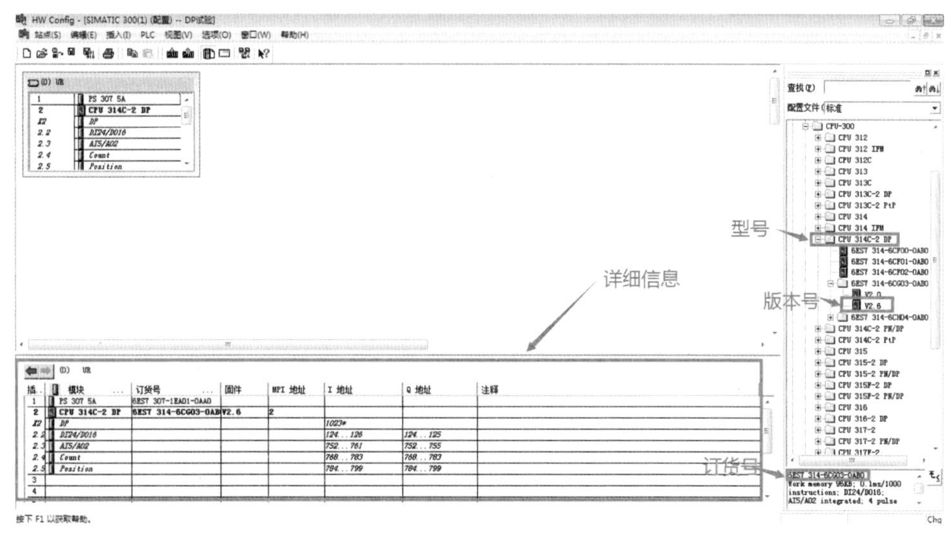

图 4－16　硬件组态

① 点击右侧的 SIMATIC 300，添加导轨，双击 RACK-300 中的 Rail。

② 在插槽 1 中添加电源模块，在 PS-300 中选择 PS307 5A，订货号为 6ES7 307-1EA01-0AA0。

③ 在插槽 2 中添加 CPU 模块，在 CPU-300 中选择 CPU 314C-2 DP，订货号为 6ES7 314-6CG03-0AB0，版本号为 V2.6。

(2) 网络组态。

① 网络组态 PLC 主站。双击插槽 2 中的 DP，完成图 4－17 所示操作。图中，编号 2 为接口地址及通信地址，可以根据自己的需求进行配置，但注意不可与远程 I/O 地址相

同(本次使用的地址为2)。在“新建子网-PROFIBUS”对话框中选择“网络设置”，可以更改其传输速率等，如选择刚才建立的“PROFIBUS(1)：1.5 Mbps”。

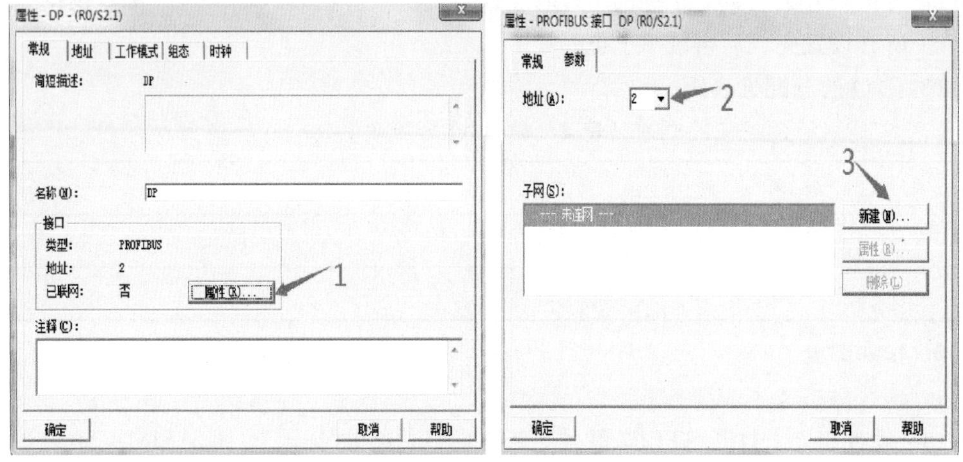

图 4-17　网络组态

实际应用时，PROFIBUS 的传输速率可以根据通信距离作出适当调整，其关系如表 4-5 所示。

表 4-5　PROFIBUS 传输速率与通信距离的关系

波特率/Baud	93.75 k	187.5 k	500 k	1 M～1.5 M	3 M～12 M
总线长度/m	1200	1000	400	200	100

② 网络组态远程 I/O。在 PROFIBUS-DP 网络下配置远程 I/O 模块，具体操作步骤如下：

(a) 点击菜单右侧的 PROFIBUS-DP，在 ET200M 中选择 IM 153-2，其订货号为 6ES7 153-2BA02-0XB0，然后将它拖到“PROFIBUS：DP 主站系统(1)”网络下，弹出如图 4-18 所示的对话框，可以根据需要在此配置远程 I/O 地址，但是要与实际的 IM 153-2

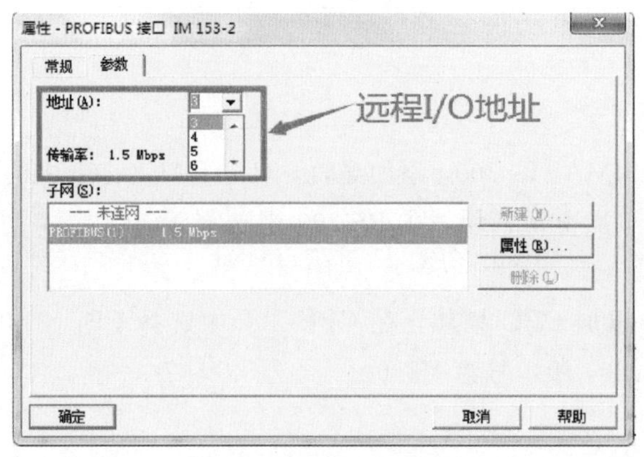

图 4-18　配置远程 I/O

的地址对应，即软件与硬件要一一对应(本次使用的地址为 3)，并选择刚才新建立的“PROFIBUS(1)：1.5 Mbps”。

(b) 点击“PROFIBUS：DP 主站系统(1)”网络下的 IM 153-2，对其进行组态。

(c) 在“IM 153-2”下的插槽 4 和插槽 5 中添加 I/O 模块。本套设备采用的是仿真器模块 SM374。

因 STEP7 模块目录中不含有仿真器模块 SM374，所以 STEP7 无法组态 SM374。

图 4-19 所示的模块中间有旋转拨码，可以选择三种模式，分别为 16 个输入模式、16 个输出模式以及 8 个输入和 8 个输出模式。

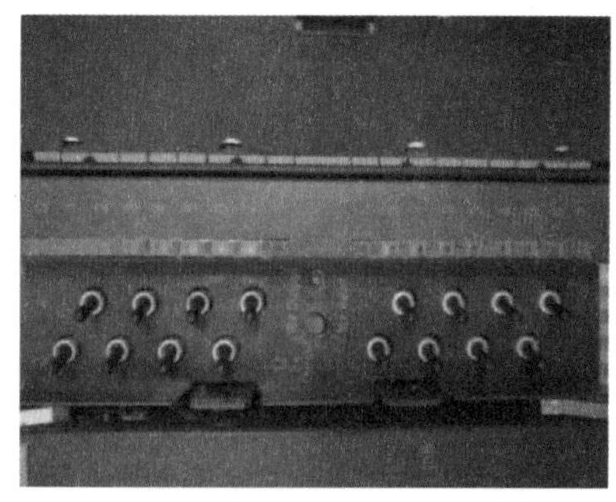

图 4-19 组态模块

按以下方式“模拟”组态所需的仿真器模块功能：

• 若要使用具有 16 个输入的 SM374，则在 STEP7 中定义具有 16 个输入的数字量输入模块的订货号，如 6ES7 321-1BH02-0AA0。

• 若要使用具有 16 个输出的 SM374，则在 STEP7 中定义具有 16 个输出的数字量输出模块的订货号，如 6ES7 322-1BH01-0AA0。

• 若要使用具有 8 个输入和 8 个输出的 SM374，则在 STEP7 中定义具有 8 个输入和 8 个输出的数字量输入/输出模块的订货号，如 6ES7323-1BH00-0AA0。

本项目中采用的模式为 8 个输入和 8 个输出，所以选用 IM 153-2 中能满足 8 个输入和 8 个输出的方式即可。根据以上情况，在 IM 153-2 下的插槽 4 和插槽 5 添加 DI8/DO8 模块，其订货号为 6ES7 323-1BH01-0AA0。

完成以上步骤后，保存编译，硬件组态就完成了，如图 4-20 所示。

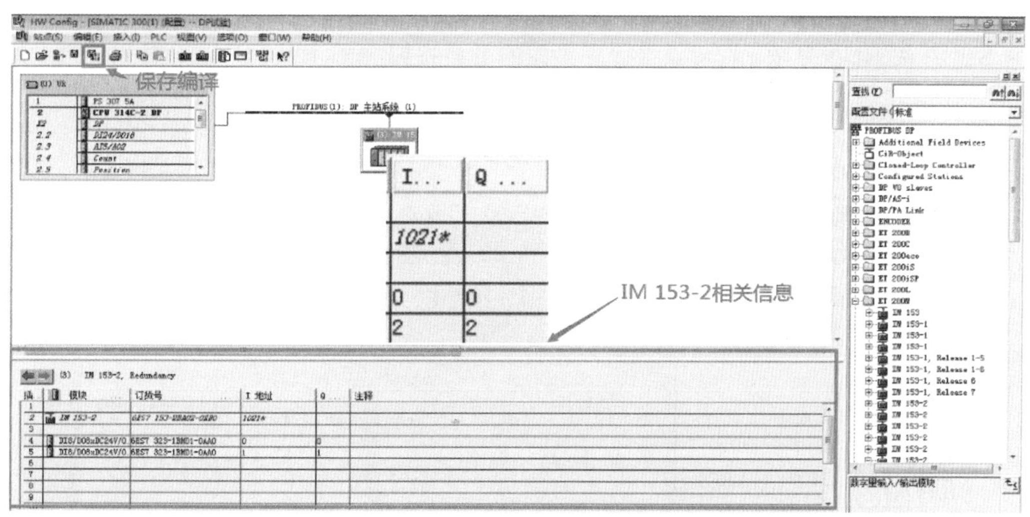

图 4-20 硬件组态

完成硬件组态后，点击组态网络按钮，显示如图 4-21 所示网络图。

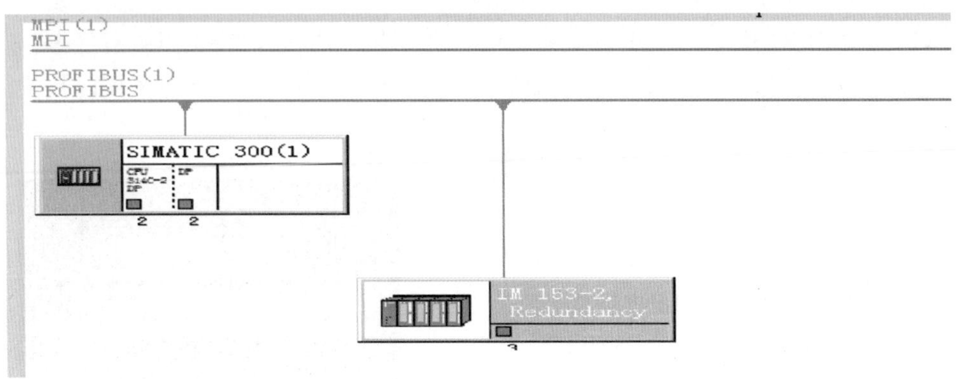

图 4-21　组态网络图

2）编写程序

在 OB1 中根据 I/O 分配表 4-4 编写程序，程序如图 4-22 所示。

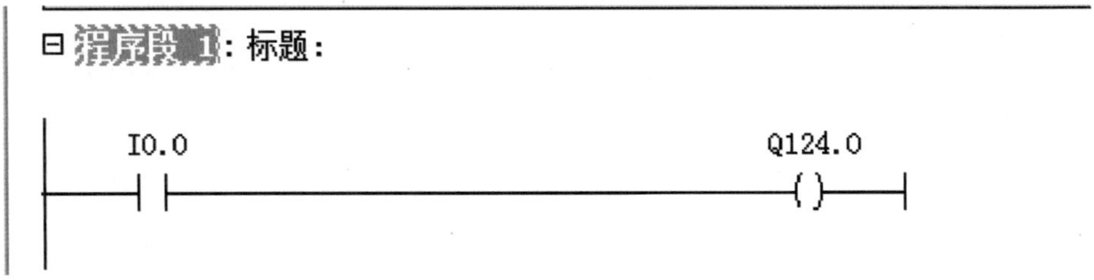

程序段 1：标题：

I0.0　　Q124.0

图 4-22　编写程序

3）仿真调试

点击仿真图标，搭建仿真所需的输入/输出框，在“仿真”中勾选 CPU 状态框中的 STOP 或 RUN-P 项，然后点击程序界面的下载按钮下载程序。下载完成后，勾选 CPU 状态框中的 RUN 项并进行调试，如图 4-23 所示。

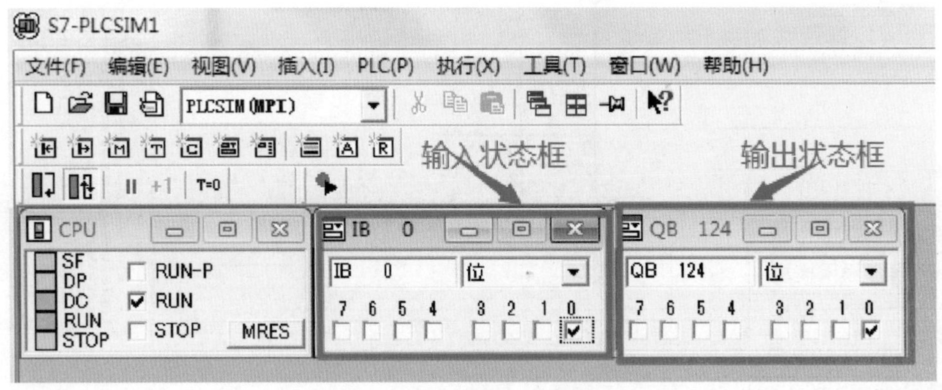

图 4-23　调试界面

4）下载运行

（1）根据计算机与 PLC 通信电缆，在 SIMATIC Manager 界面的选项中设置 PG/PC 接口。本项目中使用的是 MPI 电缆，所以 PG/PC 接口设置为 PC Adapter(MPI)，如图 4－24 所示。

（2）点击下载按钮，选择目标模块，然后选择计算机与 CPU 连接的站点（双击导轨中的 CPU 314-2 DP，点击“属性”可以配置 MPI 接口地址，本次地址配置为 2），再点击“显示”（即图中的“更新”，在首次点击的时候，显示的是“显示”），选择要访问的节点，最后点击“确定”按钮，如图 4－25 所示。

（3）在程序界面中点击下载按钮，完成程序下载。

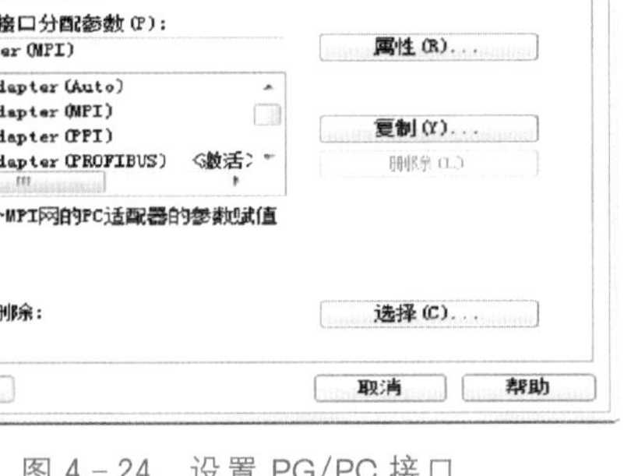

图 4－24　设置 PG/PC 接口

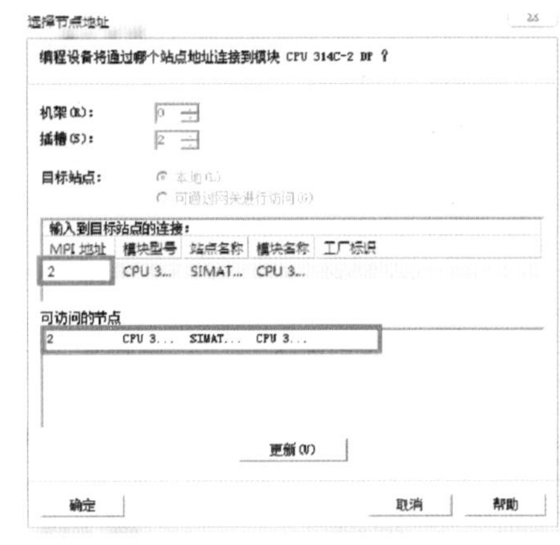

图 4－25　选择节点地址

5）调试运行

按下远程按钮 SB1，本地指示灯 L1 亮。

二、S7-300 PLC 与 MM440 之间的 DP 通信

为了进一步了解 S7-300 PLC 与变频器 MM440 之间的 PROFIBUS-DP 通信，本项目设计为使用与 MPLC 连接的按钮完成对电机的启/停控制。

S7-300 PLC 与 MM440 之间的 DP 通信

1. 硬件部分

（1）硬件组成如表 4－6 所示。

表 4－6　硬件组成

名　称	型　号	订　货　号	数 量
电源 PS	PS307	6ES7 307-1EA01-0AA0	1
CPU	314C-2 DP	6ES7 314-6CG03-0AB0	1
自带输入模块	DI8/AI5/A02	6ES7 314-6CG03-0AB0	1
自带输出模块	DI16/DO16	6ES7 314-6CG03-0AB0	1
直流 24 V 电源	SIMATIC SITOP	6EP1 334-2BA01	1
变频器 MM440			1
按钮			1

(2) 硬件接线示意图。将两个模块用FROFIBUS-DP总线连接起来，如图4－26所示。

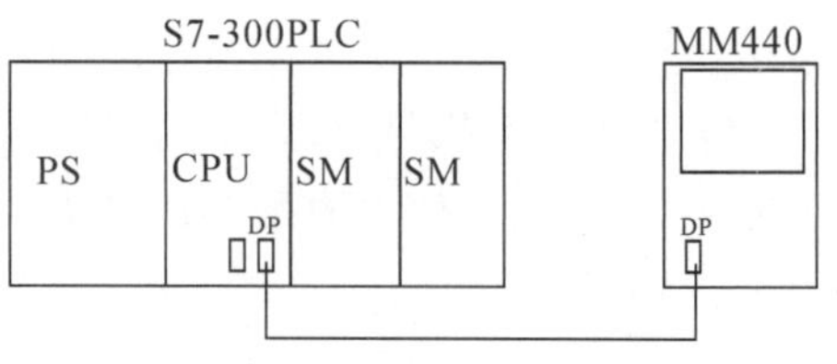

图4－26 硬件接线图

注意：

① 两个终端电阻设置为ON；

② 将拨码开关设置为正确的DP地址；

③ 所有设置完成后再统一上电。

(3) I/O的分配见表4－7。

表4－7 I/O分配表

名　称	地　址
启/停按钮SB1	I124.0

2. 软件部分

1) 硬件组态及网络组态

(1) 硬件组态。打开STEP7软件，具体操作步骤见本项目演练中上一小节中的相关内容。

(2) 网络组态。

① 网络组态PLC主站。具体操作步骤见本项目演练中上一小节中的相关内容。

② 网络组态变频器MM440从站。在PROFIBUS-DP网络下配置变频器MM440模块的操作步骤如下：

(a) 点击右侧的"PROFIBUS-DP"，在SIMOVERT中选择MICROMASTER4，其订货号为6SE6440-2UD17-5AA1，然后将它拖到"PROFIBUS：DP主站系统(1)"网络上，弹出如图4－27所示的对话框。可以根据需求配置变频器MM440模块的地址，但是

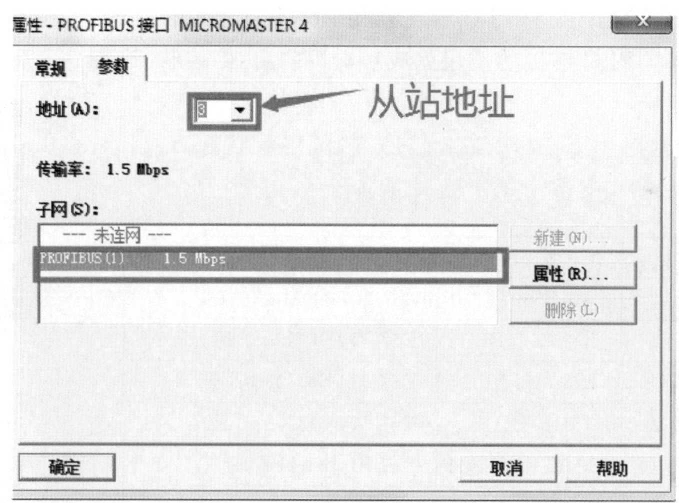

图4－27 配置变频器模块

要与实际的变频器 MM440 模块的地址对应起来，即软件与硬件要一一对应。本配置所用的地址为 3，并选择刚才新建立的“PROFIBUS(1)：1.5 Mbps”。

(b) 组态 MM440 的通信区与应用有关，在组态之前应先确认 PPO 类型，本配置采用 PPO 1 报文，由 4 PKW/2 PZD 组成。根据图 4-28 完成组态，将选中的报文拖到编号 3 位置的 1 号槽中，并保存编译。

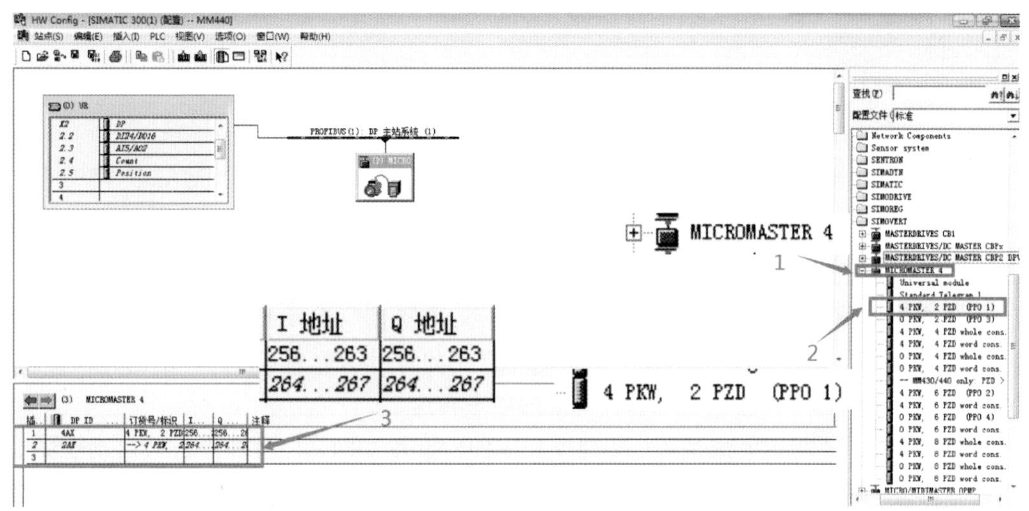

图 4-28　变频器网络组态

(3) 编写程序。

S7-300 通过 PROFIBUS-DP PZD 通信方式将控制字 1(STW1)和主设定值(NSOLL_A)周期性地发送至变频器，变频器将状态字 1(ZSW1)和实际转速(NIST_A)发送到 S7-300。

控制字和主设定值的介绍如下：

① 控制字：控制字共有 16 位，具体含义如表 4-8 所示。例如，W#16#047E 表示 OFF1(停车)，W#16#047F 表示正转启动。

表 4-8　控制字对照表

控制字位	含　义
0	ON/OFF1
1	OFF2 停车
2	OFF3 停车
3	脉冲使能
4	使能斜坡函数发生器
5	RFG 开始
6	使能转速设定值
7	故障应答

续表

控制字位	含 义
8，9	预留
10	通过 PLC 控制
11	反向
12	未使用
13	电动电位计升速
14	电动电位计降速
15	CDS 位 0

② 主设定值：速度设定值要经过标准化，变频器接收的十进制有符号整数 16384 (4000H)对应于 100％的速度，接收的最大十进制的符号函数为 32767，对应于 200％的最大速度。参数 P2000 中设置 100％对应的参考转速。

根据图 4－29 所示完成编程，并建立相应的数据块 DB1。但是注意首次启动变频器将 W＃16＃047E 写入变频器启动控制字(STW1)，使变频器运行准备就绪，然后将 W＃047F 写入变频器启动控制字。本次配置使用的 DB1. DBW0 为变频器启动控制字，DB1. DBW2 为变频器频率。

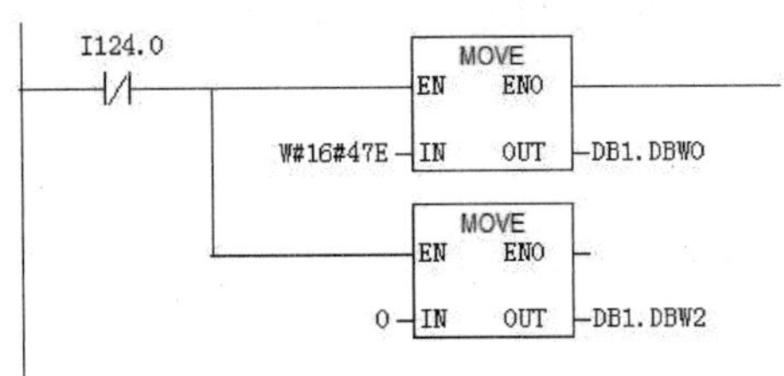

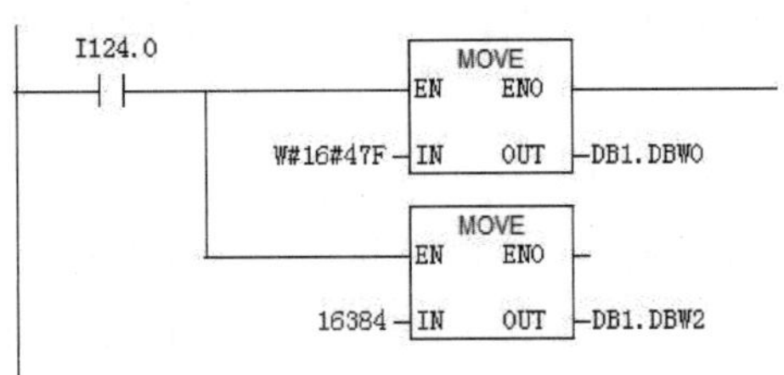

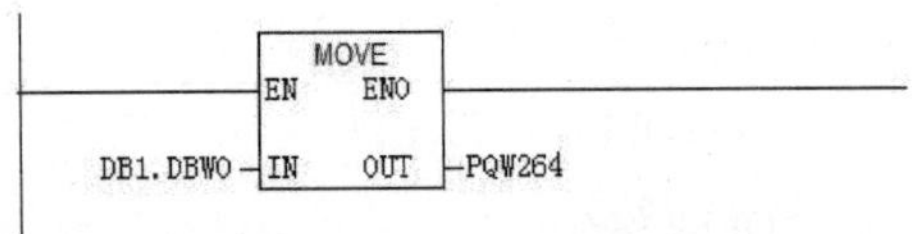

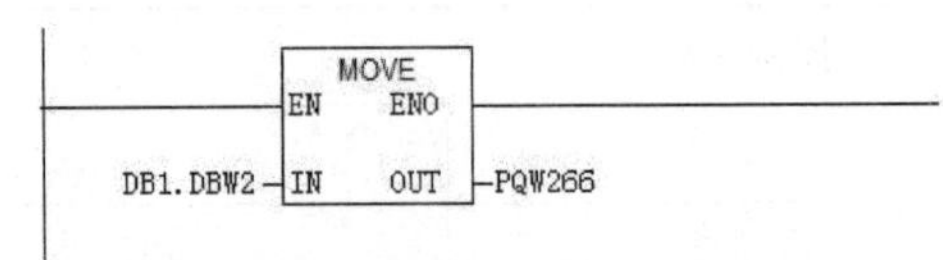

图 4－29 程序内容

2）下载运行

下载运行的具体操作步骤见本项目演练中上一小节中的相关内容。

3）变频器参数设置

(1) 先将变频器参数复位，设定 P003＝1，P0010＝30，P0970＝1。

(2) 进行快速调试，参数设置如表 4－9 所示。

表 4-9　变频器参数设置

参数号	设置值
P0003	3
P0010	1
P0100	0
P0300[0]	1
P0304[0]	380 V
P0305[0]	1.88 A
P0307[0]	0.75 kW
P0308[0]	0.8
P0311[0]	1395
P0700[0]	6
P1000[0]	6
P1080[0]	0
P1082[0]	50
P1120[0]	10
P1121[0]	10
P1300[0]	0
P3900[0]	1

4）调试运行

按住启动按钮SB1，启动变频器；松开按钮SB1，使变频器停止运行。

三、S7-300 PLC与G120之间的PN通信

S7-300 PLC与G120之间的PN通信实例

为了了解S7-300 PLC与变频器G120之间的PROFINET通信。本项目通过介绍S7-300与G120 CU240E-2 PN-F的PROFINET-PZD通信，以组态标准报文1为例介绍通过S7-300如何控制G120变频器的启/停、调速以及读取变频器状态和电机实际转速。

1. 硬件部分

（1）硬件的组成如表4-10所示。

表 4-10　系统硬件组成

名　称	型　号	订　货　号	数　量
电源PS	PS307	6ES7 307-1EA01-0AA0	1
CPU	314C-2 PN/DP	6ES7 314-6EH04-0AB0	1
G120	CU240E-2 PN-F	6SL3244-0BB13-1PA1 □	1

G120、S7-300 装置：选择支持 PROFINET 的控制单元 CU240E-2 PN-F 或 CU240SPNF 机架，选择支持 PROFINET 的 CPU，本项目使用 CPU314C-2 DP/PN PROFINET 连接电缆。

(2) 硬件接线图见图 4-30。

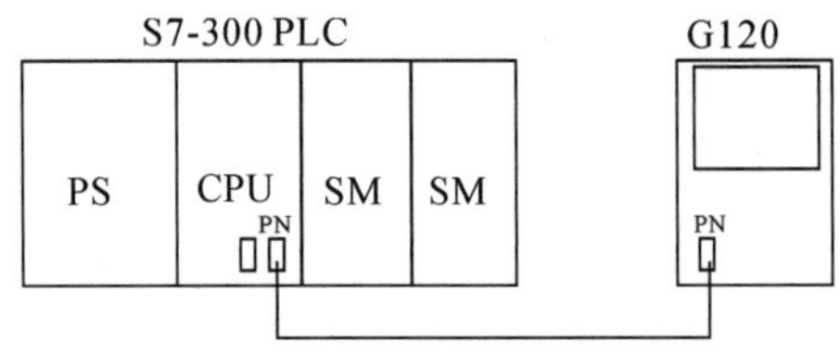

图 4-30 硬件接线图

将 S7-300 PLC 与 G120 的 PN 接口通过 PROFINET 线缆连接起来，如图 4-30 所示。

2. 软件部分

1) 系统组态

(1) 打开电脑本地连接属性，选择 TCP/IP 接口、分配 IP 地址，如图 4-31 所示。

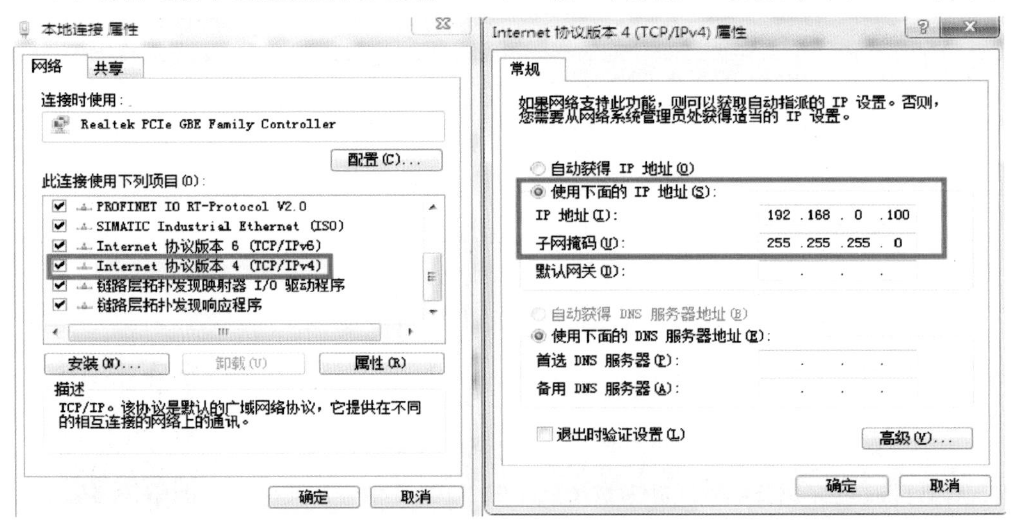

图 4-31 设置通信接口

(2) 在 STEP7 中设置 PG/PC 接口，选择“TCP/IP→Realtek RTL8723BE”，如图 4-32 所示，其中 Realtek RTL8723BE 为编程计算机的网卡类型，实际使用时，网卡类型可能会有所不同。

(3) 分别对 CU 和驱动装置 G120 分配相应的网络地址。

① 找到文件菜单中的“PLC”，点击“编辑 Ethernet 节点”进行地址分配，如图 4-33 所示。

② G120 的 IP 地址须由控制器来分配，在变频器内部可以通过参数 r61001 来读取。确保硬件组态中的“设备名称”与设备已分配的“设备名称”一致，否则 CPU 会报通信故障，如图 4-34 所示。

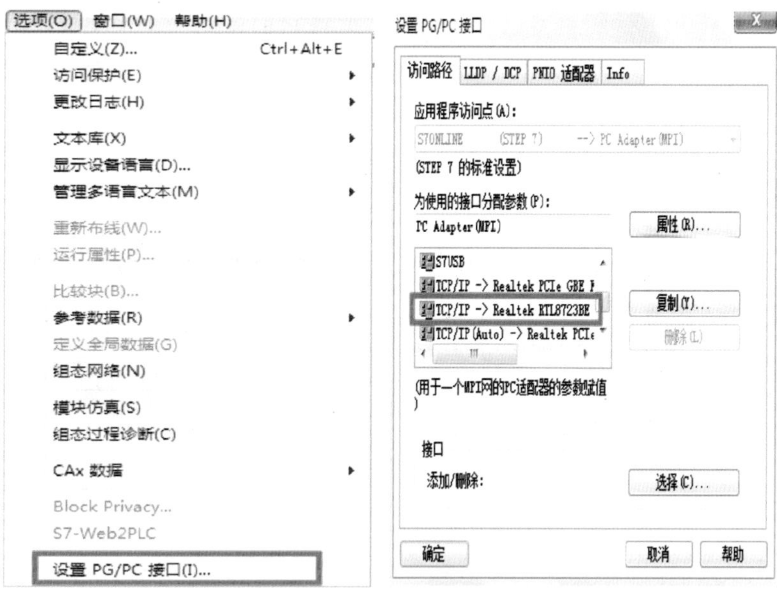

选项(O)
窗口(W)
帮助(H)
自定义(Z)...
Ctrl+Alt+E
访问保护(E)
更改日志(H)
文本库(X)
显示设备语言(D)...
管理多语言文本(M)
重新布线(W)...
运行属性(P)...
比较块(B)...
参考数据(R)
定义全局数据(G)
组态网络(N)
模块仿真(S)
组态过程诊断(C)
CAx 数据
Block Privacy...
S7-Web2PLC
设置 PG/PC 接口(I)...
设置 PG/PC 接口
访问路径
LLDP / DCP
PNIO 适配器
Info
应用程序访问点(A):
S7ONLINE (STEP 7) --> PC Adapter(MPI)
(STEP 7 的标准设置)
为使用的接口分配参数(P):
PC Adapter(MPI)
属性(R)...
S7USB
TCP/IP -> Realtek PCIe GBE F
TCP/IP -> Realtek RTL8723BE
TCP/IP(Auto) -> Realtek PCIe
复制(Y)...
删除(L)
(用于一个MPI网的PC适配器的参数赋值)
接口
添加/删除:
选择(C)...
确定
取消
帮助

图 4-32　设置 PG/PC 接口

编辑Ethernet节点(E)
Ethernet节点
可在线访问的节点
MAC 地址(A):
浏览(B)...

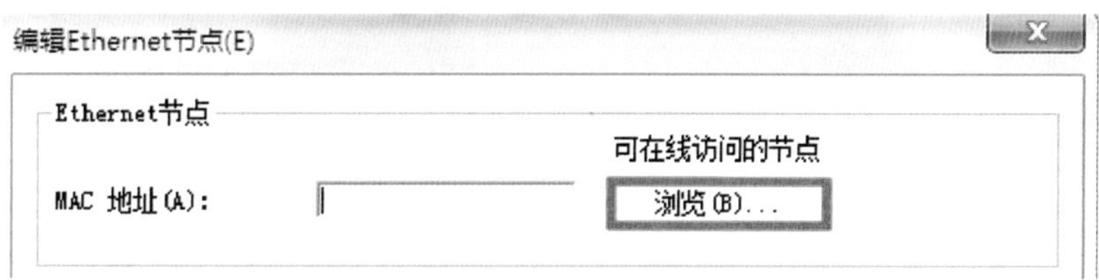

图 4-33　分配网络地址

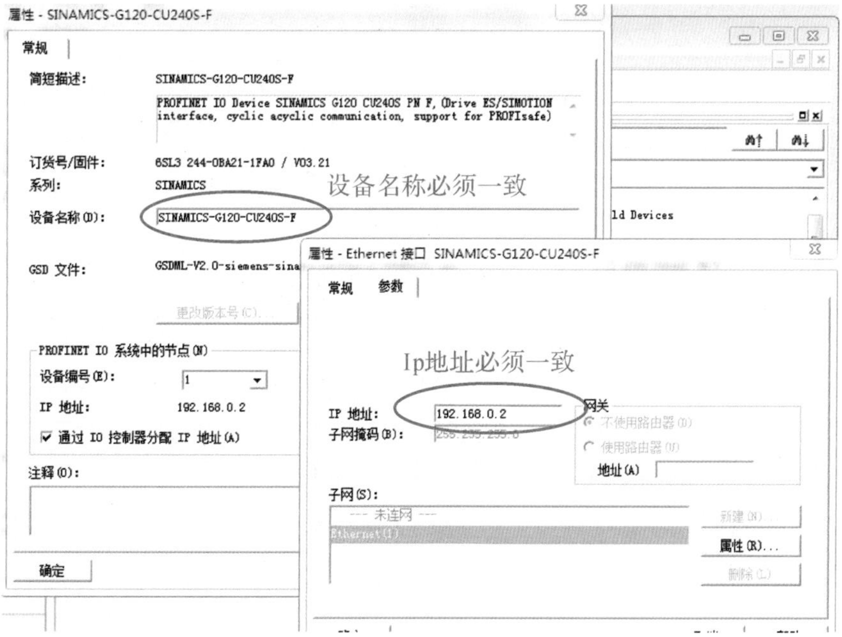

属性 - SINAMICS-G120-CU240S-F
常规
简短描述:
SINAMICS-G120-CU240S-F
PROFINET IO Device SINAMICS G120 CU240S PN F, Drive ES/SIMOTION interface, cyclic acyclic communication, support for PROFIsafe)
订货号/固件:
6SL3 244-0BA21-1FA0 / V03.21
系列:
SINAMICS
设备名称必须一致
设备名称(D):
SINAMICS-G120-CU240S-F
GSD 文件:
GSDML-V2.0-siemens-sina
更改版本号(C)...
PROFINET IO 系统中的节点(N)
设备编号(E):
1
IP 地址:
192.168.0.2
通过 IO 控制器分配 IP 地址(A)
注释(O):
确定
ld Devices
属性 - Ethernet 接口 SINAMICS-G120-CU240S-F
常规
参数
Ip地址必须一致
IP 地址:
192.168.0.2
子网掩码(B):
255.255.255.0
网关
不使用路由器(D)
使用路由器(U)
地址(A)
子网(S):
--- 未连网 ---
Ethernet(1)
新建(N)...
属性(R)...
删除(L)

图 4-34　IP 地址必须一致

(4) 将 PLC 与 G120 变频器进行组态，然后将它们连到一个 PROFINET 网络内，如图 4－35 所示。系统自动分配变频器的输入/输出地址，本示例中分配的输入地址为 IW264、IW266，输出地址为 QW264、QW266。

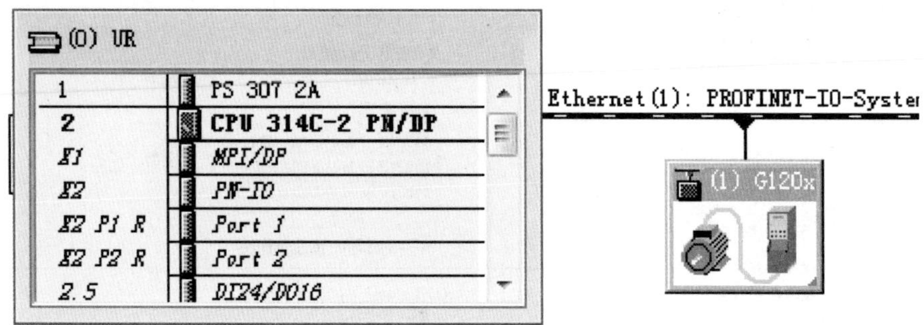

图 4－35 PLC 与变频器进行组态

(5) 选择报文结构。根据实际需求选择相应的报文结构，如图 4－36 所示。此处选择的报文结构应与 G120 变频器参数 P0922 中设定的一致，如果不一致会出现 E00401 故障。

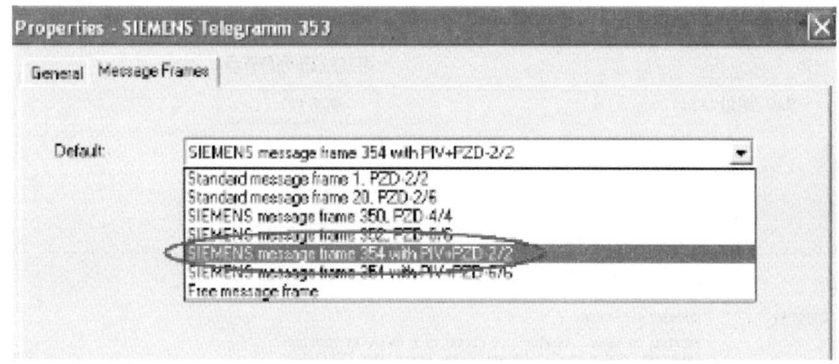

图 4－36 选择报文结构

(6) 设置 G120 变频器参数，如表 4－11 所示。

表 4－11 G120 变频器参数设置

参　数	设置值
P70	6
P1000	6
P0922	353
P2051. ln000	52
P2051. ln001	21
P8840	20 ms

(7) 通过标准报文 1 控制电机启/停及速度。S7-300 通过 PROFINET-PZD 通信方式将控制字 1(STW1)和主设定值(NSOLL_A)周期性地发送至变频器，变频器将状态字 1(ZSW1)和实际转速(NIST_A)发送到 S7-300，如表 4 - 12 所示。控制字、主设定值的具体含义可参考本项目演练中上一小节中的相关内容，状态字的具体含义见表4 - 13。

表 4 - 12　控制字和主设定值

数据方向	PLC I/O 地址	变频器过程数据	数据类型
PLC→变频器	QW264	PZD1-控制字 1(STW1)	十六进制
	QW266	PZD2-主设定值(NSOLL_A)	有符号整数
变频器→PLC	IW264	PZD1-状态字 1(ZSW1)	十六进制
	IW266	PZD2-实际转速(NIST_A)	有符号整数

表 4 - 13　状态字对照表

状态字位	含　义
0	接通就绪
1	运行就绪
2	运行使能
3	存在故障
4	OFF2 激活
5	OFF3 激活
6	禁止合闸
7	存在报警
8	转速差在公差范围内
9	控制请求
10	达到或超出比较速度
11	达到 I、P、M 的极限
12	装置抱闸打开
13	电机超温报警
14	电机正向旋转
15	变频器过载报警

2) 软件编程

PLC 中的软件编程如图 4 - 37 所示，其中各段程序的含义如下：

(1) 过程数据 PZD MOVE 指令。如果只需要简单地控制变频器的启/停和速度，就可以使用 MOVE 指令。本例中控制字 1 设置为 047f，变频器运行速度设定为 350 r/min。

(2) 启动变频器。首次启动变频器，将控制字(STW1)16＃047E 写入 PQW264，使变频器运行准备就绪，然后将 16＃047f 写入 PQW264 启动变频器。

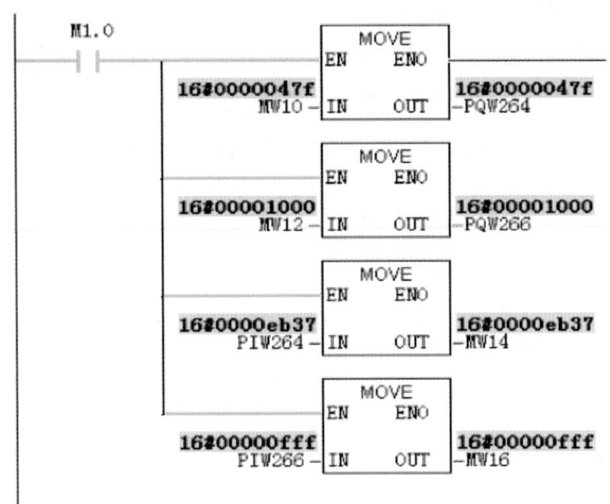

图 4－37　PLC 中相应程序段

(3) 停止变频器。将 16＃047E 写入 PQW264 停止变频器的运行。

(4) 实际转速显示。读取 PIW264 和 PIW266，分别可以监视变频器状态和电机实际转速。

项目实战

根据项目控制要求，本污水处理系统选用 S7-300 型 PLC 作为中央处理单元，采用 ET200M 作为远程 I/O 通信模块，采用西门子变频器来驱动加药泵和风机的运行。考虑到 PLC 与远程 I/O 的距离问题以及通信速率、经济性等因素，确定整个处理系统采用 PROFIBUS 作为总线控制技术，选择型号为 MM440(带 DP 通信模块)的两个变频器。

项目一操作演示

一、网络结构图设计

根据前期的设计要求，先对整个系统的网络结构图进行设计，如图 4－38 所示。图中，S7-300 PLC 为主站，其 DP 地址为 2；驱动加药泵的变频器为从站一，其 DP 地址为 3；驱动风机的变频器为从站二，其 DP 地址为 4；ET200M 为从站三，其 DP 地址为 5，负责采集调节池的 pH 值以及两个电机的本地/远程控制信号。

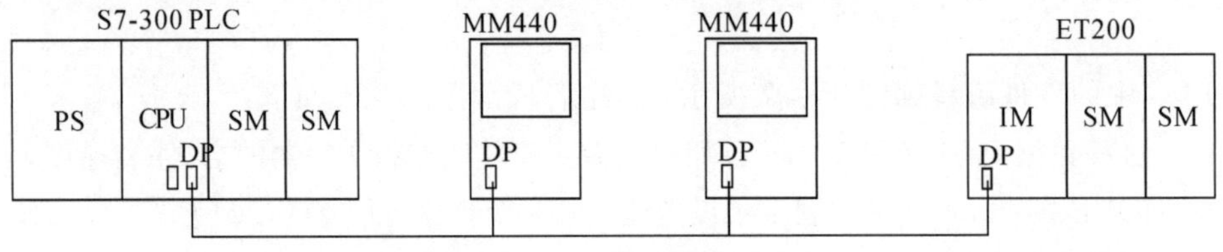

图 4－38　网络结构图

本系统终端电阻的设置：2 号站和 5 号站电阻设置为 ON，其他两个站地址设置为 OFF，将拨码开关设置为正确的 DP 地址。所有设置完成后再统一上电。

二、STEP7 网络组态

STEP7 网络组态分硬件组态及网络组态两部分。

1. 硬件组态

打开 STEP7 软件，具体操作步骤见“项目演练”中的相关内容。

2. 网络组态

(1) 网络组态 PLC 主站，具体操作步骤见“项目演练”中的相关内容。

(2) 网络组态变频器 MM440 从站，具体操作步骤见“项目演练”中的相关内容。按照同样的方法组态风机驱动变频器，设置地址为 4。

(3) 网络组态远程 I/O 模块从站，具体操作步骤见“项目演练”中的相关内容，不同之处在于此处还需要添加模拟量模块 SM331 AI8×12 bit。

(4) 配置模拟量 AI 模块。其中，量程卡 A、B、C、D 的含义分别为：

A——设置为 mV 电压信号、R 电阻信号、RTD 热电阻信号；

B——设置为 V 电压信号；

C——设置为 4Wires 四线制电流信号；

D——设置为 2Wires 二线制电流信号。

双击远程 I/O 从站中的插槽 6(AI8×12 bit)模块，弹出如图 4-39 所示的模块属性对话框。在对话框中完成编号 1～3 的设置，然后点击编号 3，选择 R-4L(电阻四线制接法)，测量范围设置为 600 ohm，因量程卡的位置为 A，所以也要将模拟量模块侧面量程卡相应位置改成 A，如图 4-40 所示。本系统采用滑动变阻器来反映 pH 值的采样过程，所以量程卡选为 A。

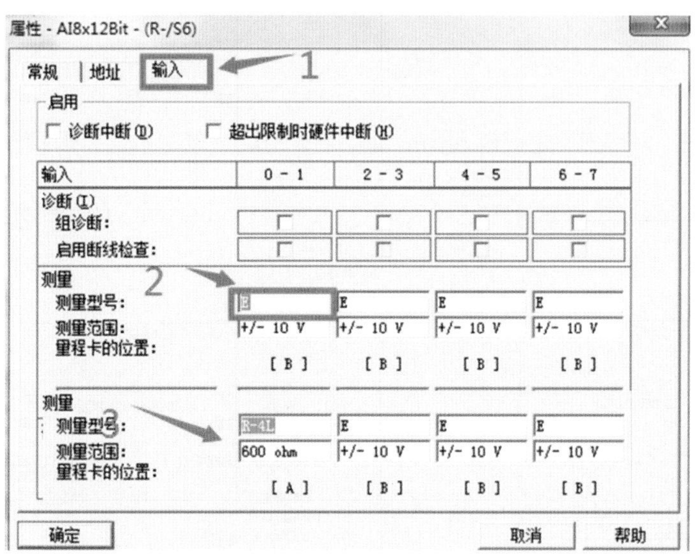

图 4-39　远程 I/O 从站中的插槽 6 AI8×12 bit 属性

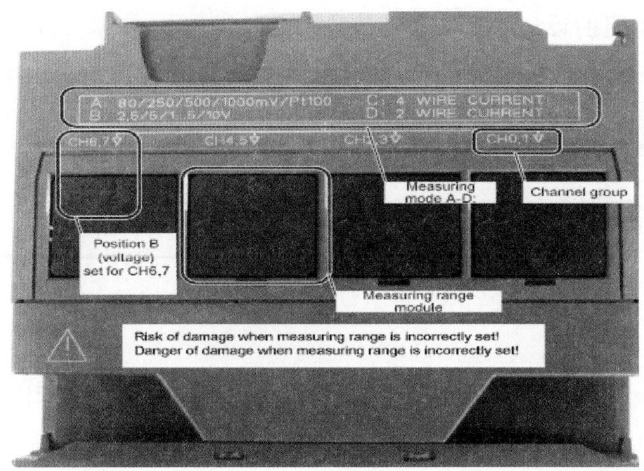

图 4-40 模块侧面相应位置

三、编程与调试

1. 编写程序

(1) S7-300 通过 PROFIBUS-DP PZD 通信方式先将控制字 1(STW1)和主设定值(NSOLL_A)周期性地发送至变频器，变频器再将状态字 1(ZSW1)和实际转速(NIST_A)发送到 S7-300。

(2) 根据图 4-41 完成编程，并建立相应的数据块 DB1 和 DB2。注意首次启动变频器时应将 W#16#047E 写入变频器启动控制字(STW1)，使变频器运行准备就绪，然后将 W#16#047F 写入变频器启动控制字。本次使用的 DB1. DBW0 为加药泵变频器状态字，DB1. DBW2 为加药泵变频器实际转速状态字，DB2. DBW0 为加药泵变频器启动控制字，DB2. DBW2 为加药泵变频器频率给定控制字。W#16#108 为加药泵变频器控制字的地址，根据图 4-28 编号 3 的位置进行配置。

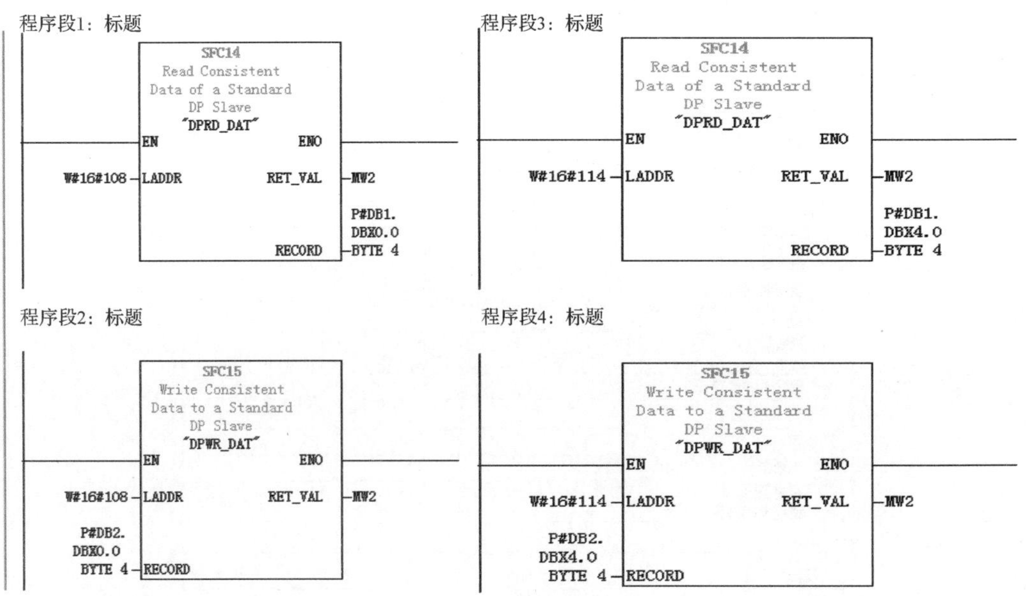

图 4-41 风机变频器程序

SFC14 和 SFC15 介绍如下：

SFC14：读取 DP 标准从站/PROFINET I/O 设备的连续数据。

SFC15：向 DP 标准从站/PROFINET I/O 设备写入连续数据。

按照相同的方法编写风机变频器的程序。本次使用的 DB1.DBW4 为风机变频器状态字，DB1.DBW6 为风机变频器实际转速状态字，DB2.DBW4 为风机变频器启动控制字，DB2.DBW6 为风机变频器频率给定控制字。W＃16＃114 为风机变频器控制字的地址。

(3) 根据 pH 检测仪器检测的数值对加药泵变频器与风机变频器进行控制。假设 pH 检测仪器测量范围为 0～14，模拟量 AI 模块接收十进制有符号整数 27648(6C00H) 对应的 pH 值为 14。当按下启动按钮后，如果检测 pH 值小于 7，则加药泵变频器和风机变频器启动；如果检测 pH 值大于 7，则加药泵变频器和风机变频器停止。按下停止按钮后，加药泵和风机变频器都停止。程序如图 4－42 所示。

程序段5：设备处于启动状态

I0.0 启动按钮 "I0.0"　I0.2 急停按钮 "I0.2"　I0.1 停止按钮 "I0.1"　M0.0

M0.0

程序段6：根据检测的pH值小于7，则启动两个变频器

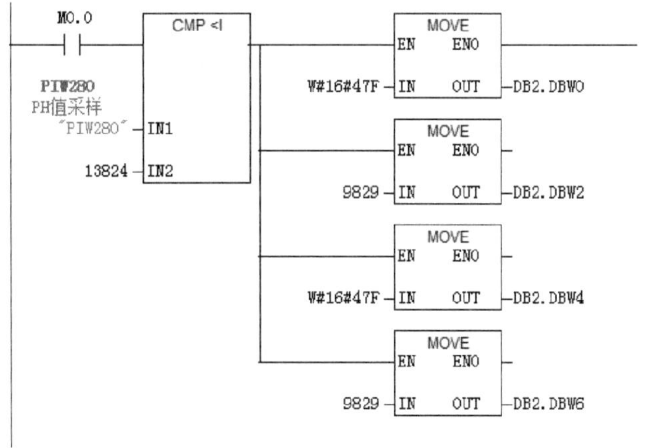

程序段7：检测的pH值大于7，则停止两个变频器，如果停止或急停按钮按下则变频器停止

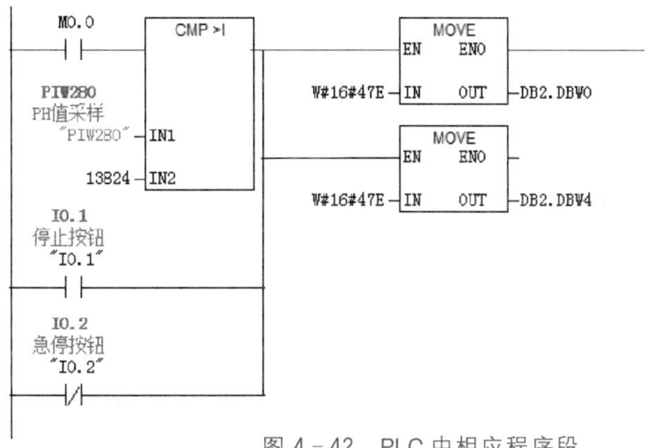

图 4－42　PLC 中相应程序段

(4) 下载运行，具体操作步骤见“项目演练”中的相关内容。

(5) 变频器参数设置。① 先将变频器参数复位，使 P003=1，P0010=30，P0970=1；② 快速调试，参数设置如表 4-7 所示。

2. 调试运行

当检测仪器检测到 pH>7 时，按下启动按钮，风机变频器和加药泵变频器启动。当急停或停止按钮动作时，两个变频器都停止运行。

项目拓展：如何在 STEP7 中添加 GSD 文件

在本项目的实施过程中，我们所遇到的一切从站，包括 ET200 远程 I/O 模块、变频器模块等都是西门子厂家提供的。在实际工程中，PLC 经常选用的是西门子公司的，而远程 I/O 模块则选用的是第三方厂家的。此时在 STEP 中进行硬件配置时，需要首先添加第三方厂家提供的 GSD 文件，之后就可以在对应的硬件目录中找到第三方厂家的模块。当然，西门子自身的各种硬件模块也经常需要添加 GSD 文件才能在硬件目录中找到。比如，当用户已经安装好了 STEP7 软件，但是西门子最新推出了一款硬件模块，那用户如何在 STEP7 软件中完成硬件目录更新呢？

一、什么是 GSD 文件？

GSD 文件原本是指西门子 PROFIBUS 通信数据库文件，同时也包括西门子 PROFINET 通信数据库文件。

PROFIBUS 设备具有不同的性能特点，为达到 PROFIBUS 简单的即插即用配置，PROFIBUS 设备的特性均在电子设备数据库文件(GSD)中作了具体说明。标准化的 GSD 数据可将通信扩大到操作员控制级。使用基于 GSD 的组态工具可将不同厂商生产的设备集成在同一总线系统中，这既简单又对用户友好。

GSD 文件可以分为一般规范、与 DP 主站有关的规范和与 DP 从站有关的规范三部分。

(1) 一般规范：包括生产厂商和设备的名称、硬件和软件的版本状况、支持的波特率、可能的监视时间间隔以及总线插头的信号分配。

(2) 与 DP 主站有关的规范：包括只运用于 DP 主站的各项参数(如连接从站的最多台数或上装和下装能力)。这一部分对从站没有规定。

(3) 与 DP 从站有关的规范：包括与从站有关的一切规范，如输入/输出通道的数量和类型、中断测试的规范以及输入/输出数据一致性信息等。

二、如何添加 GSD 文件？

可以通过以下步骤添加第三方厂家提供的 GSD 文件：

(1) 打开已经建好的 STEP7 项目，进入硬件组态界面。

(2) 在任务栏中单击选项，选择安装 GSD 文件，进入安装 GSD 文件界面。

(3) 单击“浏览”项，找到 GSD 文件的存储目录，再单击“安装”即可，如图 4-43 所示。

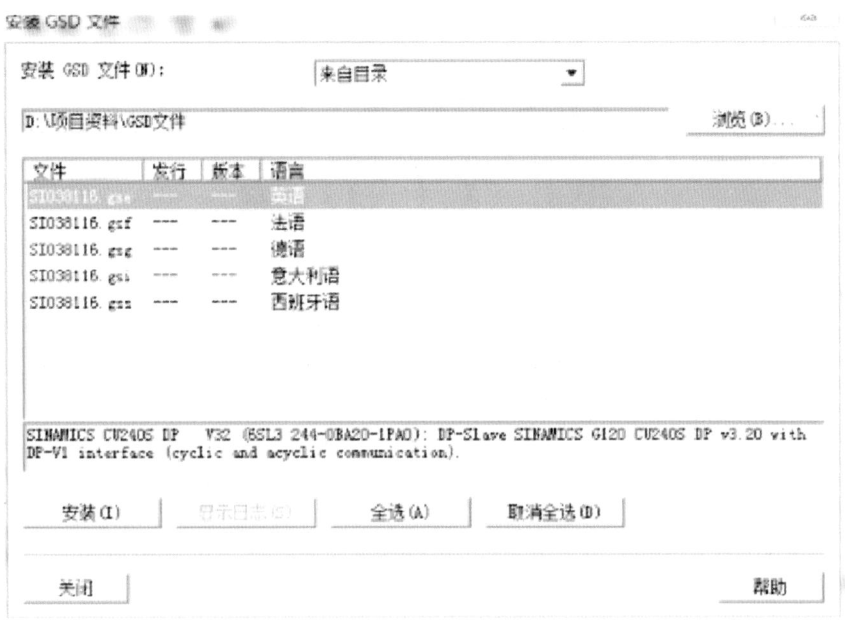

图 4-43　安装 GSD 文件

项目二　基于多个S7系列PLC的钢厂改建与升级

岗课赛证融合知识点5

课程思政12

学习目标：

(1) 理解MPI、PROFIBUS-DP、PROFINET通信的应用场合；

(2) 掌握多个S7-300/400 PLC之间的MPI通信；

(3) 掌握多个S7-300/400 PLC之间的DP通信；

(4) 掌握多个S7-300/400 PLC之间的PN通信；

(5) 掌握西门子PLC硬件冗余的配置方法；

(6) 理解西门子PLC软件冗余的配置方法。

随着智能制造概念的普及，智能化工厂的建设与改造已经初见端倪。事实上，随着我国现代化工厂的数字化和网络化水平的不断提升，工业网络涉及的范围已经不再局限于控制器与远程设备之间的通信，而是更多地应用于控制器与控制器之间的通信。本章以钢厂改造和扩建项目为实例，主要介绍PLC与PLC之间的通信。此外，在项目拓展部分，还将介绍一种全新的工业APP快速生成工具。

项目背景及要求

在实际的工程项目中，特别是冶金、化工、能源、生产线等大型控制系统中，经常会遇到一套控制系统含有多个PLC的情况。其中，每个PLC既负责各自的控制功能，同时又会与其他PLC发生信号交换，这样就引申出多个PLC之间的通信问题。目前PLC与PLC之间的通信方式多种多样，一个PLC可以作为另一个PLC的从站存在，也可以两个PLC同时作为主站出现。对于工业以太网，一般将其中一个PLC作为服务器，将另一个PLC作为客户端。

下面我们通过一个项目实例来了解多个PLC之间的通信。

一、项目背景

钢铁行业一般被认为是高污染类行业，尤其是炼钢产业，因为传统的钢铁冶炼仍然使用原煤作为主要燃料，而煤炭燃烧所产生的二氧化硫、粉尘等是大气污染的主要源头。《京津冀及周边地区 2018—2019 年秋冬季大气污染综合治理攻坚行动方案》提出，要全面排查工业炉窑。各城市要以钢铁、有色、建材、焦化、化工等行业为重点，开展拉网式排查，加大不达标工业炉窑的淘汰力度，并加快推进清洁能源替代工程。河北省制定出台的《城市工业企业退城搬迁改造专项实施方案》明确规定，2017—2020 年，全省将完成 67 家企业的退城搬迁改造工作，包括钢厂、水泥厂、火电厂等高污染企业。

在这样的社会背景下，加上煤炭价格上涨等因素，一些钢厂利用退城搬迁的契机，纷纷对原有的钢铁冶炼系统进行升级改造，采用电炉代替原有的工业煤炉，借此来减少污染物的排放。河北省某钢厂就积极搬出主城区，计划在新厂址投资建设两个 130 吨电炉。预计建设完成后，钢厂的污染情况将大为改善。目前，该项目正在招标过程中，其中 PLC 控制系统的设计与建设将作为子项目交由工程公司承包。

二、项目要求

首先我们来了解一下钢厂的基本工艺。

图 5－1 所示为某钢厂电炉工艺流程图。由该图可知，钢厂中的电炉往往不是单独存在的，而与连铸、连轧等工艺连在一起进行整体设计。整个项目的控制要求非常复杂，我们可以把该项目的需求进行简化，即只考虑热连轧机的控制过程。已知热连轧机中一共包括粗、精轧机两台，仅粗轧机的控制系统就包括一台 S7-400 PLC 和两台 S7-300 PLC，三台 PLC 分别负责厚度自动控制、强力弯辊自动控制、快速换辊控制等功能。要求三个 PLC 相互之间能够实现不少于 100 B 的数据通信功能。

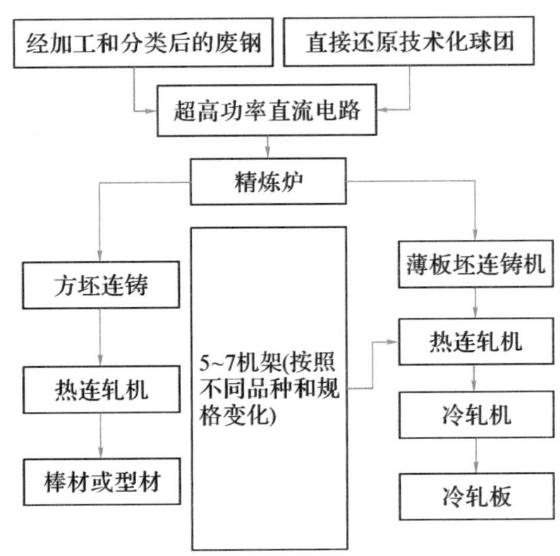

图 5－1　某钢厂电炉工艺流程图

项目准备

S7-300/400 PLC 的各种 CPU 支持的通信类型包括 MPI、DP 及 PN 等。本节将对这三种通信类型作简单介绍，并对可能用到的通信处理器也作一介绍。

一、MPI 通信

MPI 是多点通信接口(MultiPoint Interface)的简称，其物理接口符合 PROFIBUS RS-485(EN 50170)接口标准。MPI 网络的传输速率为 19.2 kb/s～12 Mb/s，S7-300 通常默认设置为 187.5 kb/s，只有能够设置为 PROFIBUS-DP 接口的 MPI 网络才支持12 Mb/s的传输速率。下面以两个 CPU 315-2 DP 之间的全局数据通信为例说明 MPI 设置。

(1) 生成 MPI 硬件工作站。打开 STEP7，首先执行菜单命令 File→New... 创建一个 S7 项目，并命名为“全局数据”。选中“全局数据”项目名，然后执行菜单命令 Insert→Station→SIMATIC 300 Station，在此项目下插入两个 S7-300 的 PLC 站，分别重命名为 MPI_Station_1 和 MPI_Station_2。

(2) 设置 MPI 地址。MPI 网络地址设置如图 5-2 所示。按图完成两个 PLC 站的硬件组态，配置 MPI 地址和通信速率，在本例中 MPI 地址分别设置为 2 号和 4 号，传输速率为 187.5 kb/s。完成后点击“确定”，保存并编译硬件组态。最后将硬件组态数据下载到 CPU。

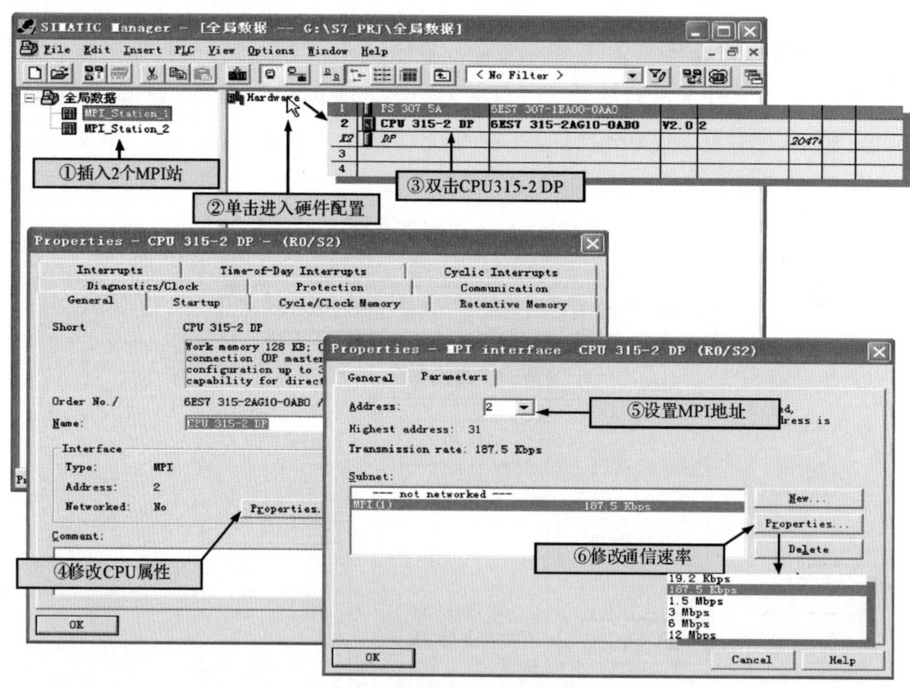

图 5-2　MPI 网络地址设置

(3) 连接网络。用 PROFIBUS 电缆连接 MPI 节点，之后就可以与所有 CPU 建立在线连接。可以用 SIMATIC 管理器中的 Accessible Nodes 功能来测试 MPI 网络中的各节点。

(4) 生成全局数据表，定义扫描速率和状态信息。

二、PROFIBUS-DP 通信

PROFIBUS-DP 是一种高速、低成本的数据传输，用于自动化系统中单元级控制设备与分布式 I/O(如 ET200)的通信。主站之间的通信为令牌方式，主站与从站之间为主从轮询方式或这两种方式的混合。一个网络中有若干个被动节点(从站)，而它的逻辑令牌只含有一个主动令牌(主站)，这样的网络为纯主—从系统。下面以两个 CPU 主—从通信组态为例完成 PROFIBUS-DP 通信设置。

(1) 新建 S7 项目。打开 SIMATIC Manager，创建一个新项目，并命名为“双集成 DP 通信”。插入两个 S7-300 站，分别命名为 S7_300_Master 和 S7_300_Slave，如图 5－3 所示。

图 5－3　创建新项目

(2) 选择从站 DP 模式。选中 PROFIBUS 网络，然后点击“确定”进入 DP 属性对话框，选择 Operating Mode 标签，激活 DP slave 操作模式。如果激活“Test，commissioning，routing”选项，则意味着这个接口既可以作为 DP 从站，还可以通过这个接口监控程序，如图 5－4 所示。

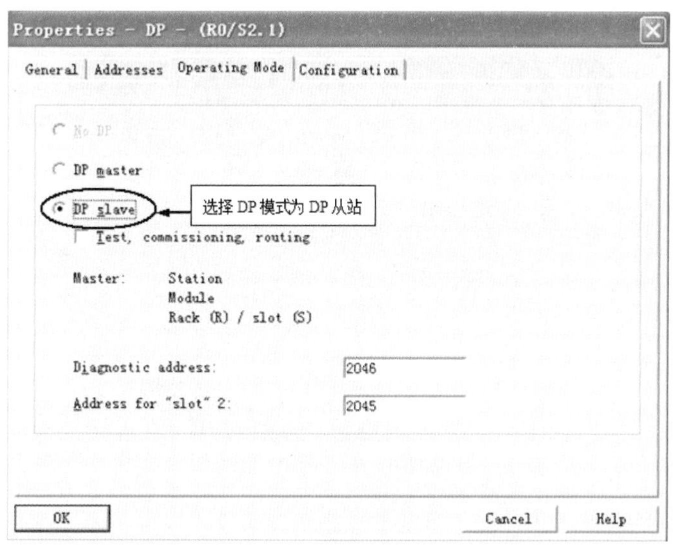

图 5－4　选择从站 DP 模式

(3) 定义从站通信接口区。在 DP 属性对话框中，选择 Configuration 选项卡，打开 I/O 通信接口区属性设置窗口，点击相应按钮新建一行通信接口区，如图 5－5 所示，可以看到当前组态模式为 Master-slave configuration。注意此时只能对本地(从站)进行通信数据区的配置。

(4) 完成从站连接，编辑通信接口区，最后编程并联机调试。

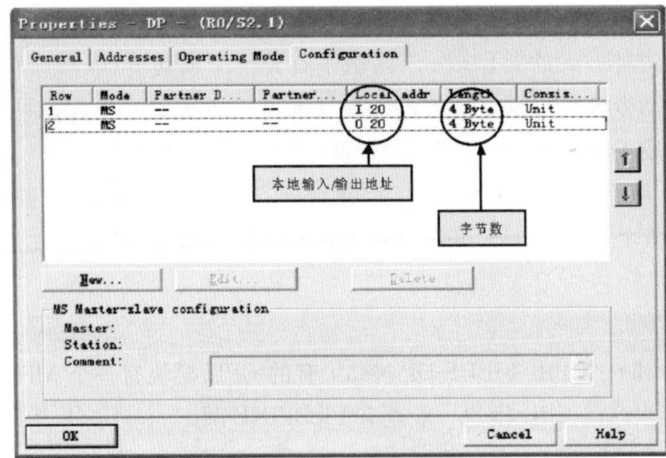

图 5-5　定义从站通信接口区

三、PROFINET 通信

SIMATIC S7-PN CPU 包含一个集成的 PROFINET 接口，该接口除了具有 PROFINET I/O 功能外，还可以进行基于以太网的 S7 通信。下面以两个 S7-300 集成 PN 口的 S7 通信为例来完成 PROFINET 的通信设置。

SIMATIC S7-PN CPU 采用两个 315-2 PN/DP，使用以太网进行通信。在 STEP7 中创建一个新项目，项目名称为 PN S7。插入两个 S7-300 站点，在硬件组态中，分别插入SIMATIC 315PN-1 和 SIMATIC 315PN-2，如图 5-6 所示。

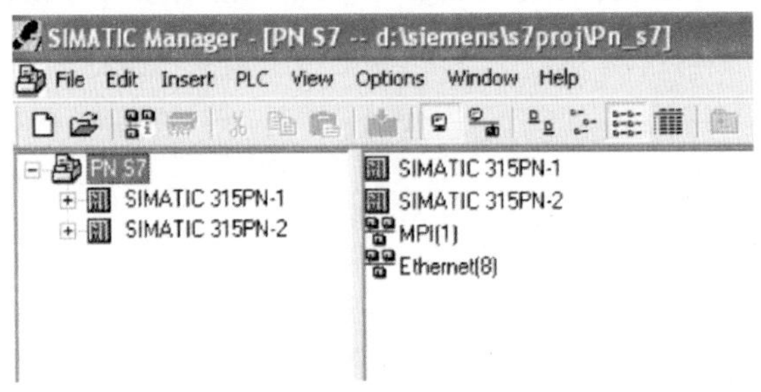

图 5-6　创建项目并插入 CPU 315-2 PN/DP

新建以太网，打开 NetPro 设置网络参数，选中 CPU，在连接列表中建立新的连接，如图 5-7 所示。

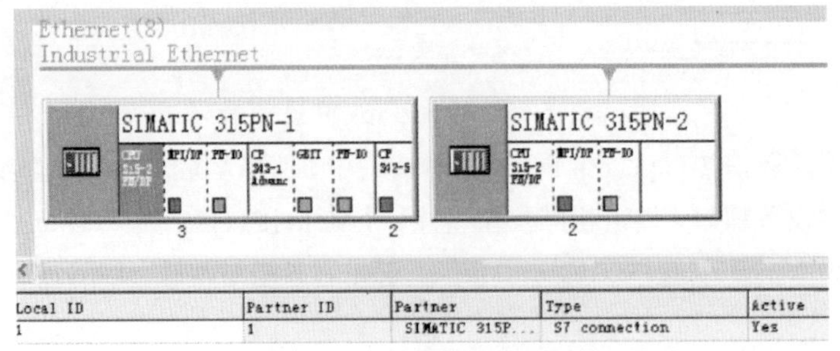

图 5-7　设置网络参数

然后双击该连接，设置连接属性。在 General 属性中，块参数 ID=1，这个参数就是后面程序中的参数 ID。在 SIMATIC 315PN-1 中激活 Establish an active connection，作为 Client 端；将 SIMATIC 315PN-2 作为 Server 端。

完成硬件组态后，进行软件编程，完成确认数据交换、非确认连接以及单边通信。

四、S7 系列通信处理器模块

CPU 通过 MPI 接口或 PROFIBUS-DP 接口在网络上自动广播它设置的总线参数，PLC 可以自动地“挂到”MPI 网络上。所有的 CPU 模块都有一个多点接口 MPI，有的 CPU 模块有一个 MPI 和一个 PROFIBUS-DP 接口，有的 CPU 模块有一个 MPI/DP 接口和一个 DP 接口，近些年生产的 CPU 模块一般还有 PROFINET 接口。对于不含 PROFIBUS-DP 接口的 CPU，需要通过扩展通信处理器来实现 PROFIBUS-DP 通信。而要实现工业以太网通信，一般需要扩展通信处理器来实现 TCP/IP 通信。通信处理器(CP)用于 PLC 之间、PLC 与计算机和其他智能设备之间的通信，可以将 PLC 接入 PROFIBUS-DP、AS-I 和工业以太网，或用于实现点对点通信等。通信处理器可以减轻 CPU 处理器的通信任务，并减少用户对通信的编程工作。

1. 通信处理器模块 CP340

CP340 用于建立点对点(Point to Point，PtP)低速连接，其最大传输速率为 19.2 kb/s，通常有三种通信接口，即 RS-232C(V.24)、20 mA(TTY)、RS-422/RS-485(X.27)。CP340 可通过 ASCII、3964(R)通信协议及打印机驱动软件，实现与 S5 系列 PLC、S7 系列 PLC 及其他厂商的控制系统、机器人控制器、条形码阅读器、扫描仪等设备的通信连接。

2. 通信处理器模块 CP342-2/CP343-2

CP342-2/CP343-2 用于实现 S7-300 到 AS-I 接口总线的连接，最多可连接 31 个 AS-I从站，如果选用二进制从站，最多可选 248 个二进制元素。它具有监测 AS-I 电缆电源电压与大量状态及诊断的功能。

3. 通信处理器模块 CP342-5

CP342-5 用于实现 S7-300 到 PROFIBUS-DP 现场总线的连接。它分担着 CPU 的通信任务，允许增加其他连接，并为用户提供了各种 PROFIBUS 总线系统服务，可以通过 PROFIBUS-DP 对系统进行远程组态和远程编程。当 CP342-5 作为主站时，可完全自动处理数据传输，允许 CP 从站或 ET200-DP 从站连接到 S7-300。当 CP342-5 作为从站时，允许 S7-300 与其他 PROFIBUS 主站交换数据。

4. 通信处理器模块 CP343-1

CP343-1 用于实现 S7-300 到工业以太网总线的连接。它自身具有处理器，在工业以太网上独立处理数据通信并允许进一步的连接，可完成与编程器、PC、人机界面装置、S5 系列 PLC、S7 系列 PLC 的数据通信。

5. 通信处理器模块 CP343-1 TCP

CP343-1 TCP 使用标准的 TCP/IP 通信协议，实现 S7-300(只限服务器)、S7-400(服务器和客户机)到工业以太网的连接。它自身具有处理器，在工业以太网上独立处理数据通信并允许进一步的连接，可完成与编程器、PC、人机界面装置、S5 系列 PLC、S7 系列 PLC 的数据通信。

6. 通信处理器模块 CP343-5

CP343-5 用于实现 S7-300 到 PROFIBUS-FMS 现场总线的连接。它分担着 CPU 的通信任务，并允许进一步的连接，为用户提供各 PROFIBUS 总线系统服务，可以通过 PROFIBUS-FMS 对系统进行远程组态和远程编程。

7. 通信处理器模块 CP443

与 CP343 系列通信处理器一样，CP443 系列通信处理器用于 S7-400 PLC，包括 CP443-1 以太网控制器、CP443-1(Advanced)以太网控制器、CP443-5 等。

此外，随着无线通信技术可靠性的逐步提高，近几年各大自动化公司声称已推出了多种无线通信处理器，但目前市场上多见的还是以有线转无线的方式实现无线通信，例如西门子公司将无线模块 SCALANCE W761 作为无线接入点 AP 使用，SCALANCE W721 作为客户端使用。

项目演练

按照本章的项目要求，需要实现一台 S7-400 和两台 S7-300 PLC之间的通信。首先我们来了解两台 S7-300 PLC 之间是如何实现 MPI、DP 和 PROFINET 通信的，然后了解一台 S7-300 PLC 和一台 S7-400 PLC 之间如何实现 PROFINET 通信。

两个 S7-300 PLC 之间的 MPI 通信实例

一、两台 S7-300 PLC 之间的 MPI 通信

为了进一步了解 S7-300 PLC 与 S7-300 PLC 之间的 MPI 通信，本项目设计为：按下与 PLC1 连接的按钮 SB1，与 PLC2 连接的指示灯 L2 亮，松开按钮，指示灯灭；按下与 PLC2 连接的按钮 SB2，与 PLC1 连接的指示灯 L1 亮，松开按钮，指示灯灭。

1. 硬件部分

(1) 硬件的组成如表 5-1 所示。

表 5-1 硬件的组成

名 称	型 号	订 货 号	数 量
电源 PS	PS307	6ES7 307-1EA01-0AA0	2
CPU	314C-2DP	6ES7 314-6CG03-0AB0	2
自带输入模块	DI8/AI5/A02	6ES7 314-6CG03-0AB0	2
自带输出模块	DI16/DO16	6ES7 314-6CG03-0AB0	2
直流 24 V 电源盒	SIMATIC SITOP	6EP1 334-2BA01	1
指示灯			2
按钮			2

（2）硬件接线示意图如图 5－8 所示。

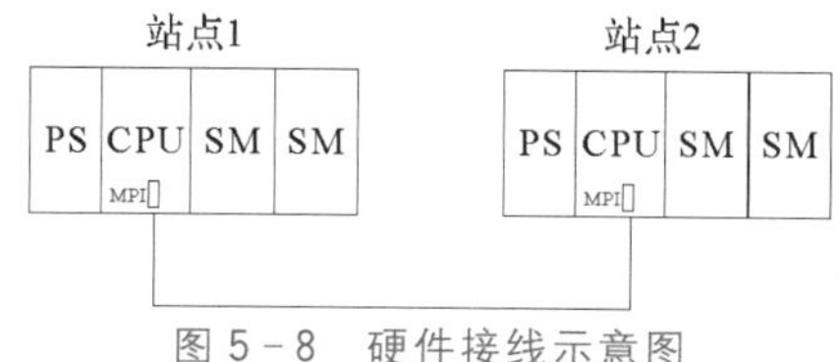

图 5－8　硬件接线示意图

（3）I/O 分配表如表 5－2 所示。

表 5－2　I/O 分配表

名　称	地　址
启动按钮 SB1	I0.0
启动按钮 SB2	I0.0
指示灯 L1	Q124.0
指示灯 L2	Q124.4

2. 软件部分

1）硬件组态及网络组态

（1）硬件组态。

① 组态 PLC1。打开 STEP7 软件，新建项目，点击“插入”，插入 SIMATIC 300 站点，双击打开 SIMATIC 300(1)站点，然后双击 硬件，进行硬件组态。依据表 5－1 的模块型号及订货号完成组态。

（a）点击右侧的 SIMATIC 300，添加导轨，双击 RACK-300 中的 Rail。

（b）在插槽 1 中添加电源模块；在 PS-300 中选择 PS307 5A，订货号为 6ES7 307-1EA01-0AA0。

（c）在插槽 2 中添加 CPU 模块，在 CPU-300 中选择 CPU 314C-2 DP，订货号为 6ES7 314-6CG03-0AB0，版本号为 V2.6，点击保存编译，如图 5－9 所示。

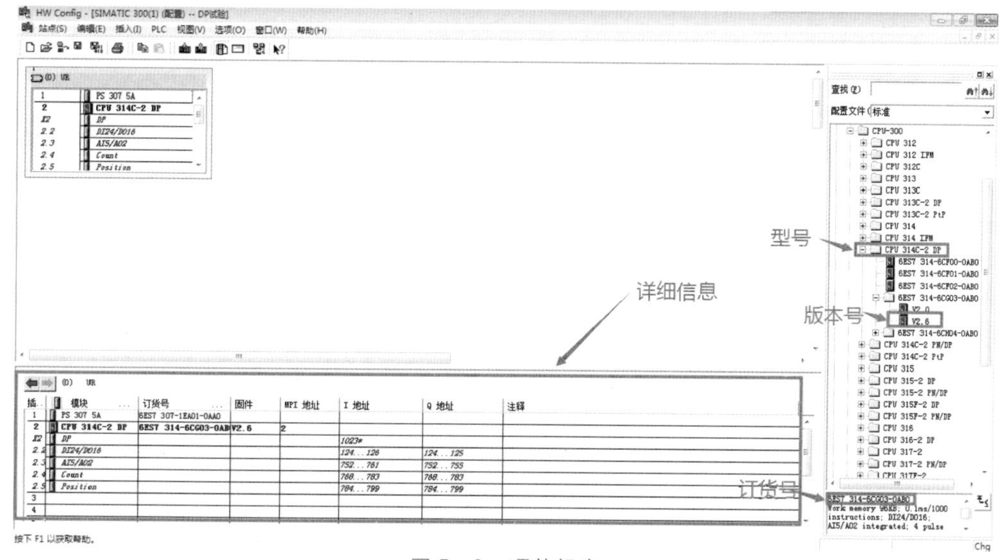

图 5－9　硬件组态

② 组态 PLC2。在 SIMATIC Manager 界面，点击“插入”，插入 SIMATIC 300 站点，双击打开 SIMATIC 300(2)站点，然后双击 硬件，进行硬件组态。依据表 5-1 的模块型号及订货号完成组态。

(a) 点击右侧的 SIMATIC 300，添加导轨，双击 RACK-300 中的 Rail。

(b) 在插槽 1 中添加电源模块，在 PS-300 中选择 PS 307 5A，订货号为 6ES7 307-1EA01-0AA0。

(c) 在插槽 2 中添加 CPU 模块，在 CPU-300 中选择 CPU 314C-2 DP，订货号为 6ES7 314-6CG03-0AB0，版本号为 V2.6，点击保存编译。

(2) 网络组态。

① 网络组态 PLC1。双击 SIMATIC 300(1)硬件插槽 2 中的 CPU 314C-2 DP，完成图 5-10 所示的操作，点击属性设置接口地址及通信地址(如图中所标记的编号 1、编号 2)。可以根据自己的需求进行配置，但注意不可与另一台 PLC 地址相同。本次使用的地址为 2。

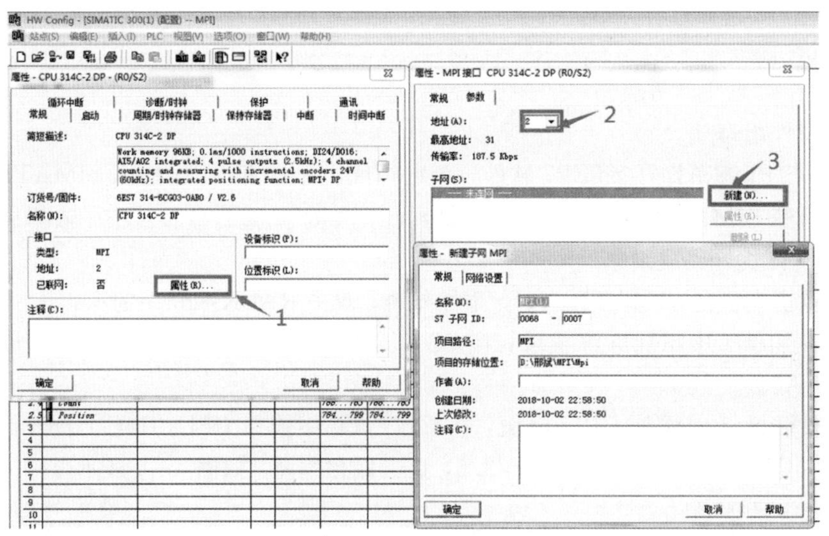

图 5-10 网络组态 PLC1

② 网络组态 PLC2。按照①的步骤，完成 PLC2 的网络组态。本次配置 PLC2 地址为 3。完成两个组态后点击组态网络按钮，显示网络图如图 5-11 所示。

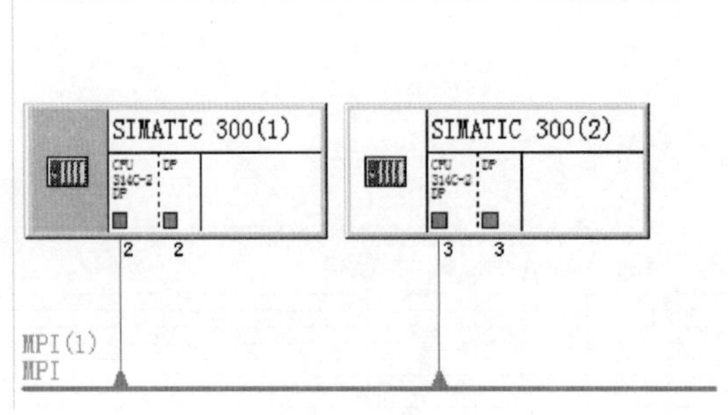

图 5-11 网络组态 PLC2

③ 建立全局数据表。点击组态网络界面上的选项，点击定义全局数据，弹出“全局数据表”并进行编辑。

(a) 选中要编辑的数据栏(点击全局数据(GD)ID 右侧的白框)。

(b) 点击右键，弹出 CPU 并点击，在弹出的“选择 CPU”对话框中选择刚才新建的项目，点击 SIMATIC 300(1)，再点击 CPU 314C-2 DP，最后点击“确定”。

(c) 建立 PLC1 的数据发送与接收。按照图 5－12 所示步骤完成操作。编号 1 为发送器按钮，编号 2 为发送的数据，它表示 PLC1 里发送的数据是从 MB0 开始的 8 个字节，编号 3 为接收器按钮，编号 4 表示将 PLC1 里接收的数据传送到从 MB124 开始的 8 个字节。

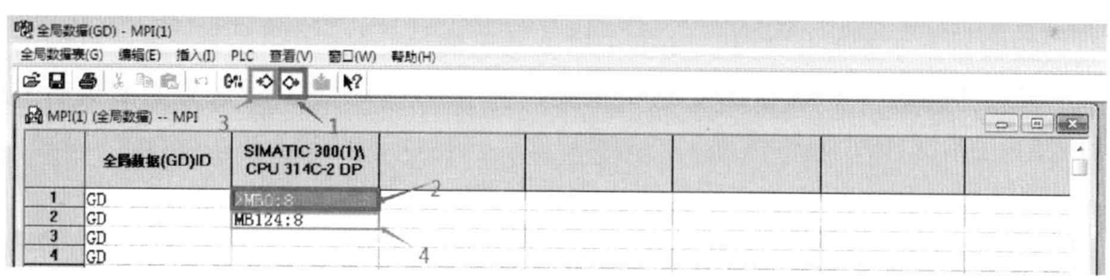

图 5－12　建立 PLC 的数据发送与接收

按照以上步骤搭建 SIMATIC 300(2)的数据传送。完成后显示如图 5－13 所示的数据。图中编号 1 表示将 PLC1 里从 MB0 开始的 8 个字节传送到 PLC2 里从 MB0 开始的 8 个字节；编号 2 表示将 PLC2 里从 MB124 开始的 8 个字节传送到 PLC1 里从 MB124 开始的 8 个字节。

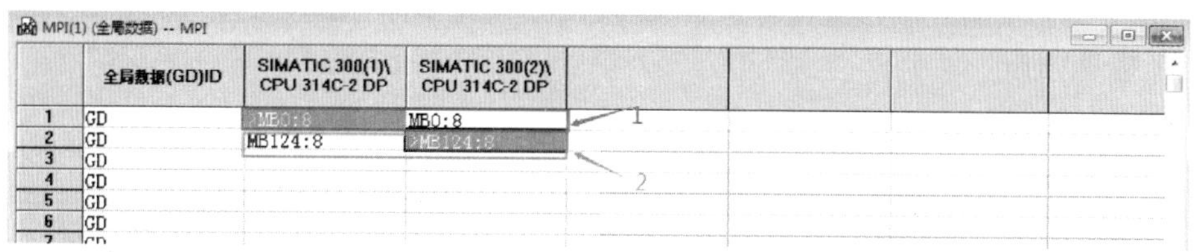

图 5－13　搭建 SIMATIC 300 的数据

2) 编写程序

打开 PLC1 中的 OB1 进行程序的编写，如图 5－14 所示。

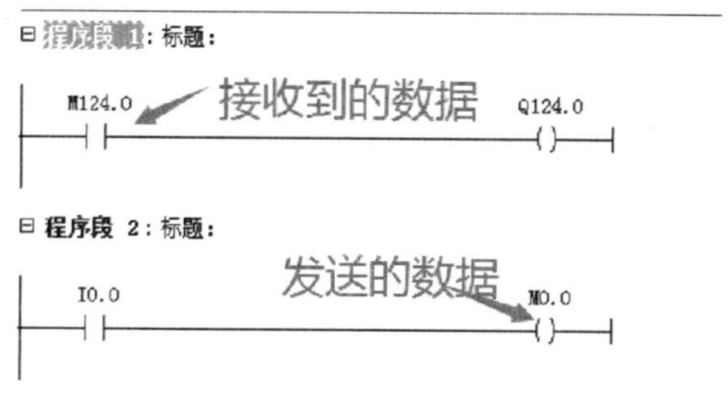

图 5－14　PLC1 中的程序

打开 PLC2 中的 OB1 进行程序的编写，如图 5－15 所示。

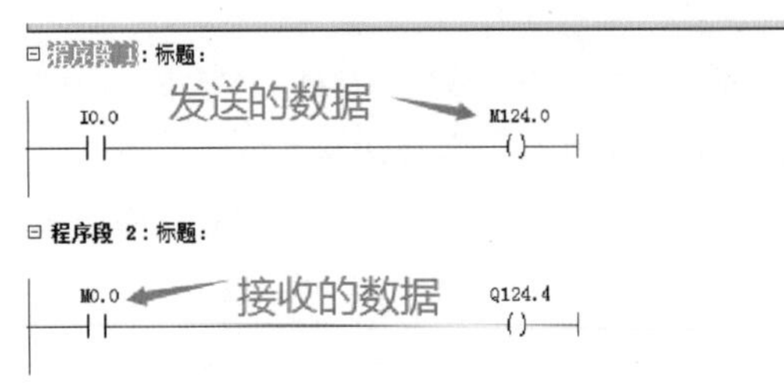

图 5－15 PLC2 中的程序

3）程序下载

分别按照以下步骤完成对 PLC1 和 PLC2 的下载：

(1) 根据选择的计算机与 PLC 通信电缆，在 SIMATIC Manager 界面的选项中设置 PG/PC 接口。本次使用 MPI 电缆，所以 PG/PC 接口设置为 PC Adapter(MPI)。

(2) 下载硬件组态。点击下载按钮，选择要下载到的目标模块，然后选择计算机与 CPU 连接的站点(双击导轨中的 CPU 314-2 DP，点击属性可以配置 MPI 接口地址，本次地址配置为 2)，点击“显示”，选择要访问的节点，再点击“确定”。

(3) 下载程序。在程序界面点击下载按钮，完成程序下载。

二、两台 S7-300 PLC 之间的 DP 通信

两台 S7-300 PLC 之间的 DP 通信

为了进一步了解 S7-300 PLC 与 S7-300 PLC 之间的 PROFIBUS-DP 通信，本项目设计为将 PLC1 中的数据传送到 PLC2 中，将 PLC2 中的数据传送到 PLC1 中。

1. 硬件部分

(1) 硬件的组成如表 5－3 所示。

表 5－3 硬件的组成

名 称	型 号	订 货 号	数 量
电源 PS	PS307	6ES7 307-1EA01-0AA0	2
CPU	314C-2DP	6ES7 314-6CG03-0AB0	2
自带输入模块	DI8/AI5/A02	6ES7 314-6CG03-0AB0	2
自带输出模块	DI16/DO16	6ES7 314-6CG03-0AB0	2
直流 24 V 电源盒	SIMATIC SITOP	6EP1 334-2BA01	1

(2) 硬件接线示意图如图 5－16 所示。

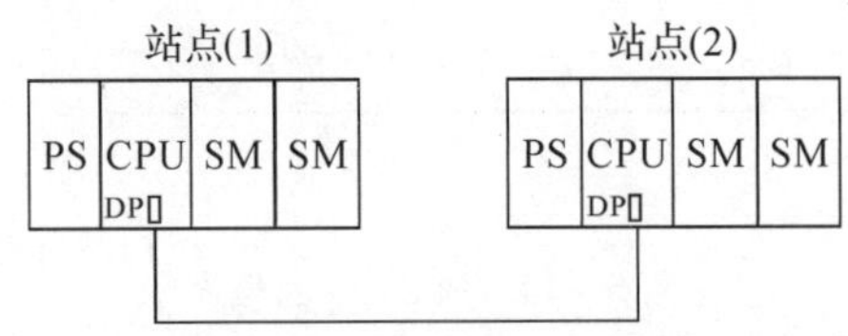

图 5－16 硬件接线示意图

(3) 数据分配表如表 5－4 所示。

表 5－4　数据分配表

主站	收发对应关系	从站
IW0～IW6	收—发	QW0～QW6
QW8～QW4	发—收	IW8～IW14

2. 软件部分

1) 硬件组态及网络组态

(1) 硬件组态。

① 组态 PLC2 从站。打开 STEP7 软件，新建项目，点击“插入”，先插入两个 SIMATIC 300 站点，分别为 SIMATIC 300(1)站点和 SIMATIC 300(2)站点；再双击打开 SIMATIC 300(2)站点，然后双击 硬件，进行硬件组态。依据表 5－3 的模块型号及订货号完成组态。

(a) 点击右侧的 SIMATIC 300，添加“导轨”，双击 RACK-300 中的 Rail。

(b) 在插槽 1 中添加电源模块，在 PS-300 中选择 PS307 5A，订货号为 6ES7 307-1EA01-0AA0。

(c) 在插槽 2 中添加 CPU 模块，在 CPU-300 中选择 CPU 314C-2 DP，订货号为 6ES7 314-6CG03-0AB0，版本号为 V2. 6。点击保存编译，如图 5－17 所示。

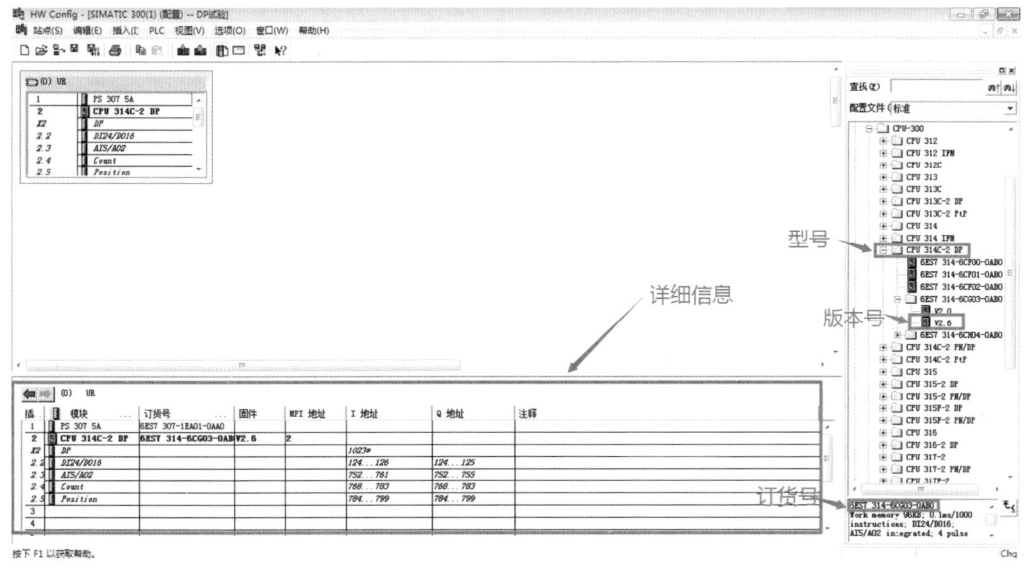

图 5－17　组态 PLC2 从站

② 组态 PLC1 主站。在 SIMATIC Manager 界面，双击打开“SIMATIC 300(1)”站点，然后双击 硬件，进行硬件组态。重复以上步骤完成对 PLC2 的硬件组态。

(2) 网络组态。

① 网络组态 PLC2 从站。双击插槽 2 中的 DP，完成图 5－18 所示的操作，编号 2 为接口地址及通信地址，可以根据自己的需求进行配置，但注意不可与主站地址相同，本次使用的地址为 3。点击“属性”，在弹出的对话框中选择“网络设置”选项卡，在此可以

更改它的传输率等，选择在主站建立的“PROFIBUS(1)：1.5 Mbps”，点击“确定”。

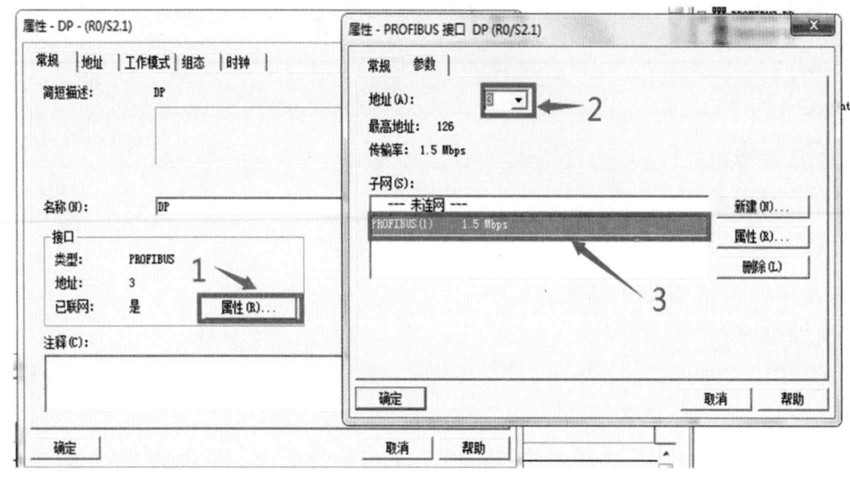

图 5-18　网络组态 PLC2 从站

双击插槽 2 中的 DP，在弹出的对话框中选择“工作模式”选项卡，将其设置为“DP 从站”模式，并选择“测试、调试和路由”项，该选择是将此端口设置为可以通过 PG/PC 对这个端口上的 CPU 进行监控，以便于我们在通信链路上进行程序监控，如图 5-19 所示。

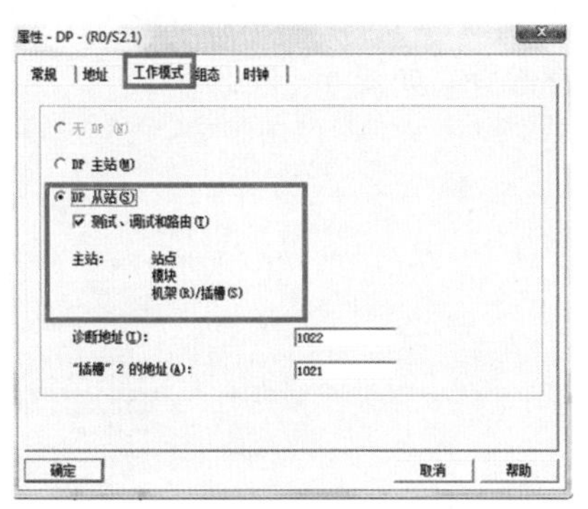

图 5-19　工作模式

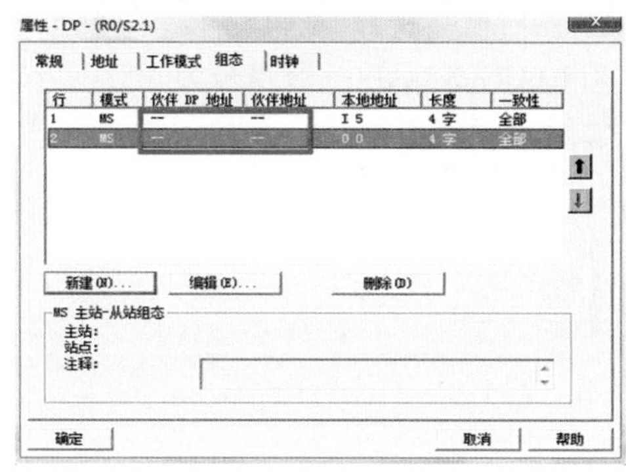

图 5-20　“组态”选项卡

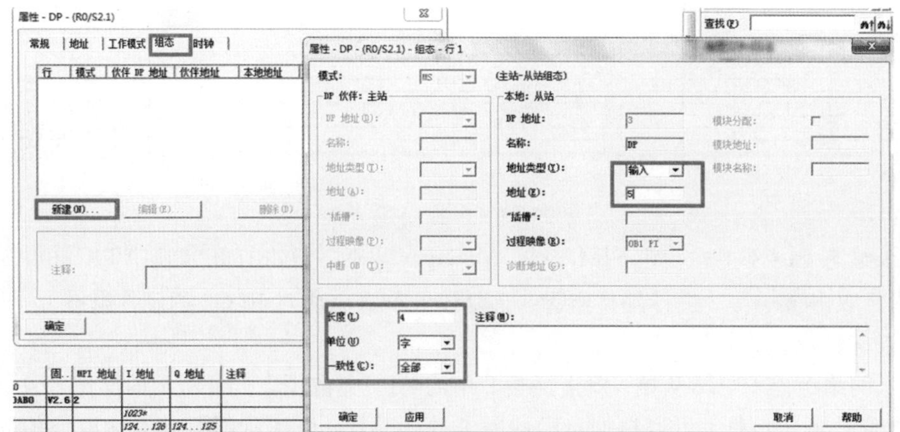

图 5-21　编译后显示相应信息

点击“组态”选项卡，在弹出的对话框中点击“新建…”；然后配置相应的信息，完成后点击“确定”，如图 5－20 所示。本次操作创建了两个映射区，图中的方框区域创建时不显示任何内容，在主站组态完毕并编译后就会显示相应的信息了，如图 5－21 所示。

② 网络组态 PLC1 主站。双击插槽 2 中的 DP，完成图 5－22 所示的操作，编号 2 为接口地址及通信地址，可以根据自己的需求进行配置，但注意不可与远程 I/O 地址相同，本次使用地址为 2。在“新建子网-PROFIBUS”对话框中选择“网络设置”选项卡，可以在此更改它的传输率等，选择刚才建立的“PROFIBUS(1)：1.5 Mbps”。

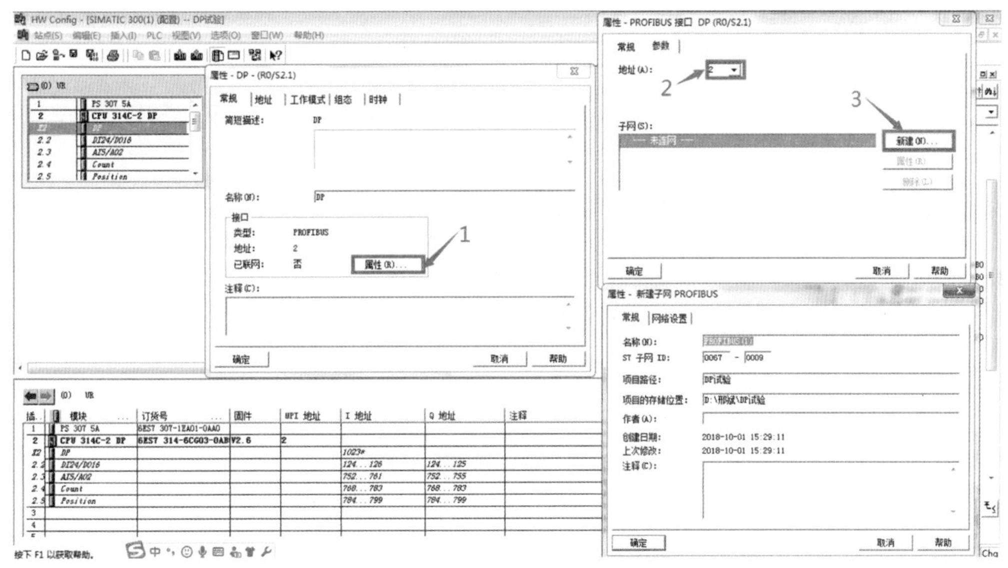

图 5－22　网络组态 PLC1 主站

在 PROFIBUS-DP 网络下配置 PLC2 从站。首先点击窗口右侧的 PROFIBUS DP，在 Configured Stations中选择 CPU 31x，如图 5－23 所示；然后将它拖到“PROFIBUS：DP”主站系统(1)网络下，弹出图 5－24 所示的对话框，选中阴影部分内容，点击“连接”。

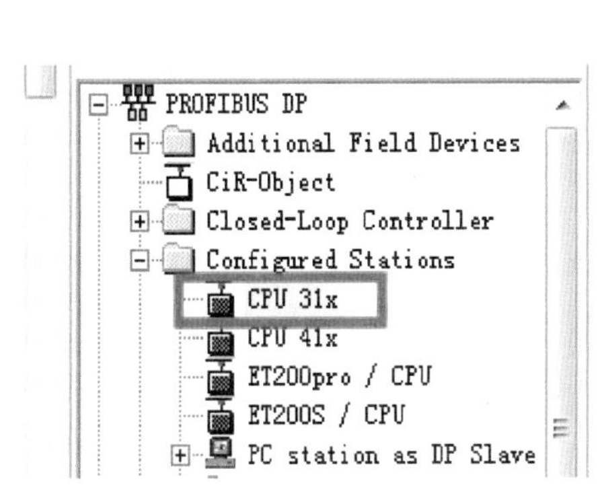

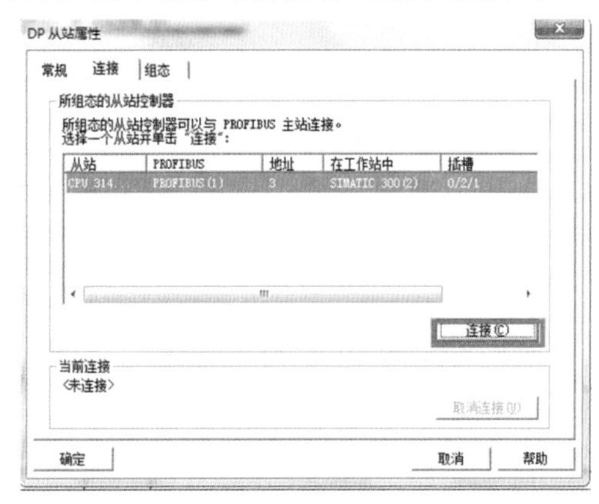

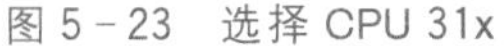

图 5－23　选择 CPU 31x　　　　图 5－24　点击“连接”

连接完成后，点击“组态”选项卡，完成图 5－25 所示的配置。注意：在组态中，Input 和 Output 区域不是实际硬件组态中的硬件地址。也就是说，Input 和 Output 并不代表 I/O 模块的地址和数据。但是映射区域组态用到了 Input 和 Output 地址，同时也占用了 I/O 模块的组态地址。也就是说，映射区的地址和 I/O 地址是并行的，主站和从站间不能重复使用。所以最好在硬件的 I/O 模块全部组态完毕之后再组态映射区。

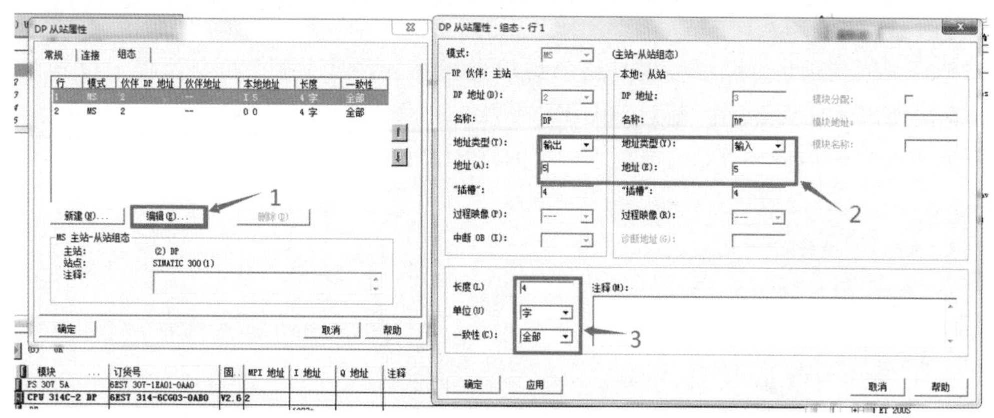

图 5－25 “组态”选项卡

按照上述方法配置行“2”，配置完成后如图 5－26 所示。之后保存编译。

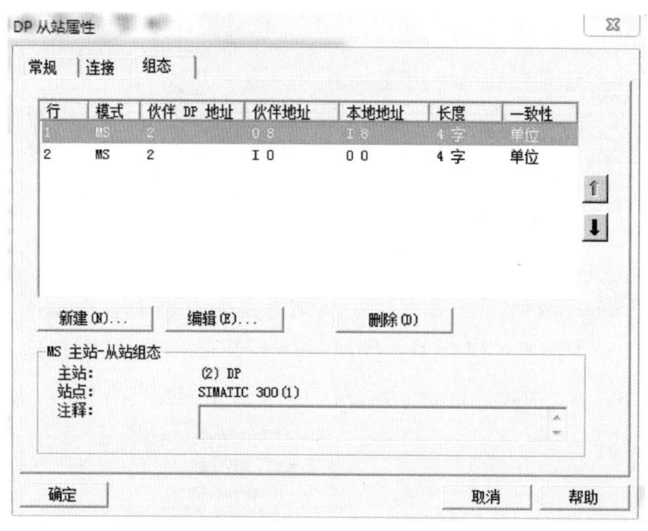

图 5－26 完成编译

2）编写程序

（1）主站程序编写。在主站 PLC 的 OB1 或者 OB35 中调用 SFC14 和 SFC15，编写读/写程序，如图 5－27 所示。除了要完成图中程序的编写外，还要建立相应的 DB 块。DB1 为发送给从站的数据块，DB2 为读取的从站的数据块。

（2）从站程序编写。与主站程序类似，在从站 PLC 的 OB1 或者 OB35 中调用 SFC14 和 SFC15，编写读/写程序。同样，除了要完成读/写程序的编写外，还要建立相应的 DB 块。DB1 为发送给主站的数据块，DB2 为读取的主站的数据块。

完成之后，在各站中插入 OB82、OB86、OB122 等组织块。这些操作是为了保证当通信的一方掉电时，不会导致另一方停机。

程序段 1：标题：

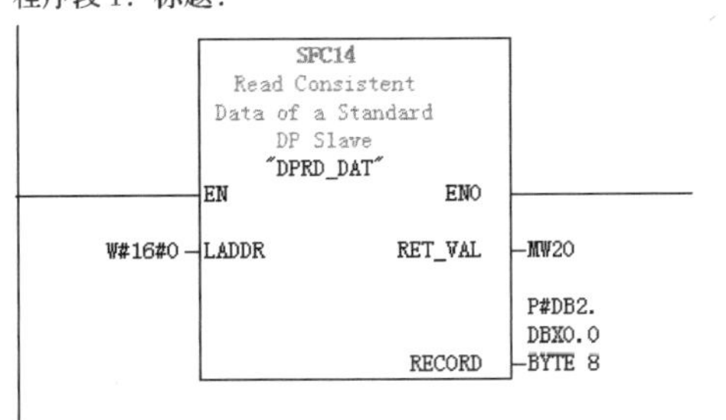

程序段 2：标题：

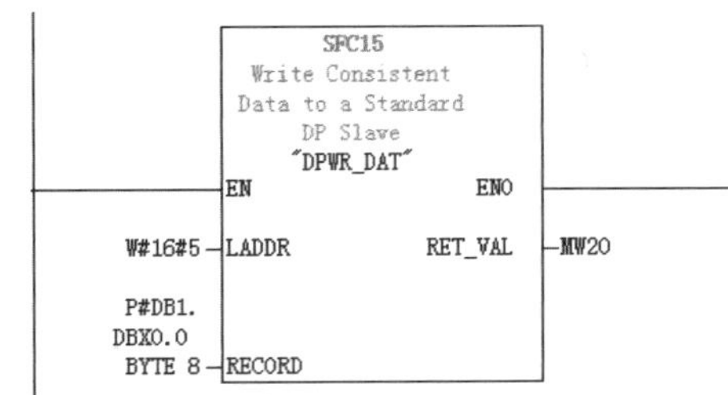

图 5－27　DP 通信程序的编写

3）程序下载

分别按照以下步骤完成对 PLC 和 PLC2 的下载：

(1) 根据选择的计算机与 PLC 通信电缆，在 SIMATIC Manager 界面的选项中设置 PG/PC 接口。因本次使用 MPI 电缆，故 PG/PC 接口设置为 PC Adapter(MPI)。

(2) 下载硬件组态。点击“下载”，选择要下载到的目标模块，然后选择计算机与 CPU 连接的站点(双击导轨中的 CPU 314-2 DP，点击属性可以配置 MPI 接口地址，本次地址配置为 2)，点击“显示”，选择要访问的节点，再点击“确定”。

(3) 下载程序。在程序界面点击“下载”，完成程序下载。

在未下载程序之前，PLC 上的 SF 和 BF 红灯仍然会亮。这是因为需要使用 SFC14 和 SFC15 进行数据打包与解包，才能实现主站—从站的 DP 通信。在程序中添加 SFC14 和 SFC15，通信建立后，SF 和 BF 红灯会熄灭。

4）测试运行

测试运行的具体步骤此处不再给出，联机运行时，打开 DB2 就可以看到这个界面，比较简单。

图 5－28 为从站的 DB2 中的内容，它是由主站的 DB1 传送到从站的 DB2 中的，具体数据是从 DBX0.0 开始的 8 个连续字节。

地址	名称	类型	初始值	实际值	注释
0.0	DB_VAR	BYTE	B#16#0	B#16#01	临时占位符变量
1.0	DB_VAR1	BYTE	B#16#0	B#16#02	临时占位符变量
2.0	DB_VAR2	BYTE	B#16#0	B#16#03	临时占位符变量
3.0	DB_VAR3	BYTE	B#16#0	B#16#04	临时占位符变量
4.0	DB_VAR4	BYTE	B#16#0	B#16#05	临时占位符变量
5.0	DB_VAR41	BYTE	B#16#0	B#16#06	临时占位符变量
6.0	DB_VAR42	BYTE	B#16#0	B#16#07	临时占位符变量
7.0	DB_VAR43	BYTE	B#16#0	B#16#08	临时占位符变量

图 5－28　从站 DB2 中的内容

图 5－29 为主站的 DB2 中的内容，它是由从站的 DB1 传送到主站的 DB2 中的，具体数据是从 DBX0.0 开始的 8 个连续字节。

地址	名称	类型	初始值	实际值	注释
0.0	DB_VAR1	BYTE	B#16#0	B#16#21	临时占位符变量
1.0	DB_VAR	BYTE	B#16#0	B#16#22	临时占位符变量
2.0	DB_VAR2	BYTE	B#16#0	B#16#23	临时占位符变量
3.0	DB_VAR3	BYTE	B#16#0	B#16#24	临时占位符变量
4.0	DB_VAR4	BYTE	B#16#0	B#16#25	临时占位符变量
5.0	DB_VAR5	BYTE	B#16#0	B#16#26	临时占位符变量
6.0	DB_VAR6	BYTE	B#16#0	B#16#27	临时占位符变量
7.0	DB_VAR7	BYTE	B#16#0	B#16#28	临时占位符变量
8.0	DB_VAR8	BYTE	B#16#0	B#16#00	临时占位符变量

图 5－29　主站 DB2 中的内容

三、两台 S7-300 PLC 之间的 PROFINET 通信

S7-300 PLC 之间的 PN 通信实例

本节以两个 CPU315-2PN/DP 为例，介绍两台 S7-300 PLC 如何通过 PROFINET 接口实现基于以太网的 S7 通信。CPU315-2 PN/DP 集成了 PROFINET 接口。为了进一步了解 S7-300 PLC 之间的 PN 通信，本项目设计为将 PLC1 中的数据传送到 PLC2 中，同时将 PLC2 中的数据传送到 PLC1 中。

1. 硬件组成

(1) 硬件部分组成如表 5-5 所示。

表 5-5　硬件部分组成

名　称	型　号	订　货　号	数　量
电源 PS	PS307	6ES7 307-1BA01-0AA0	2
CPU	314C-2PN/DP	6ES7 314-6EH04-0AB0	2
自带输入模块	DI8/AI5/A02	—	2
自带输出模块	DI16/DO16	—	2
直流 24 V 电源	SIMATIC SITOP	6EP1 334-2BA01	1
指示灯	—	—	2
按钮	—	—	2

(2) 硬件接线示意图如图 5-30 所示。

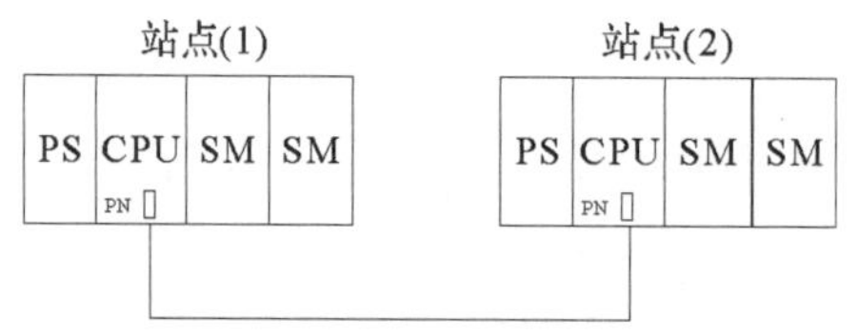

图 5-30　硬件接线示意图

(3) I/O 分配表如表 5-6 所示。

表 5-6　I/O 分配表

PLC(1)	PLC(2)	地　址
输入数据 A		MW30
显示数据 B		MW50
	输入数据 B	MW40
	显示数据 A	MW20

2. 软件部分

(1) 硬件组态。打开 STEP7 软件，新建项目，点击“插入”，插入 SIMATIC 300 站点，双击打开 SIMATIC 300(1)站点，然后双击 硬件，进行硬件组态。依据表 5-5 的模块型号及订货号完成组态。

① 点击窗口右侧的 SIMATIC 300，添加“导轨”，双击 RACK-300 中的 Rail。

② 在插槽 1 中添加电源模块，在 PS-300 中选择 PS307 2A，订货号为 6ES7-307-1BA01-0AA0。

③ 在槽插 2 中添加“CPU 模块”，在 CPU-300 中选择 CPU 314C-2 PN/DP，订货号为 314-6EH04-0AB0，版本号为 3.3”。

再次插入“SIMATIC 300”站点，双击打开“SIMATIC 300(2)”站点，之后的组态与上一个站点一致，如图 5-31 所示。

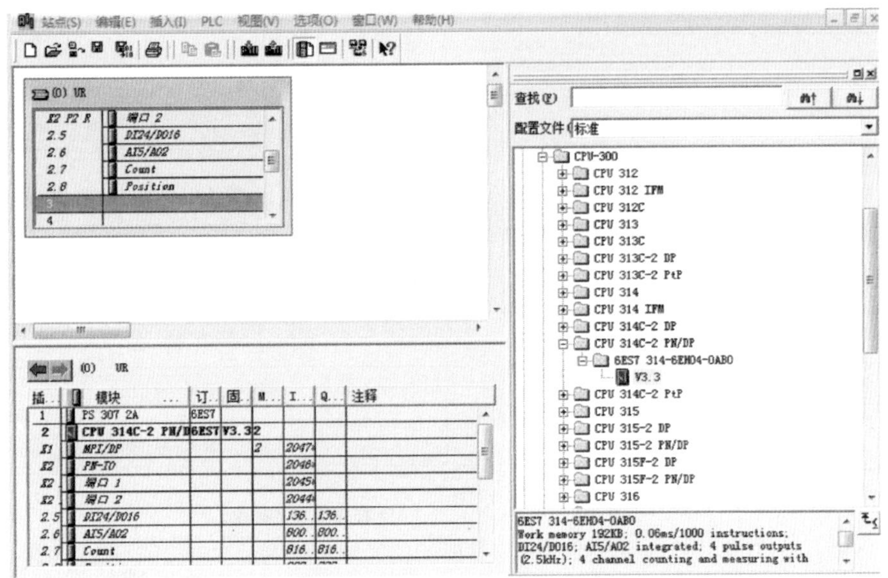

图 5－31　硬件组态

(2) 网络组态。

① 点击鼠标右键，在弹出的工程文件中找到“插入新对象”，接着添加 Industrial Ethernet。

② 双击 Ethernet(1)，打开网络组态。

③ 按照图 5－32 进行操作。

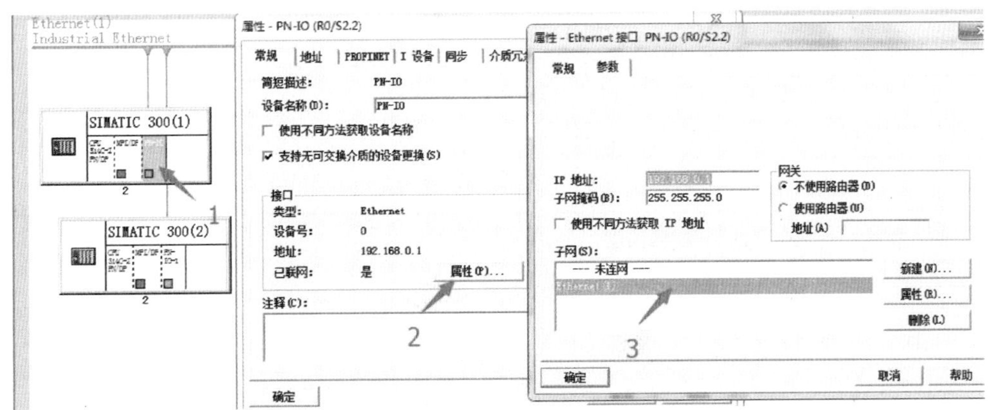

图 5－32　添加 Industrial Ethernet

④ 右键点击任何一个 CPU，在弹出的菜单中选择“插入新连接”，点击需要连接的伙伴，点击“应用”，输入本地 ID“1”，点击“确定”，如图 5－33 所示。

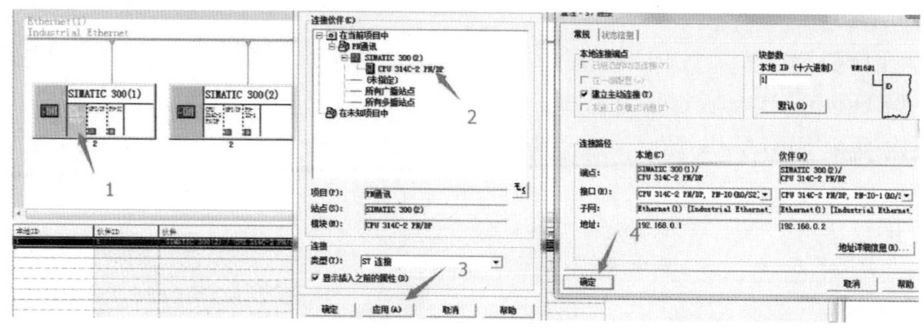

图 5－33　插入新连接

（3）软件编程。打开 SIMATIC 300（1）站点的 OB1，在 OB1 中依次调用 FB14、FB15。FB14、FB15 的作用如表 5－7 所示。

表 5－7　软件编程

块 S7-300	描　述	简 要 描 述
FB14	读数据	单边编程读访问
FB15	写数据	单边编程写访问

FB14“GET”指令的作用是从远程 CPU 中读取数据。其各个引脚的含义如表 5－8 所示。在 REQ 的每个上升沿处传送参数 ID、ADDR_1 和 RD_1。在每个作业结束之后，可以分配新数值给 ID、ADDR_1 和 RD_1 参数。通过状态参数 NDR 数值为 1 来指示此作业已完成。只有在前一个作业已经完成之后，才能重新激活读作业。远程 CPU 可以处于 RUN 或 STOP 工作状态。如果正在读取数据时发生访问故障，或数据类型检查过程中出错，则出错和警告信息将通过 ERROR 和 STATUS 输出表示，如图 5－34 所示。

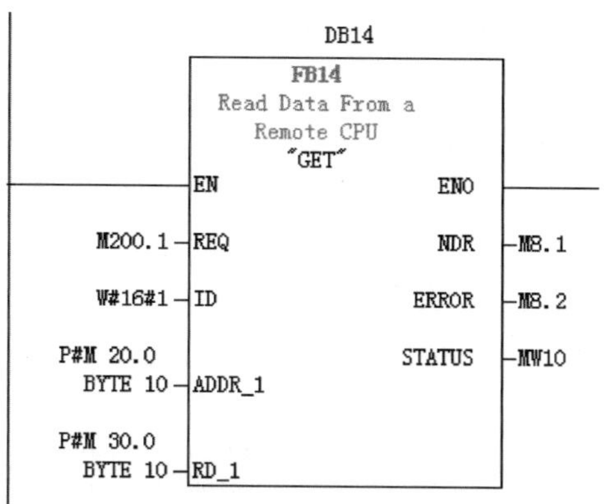

图 5－34　S7-300 从远程 CPU 读取数据

表 5－8　FB14 中引脚的含义

参　数	描　述	数据类型	存　储　区	描　述
REQ	INPUT	BOOL	I、Q、M、D、L	上升沿触发调用功能块
ID	INPUT	WORD	M、D、常数	地址参数 ID
ERROR	OUTPUT	BOOL	I、Q、M、D、L	接收到新数据

续表

参　数	描　述	数据类型	存　储　区	描　述
STATUS	OUTPUT	WORD	I、Q、M、D、L	故障代码
S7-300：ADDR_1	IN_OUT	ANY	M、D I、Q、M、D、T、C	从通信对方的数据地址中读取数据
S7-300：RD_1	IN_OUT	ANY	S7-300：M、D	本站接收数据地址

FB15 “PUT”指令的作用是可以将数据写入远程 CPU，其各个引脚的含义如表 5－9 所示。在 REQ 的每个上升沿处传送参数 ID、ADDR_1 和 SD_1。在每个作业结束之后，可以给 ID、ADDR_1 和 SD_1 参数分配新数值。如果没有产生任何错误，则在下一个 FB 调用时，通过状态参数 DONE 来指示，其数值为 1。只有在最后一个作业完成之后，才能再次激活写作业。远程 CPU 可以处于 RUN 或 STOP 模式。如果正在写入数据时发生访问故障，或如果执行检查过程中出错，则出错和警告信息将通过 ERROR 和 STATUS 输出表示，如图 5－35 所示。

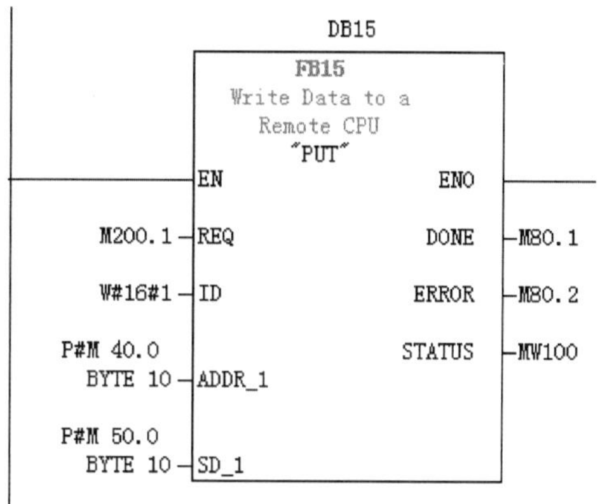

图 5－35　S7-300 向远程 CPU 写入数据

表 5－9　FB15 中引脚的含义

参　数	描　述	数据类型	存　储　区	描　述
REQ	INPUT	BOOL	I、Q、M、D、L	上升沿触发调用功能块
ID	INPUT	WORD	M、D、常数	地址参数
DONE	OUTPUT	BOOL	I、Q、M、D、L	为 1 时，发送完成
ERROR	OUTPUT	BOOL	I、Q、M、D、L	为 1 时，有故障发生
STATUS	OUTPUT	WORD	I、Q、M、D、L	故障代码
S7-300：ADDR_1	IN_OUT	ANY	M、D I、Q、M、D、T、C	通信对方的数据接收地址
S7-300：SD_1	IN_OUT	ANY	S7-300：M、D	发送的数据区

打开变量表，在站点(1)内建立变量 MW30、MW50；在站点(2)内建立变量 MW20、MW40。然后监控数据，在站点(1)MW30 内输入十进制数据 A“100”，站点(2)的 MW20 状态值就会显示数据 A 的数值；在站点(2)MW40 内输入十进制数据 B“100”，站点(1)的 MW50 状态值就会显示数据 B 的数值，如图 5-36 所示。

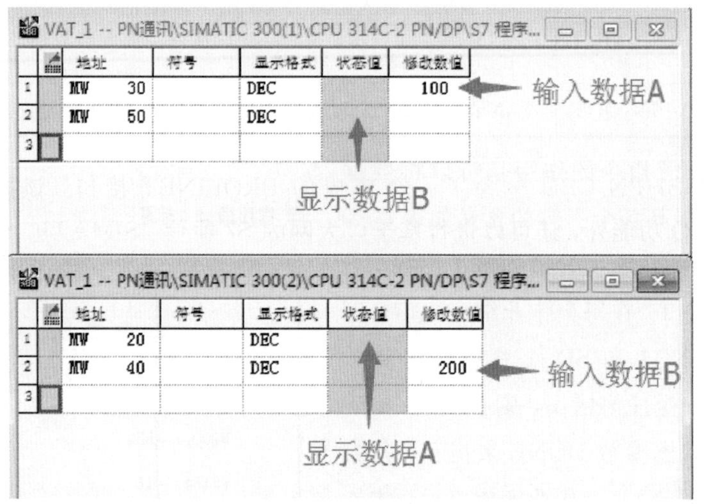

图 5-36 变量表

四、S7-300 与 S7-400 PLC 间的 PROFINET 通信

S7-300 与 S7-400 PLC 之间的 PN 通信实例

1. 硬件部分

(1) 硬件部分的组成如表 5-10 所示。

表 5-10 硬件部分组成

名 称	型 号	订 货 号	数 量
电源 PS	PS307	307-1BA01-0AA0	1
CPU	314C-2 PN/DP	314-6EH04-0AB0	1
电源 PS	PS407		1
CPU	CPU 412-3H		1
I/O 模块			2
指示灯			2
按钮			2

(2) 网络结构。系统网络结构图如图 5-37 所示。S7-300 PLC 与 S7-400 PLC 通过网线连接，采用 S7 通信协议。S7 通信协议是 S7 系列 PLC 基于 MPI、PROFIBUS、ETHERNET 网络的一种优化的通信协议，主要用于 S7-300/400 PLC 之间的通信。

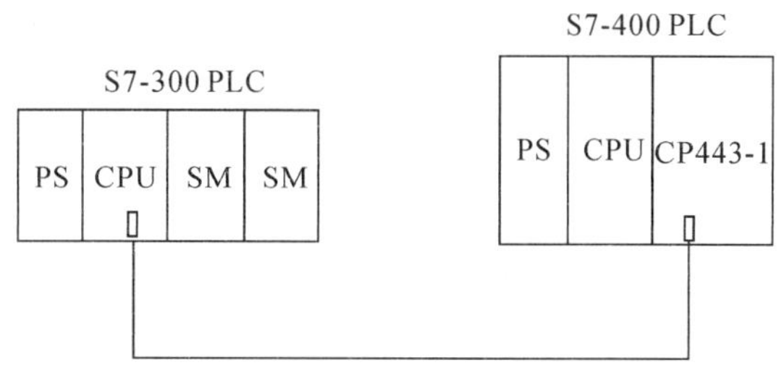

图 5－37　网络结构图

2. 软件部分

SIMATIC S7-PN CPU 包含了一个集成的 PROFINET 接口，该接口除了具有 PROFINET I/O 功能外，还可以进行基于以太网的 S7 通信。SIMATIC S7-PN CPU 支持无确认数据交换、确认数据交换和单边访问功能。功能块的使用如表 5－11 所示。

表 5－11　S7 通信块介绍

块 S7-400	块 S7-300	描　述	简 要 描 述
SFB8	FB8	用于发送	无确认的快速数据交换，发送数据后无对方接收确认
SFB9	FB9	用于接收	
SFB8	SFB12	FB12	确认数据交换，发送数据后有对方接收确认
SFB13	FB13	用于接收	
SFB14	FB14	读数据	单边编程读访问
SFB15	FB15	写数据	单边编程写访问

在 STEP7 中建立一个新的项目，即点击右键，在弹出的菜单中选择 Insert New Object，在 SIMATIC 300 Station 中插入 S7-300 站点；同理插入一个 S7-400 站点，如图 5－38 所示。

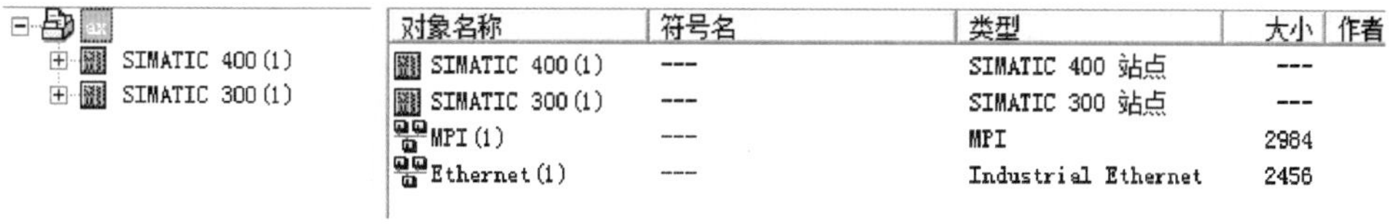

SIMATIC 400(1)
SIMATIC 300(1)

对象名称	符号名	类型	大小	作者
SIMATIC 400(1)	---	SIMATIC 400 站点	---	
SIMATIC 300(1)	---	SIMATIC 300 站点	---	
MPI(1)	---	MPI	2984	
Ethernet(1)	---	Industrial Ethernet	2456	

图 5－38　插入一个 S7-400 站点

新建以太网，打开 NetPro 设置网络参数，选中 CPU，在连接列表中建立新的连接，如图 5－39 所示。

然后双击该连接，设置连接属性。在“常规”中，“块参数”ID=1，这个参数即是下面程序中的参数 ID。在 SIMATIC 300 中激活“建立主动连接”，作为 Client 端，如图 5－40 所示；将 SIMATIC 400 作为 Server 端，在相应属性中不激活“建立主动连接”。

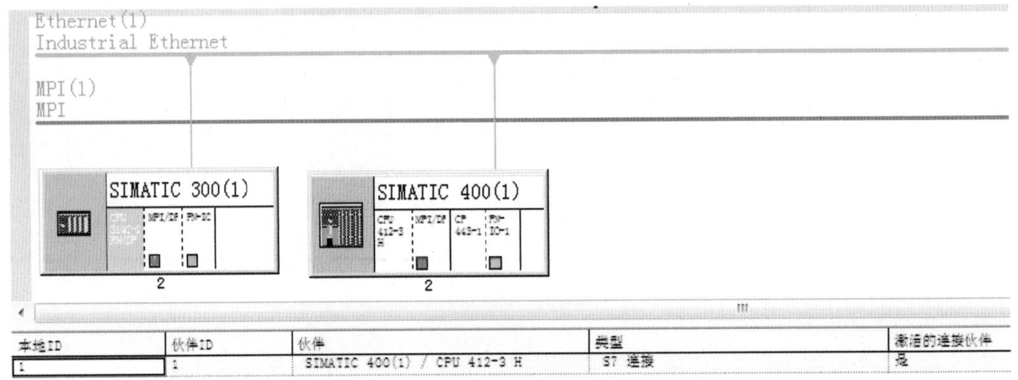

图 5-39　设置网络参数

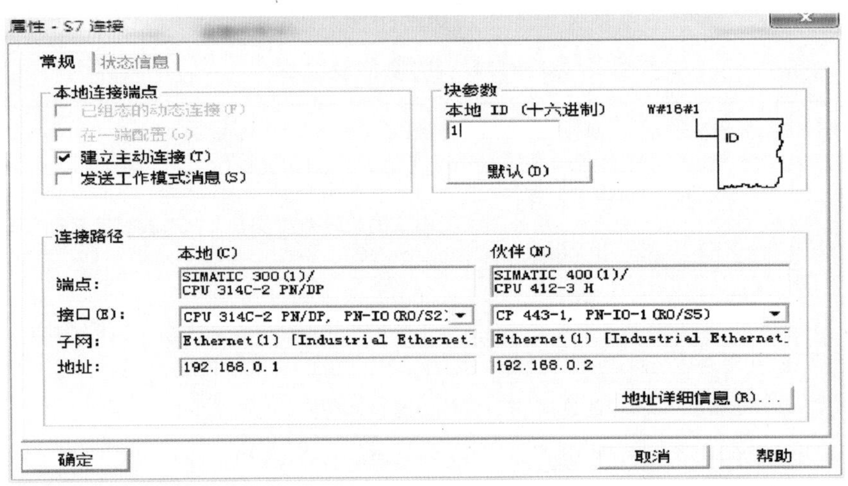

图 5-40　设置连接属性

打开 S7-400 PLC 中的 OB1，在 OB1 中依次调用 SFB14、SFB15。SFB14、SFB15 的相关说明与 S7-300 PLC 中 FB14 和 FB15 的类似，只是 S7-400 PLC 可以同时传送四组不同的数据，具体可参考上一小节中的相关说明。

在 SIMATIC 400 中，将 SFB14 中的“REQ”设置为上升沿信号，将 SIMATIC 400 中的 MW170 赋值为 W＃16＃666，SIMATIC 300 的 MW160 接收 W＃16＃666。

同样，将 SIMATIC 300 中的 MW140 赋值为 W＃16＃5555，SIMATIC 400 的 MW130 接收＃16＃5555。

 项目实战

根据本项目控制要求，我们只考虑热连轧机的粗轧机的控制系统，该系统包括一台 S7-400 PLC 和两台 S7-300 PLC，三台 PLC 分别负责厚度自动控制、强力弯辊自动控制、快速换辊控制等功能。项目要求三个 PLC 相互之间能够实现不少于 100B 的数据通信功能。考虑到 PLC 与 PLC 的通信距离、传输速率、经济性等因素，确定整个系统采用

TCP/IP 通信协议，选择 SCALANCE XM408-8C 作为网络交换机。

下面我们参考项目一中的项目实施流程，按照网络结构图设计、系统网络组态、编程与调试的步骤设计三个 PLC 的通信网络，实现三个 PLC 相互之间不少于 100B 的数据通信功能。

一、网络结构设计

项目二操作演示

根据前期的设计要求，先对整个系统的网络结构进行设计，如图 5－41 所示。将 S7-400 PLC 的 IP 地址设置为 192.168.0.1；将第一台 S7-300 PLC 的 IP 地址设置为 192.168.0.2；第二台 S7-300 PLC 的 IP 地址设置为 192.168.0.3。

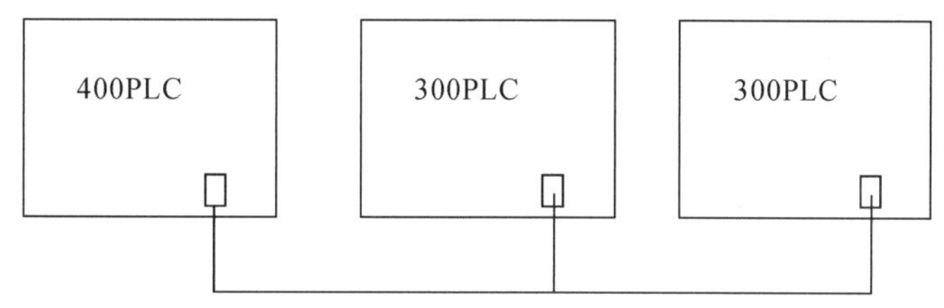

图 5－41　系统网络结构图

二、STEP7 硬件与网络组态

1. 硬件组态

打开 STEP7 软件，新建项目，点击“插入”，插入“SIMATIC 400”站点，双击打开“SIMATIC 400(1)”站点，然后双击 硬件，进行硬件组态。依据实际的模块型号及订货号完成组态。

(1) 点击窗口右侧的 SIMATIC 400，添加导轨，双击 RACK-400 中的 UR2-H，订货号为 6ES7 400-2JA00-0AA0。

(2) 在插槽 1 中添加电源模块，在 PS-400 的 Redundant 中选择 PS 407 10A，订货号为 6ES7 407-0KR02-0AA0。

(3) 在插槽 2 中添加 CPU 模块，在 CPU-400 中点击 CPU 400-H，然后选择 CPU 412-3H 中的 6ES7 412-3HJ14-0AB0，版本号为 V4.5，如图 5－42 所示。

(4) 在插槽 5 中添加通信模块，在 CP-400 中点击 Industrial Ethernet，然后选择 CP443-1 中的 6GK7 443-1EX20-0XE0，订货号为 6ES7 412-3HJ14-0AB0，版本号为 V2.1。

按照同样的方法完成 S7-300(1)与 S7-300(2)的组态。

2. 网络组态

1) 网络组态 S7-400 PLC

双击插槽 5 中的 PN-I0-1，完成图 5－43 所示的操作，编号 2 为接口地址及通信地址，可以根据自己的需求进行配置，但注意不可与其他地址相同。本次使用的地址为

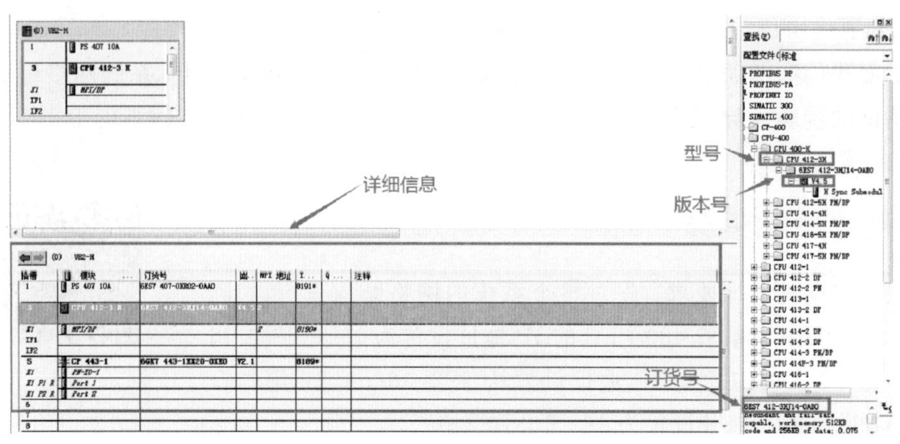

图 5-42　硬件组态图

192.168.0.1。建立 Ethernet(1)，并点击“确定”，完成后“已联网”项会显示“是”。

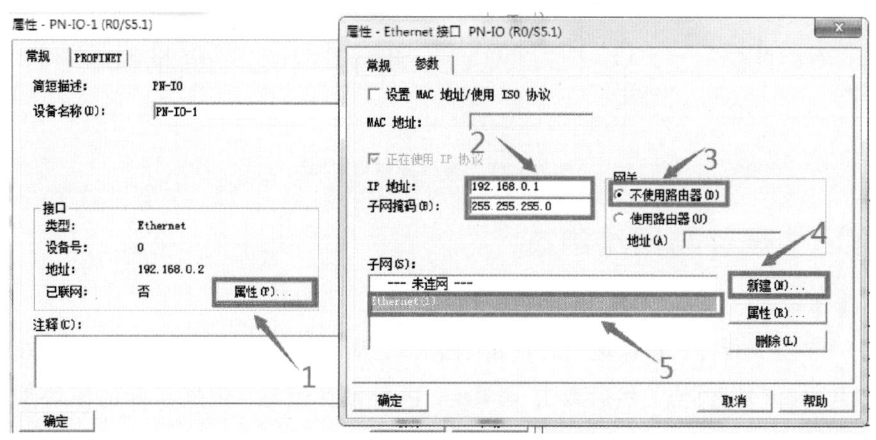

图 5-43　网络组态图(1)

2）网络组态 S7-300 PLC

双击插槽 2 中的 PN-IO，完成图 5-44 所示的操作，编号 2 为接口地址及通信地址，

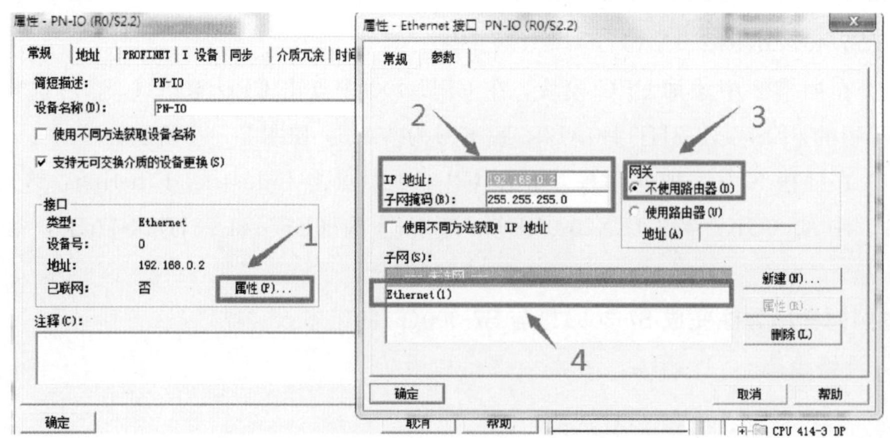

图 5-44　网络组态图(2)

可以根据自己的需求进行配置，但注意不可与其他地址相同。本次使用的地址为 192.168.0.2。选择 Ethernet(1)，并点击“确定”，完成后“已联网”项会显示“是”。

按同样的方法完成 S7-300(2)的网络组态。完成后的网络结构图如图 5-45 所示。

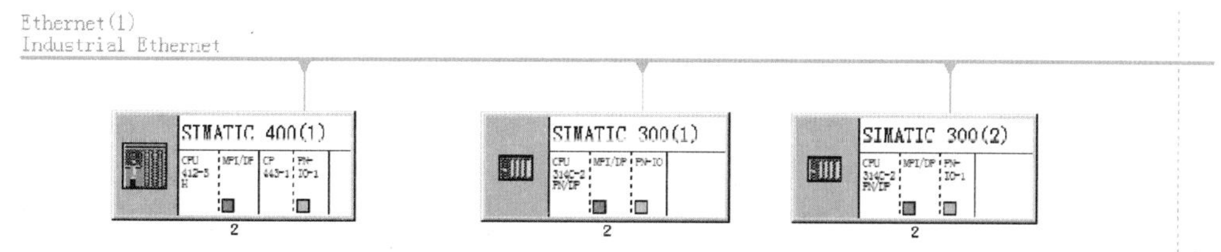

图 5-45　网络结构图

建立伙伴：点击网络结构图中的 SIMATC 400(1)中的 CPU 模块，在下方弹出该模块对应的网络信息表。双击空白处，可选择想要进行通信的伙伴，双击本地 ID 可以更改 ID 地址(这个 ID 地址必须与程序中的 ID 地址一致，并且伙伴 ID 要与本地 ID 一致)。双击建立好的伙伴一栏，选择“建立主动连接”，如图 5-46 所示。本次操作将 300(1)的 ID 设置为 2，300(2)的 ID 设置为 3。然后点击激活按钮 ，完成后如图 5-47 所示。

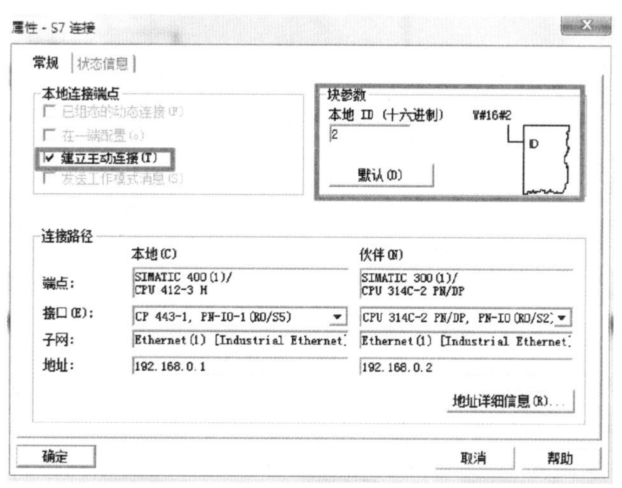

图 5-46　伙伴连接图

本地ID	伙伴ID	伙伴	类型	激活的连接伙伴	子网
2	2	SIMATIC 300(1) / CP...	S7 连接	是	Ethernet(1) ...
3	3	SIMATIC 300(2) / CP...	S7 连接	是	Ethernet(1) ...

图 5-47　建立完成图

三、编程与调试

1. 编写程序

根据题目要求，在 S7-400 PLC 中编写程序，如图 5-48 所示。其中用到的 SFB14/SFB15 的功能描述如表 5-12 所示，各个 PLC 中用到的数据块的功能如表 5-13 所示。

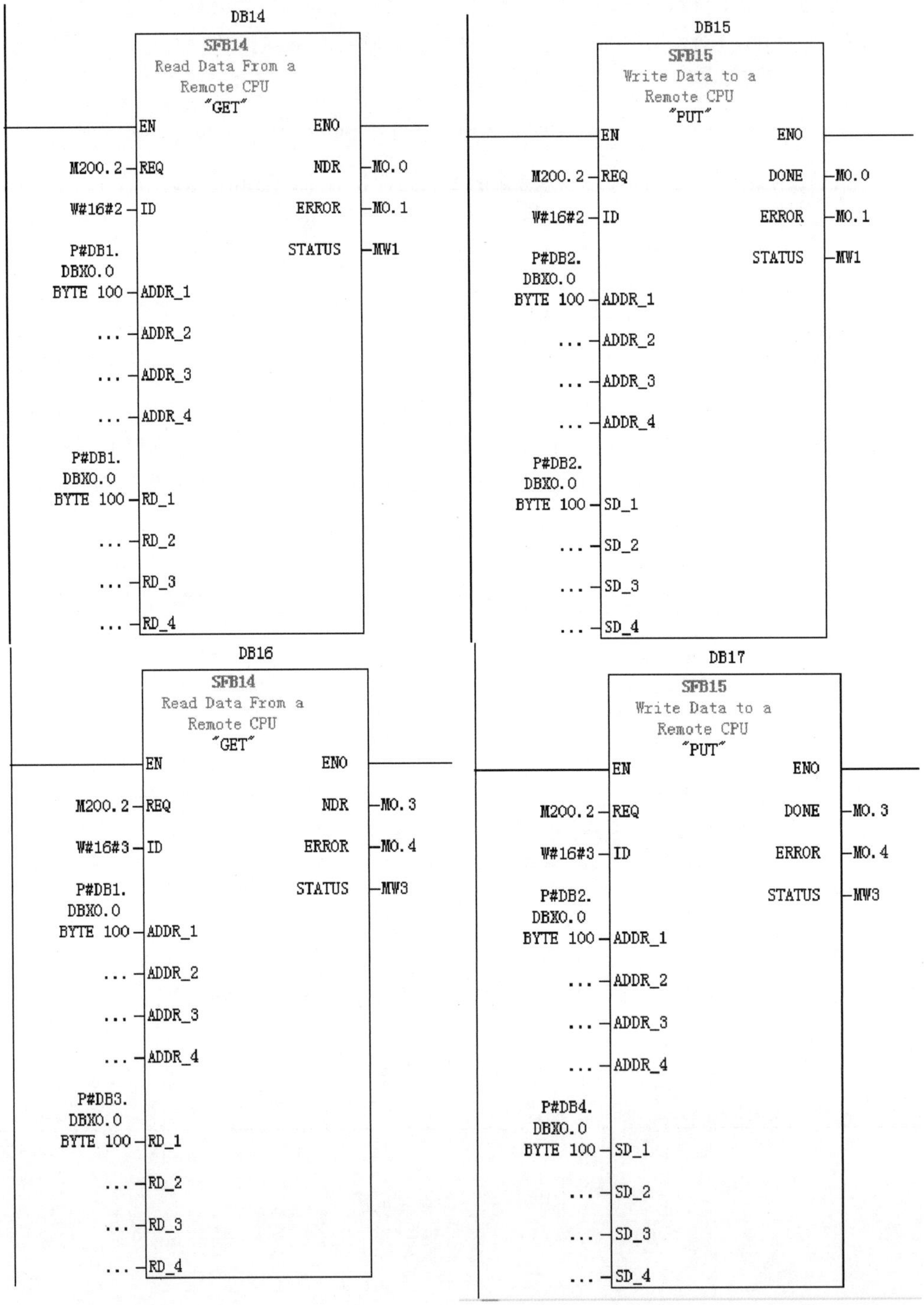

DB14
SFB14
Read Data From a
Remote CPU
"GET"
EN ENO
M200.2 – REQ NDR – M0.0
W#16#2 – ID ERROR – M0.1
STATUS – MW1
P#DB1.
DBX0.0
BYTE 100 – ADDR_1
... – ADDR_2
... – ADDR_3
... – ADDR_4
P#DB1.
DBX0.0
BYTE 100 – RD_1
... – RD_2
... – RD_3
... – RD_4

DB15
SFB15
Write Data to a
Remote CPU
"PUT"
EN ENO
M200.2 – REQ DONE – M0.0
W#16#2 – ID ERROR – M0.1
STATUS – MW1
P#DB2.
DBX0.0
BYTE 100 – ADDR_1
... – ADDR_2
... – ADDR_3
... – ADDR_4
P#DB2.
DBX0.0
BYTE 100 – SD_1
... – SD_2
... – SD_3
... – SD_4

DB16
SFB14
Read Data From a
Remote CPU
"GET"
EN ENO
M200.2 – REQ NDR – M0.3
W#16#3 – ID ERROR – M0.4
STATUS – MW3
P#DB1.
DBX0.0
BYTE 100 – ADDR_1
... – ADDR_2
... – ADDR_3
... – ADDR_4
P#DB3.
DBX0.0
BYTE 100 – RD_1
... – RD_2
... – RD_3
... – RD_4

DB17
SFB15
Write Data to a
Remote CPU
"PUT"
EN ENO
M200.2 – REQ DONE – M0.3
W#16#3 – ID ERROR – M0.4
STATUS – MW3
P#DB2.
DBX0.0
BYTE 100 – ADDR_1
... – ADDR_2
... – ADDR_3
... – ADDR_4
P#DB4.
DBX0.0
BYTE 100 – SD_1
... – SD_2
... – SD_3
... – SD_4

图 5-48 程序段图

表 5-12　SFB14/SFB15 的功能描述

S7-400 块	功　能	简要描述
SFB14	读数据	单边编程读访问
SFB15	写数据	单边编程写访问

表 5-13　各个 PLC 中用到的数据块的功能

传输方向	300(1)/300(2)	400(1)
300(1)→400(1)	DB1	DB1
300(1)←400(1)	DB2	DB2
300(2)→400(1)	DB1	DB3
300(2)←400(1)	DB2	DB4

2. 下载运行

(1) 根据选择的计算机与 PLC 通信电缆，在 SIMATIC Manager 界面的选项中设置 PG/PC 接口。本次使用 MPI 电缆，所以 PG/PC 接口设置为 PC Adapter(MPI)，如图5-49 所示。

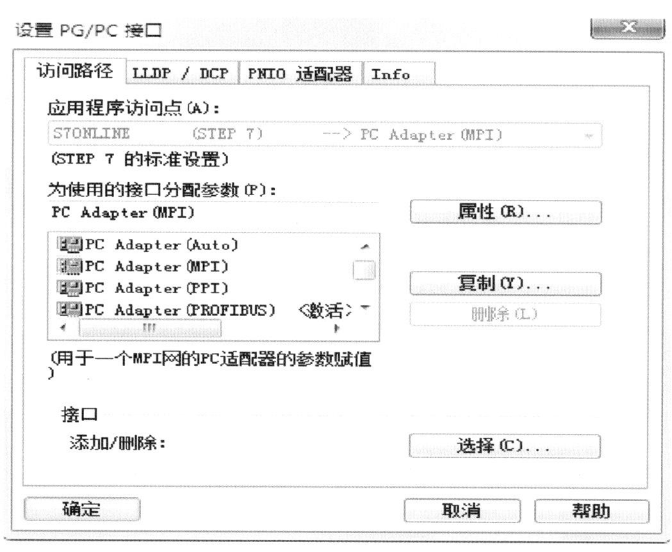

图 5-49　设置 PG/PC 接口

(2) 下载硬件组态。点击“下载”按钮，选择要下载到的目标模块，然后选择计算机与 CPU 连接的站点(双击导轨中的 CPU 314-2 DP，点击属性可以配置 MPI 接口地址，本次地址配置为 2)，点击“显示”，选择要访问的节点，再点击“确定”，如图 5-50 所示。

(3) 下载程序。在程序界面点击“下载”按钮，完成程序下载。

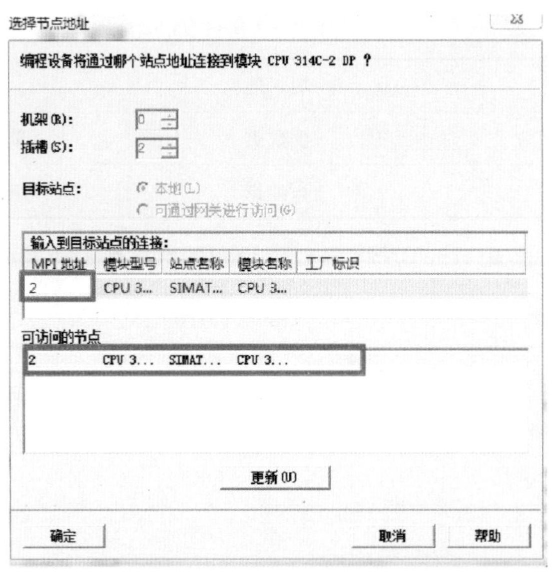

图 5-50 选择要下载到的目标模块

3. 调试运行

(1) 改写 S7-300(1)中 DB1 的数据，查看 S7-400(1)中 DB1 的数据是否与 S7-300(1)中 DB1 的数据一致。

(2) 改写 S7-300(2)中 DB1 的数据，查看 S7-400(1)中 DB3 的数据是否与 S7-300(1)中 DB1 的数据一致。

(3) 改写 S7-400(1)中 DB2 的数据，查看 S7-300(1)中 DB2 的数据是否与 S7-400(1)中 DB2 的数据一致。

(4) 改写 S7-400(1)中 DB4 的数据，查看 S7-300(2)中 DB2 的数据是否与 S7-400(1)中 DB4 的数据一致。

项目拓展：西门子冗余系统简介

严格来讲，PLC 与 PLC 之间的数据通信本身是为了不同控制子系统之间的数据交换，然而在实际使用中，偶尔会遇到某个控制器突然失灵的情况，此时我们可以通过增加控制器的数量来解决这一问题。本章将从冗余系统的概念、西门子硬冗余系统、西门子软冗余系统等方面讲解如何通过增加控制器的数量来提高系统的可靠性。

一、冗余的概念

冗余是指采用成倍增加元件的方式来实施控制，以期当控制设备出现故障或意外时将可能导致的损失降到最低。冗余的意思并不是留有余量，应避免混淆。

可以实现冗余的部件很多，常见的有以下几种：

(1) 处理器冗余：可采用一用一备或一用多备，即在主处理器失效时，备用处理器(称备用机)自动投入运行，接管控制。根据切换的机制和速度的快慢又可以将冗余分为冷冗余(冷备用)和热冗余(热备用)。另外还有一部分被称为温备用或者暖备用的方式，其实也应划归为冷备用，只是切换速度较快而已。

(2) 通信冗余：最常见的是双通道通信电缆，如双缆 PROFIBUS 通信或环网通信。通信冗余简单地分为单模块双电缆方式和两套单模块单电缆双工方式。

(3) I/O 冗余：相对处理器和通信，I/O 的冗余是最不容易实现的。通常较少使用 I/O 的冗余，因其成本增加较多。但相对重要的场合，使用 I/O 冗余也是必要的，如几乎所有的 DCS 都可以实现 I/O 冗余。I/O 冗余最常见的方式是 1∶1，但也有其他方式，如1∶1∶1 表决系统等。一般的 I/O 都实现了冗余的系统，处理器往往是热备用的。

对于处理器的冗余来讲，一般有以下两种常见的概念：

(1) 硬件冗余：一般指代处理器的热备用。热备系统采用硬件方式切换。除了成双使用的处理器外，一般还有一套热备模块，或者叫双机单元，热备模块负责检测处理器，一旦发现主处理器失效，马上将系统控制权切换至备用处理器。硬件冗余相对更稳定、更安全，但成本较高。

(2) 软件冗余：一般指代处理器的冷备用。冷备用采用软件方式切换。此时的处理器一般也是成双使用的，即一个使用、另一个备用。主处理器失效时，通过软件的方式切换至备用处理器。软件冗余相对来说速度慢、成本低。

二、西门子 PLC 硬冗余系统

1. 西门子 PLC 硬冗余系统简介

对于一些要求高可靠性的系统，例如在昂贵产品原料加工、停机或生产故障造成较大损失、由于中央控制系统故障而造成非常高的重启费用，以及在无人监督或少维修的情况下，为避免由于单一设备的故障而导致整个控制系统的瘫痪，采用硬冗余的配置方式是非常有必要的。目前，在能源、化工、环境工程、钢铁冶金、食品加工、玻璃、半导体等行业都可以采用 PLC 硬冗余配置。

S7-400H 是西门子提供的冗余 PLC，为双机架硬件级热备产品。它包含主、从两个机架和两套机架上的热备单元。两套完整独立的系统通过光纤高速通信，从而能有效地减少主、备单元的切换时间，实现主、备无扰动切换，且切换时间小于 100 ms。此外，西门子 S7-400H 冗余 PLC 还能够做到在系统切换时输出保持，并且信息、报警及中断信息不会丢失，而且所有 SIMATIC-S7 编程语言都仍然适用，且没有命令限制。普通 CPU 程序与冗余 CPU 程序可以相互使用，程序运行时所做的修改也能够自动被复制到备份的 CPU 中。

当主控制器发生故障时，包括电源、机架、同步模块、同步光纤、CPU 等，备用控制器都会立即切换投入使用。而 DP 从站及 DP 网络故障不会造成控制器的切换。截至目前，S7-400H 系列的 CPU 主要有内存 30 MB 的 CPU 417-4H、内存 2.8 MB 的 CPU 414-4H、内存 768 KB 的 CPU412-3H 等。这些 CPU 模块一般包括两个同步模块接口、一个 MPI/DP 接口和一个 DP 接口(412-3H 除外)。

2. 西门子 PLC 硬冗余系统的实现

下面我们通过一个简单的项目来说明如何实现 S7-400H PLC 的硬冗余。这里我们需要以下几个主要的模块：S7-400H 冗余套件(两个 400 CPU，两个同步模块)、ET200M 冗余套件(两个 ET200M 通信模块、一个数字量输入模块、一个数字量输出模块、一个模拟量输入模块、一个模拟量输出模块）、一套 Y-LINK 模块（主要作用是可以将单通道 DP 从站连接到冗余的系统中）、G120 变频器及电机。其中，两个同步模块之间用光缆通信，控制器与 ET200M 模块和 Y-LINK 模块之间通过 PROFIBUS 网络进行通信。其具体操作步骤如下：

(1) 打开 SIMATIC Manager 窗口，新建一个项目，并插入一个 SIMATIC H 站点，如图5－51 所示。

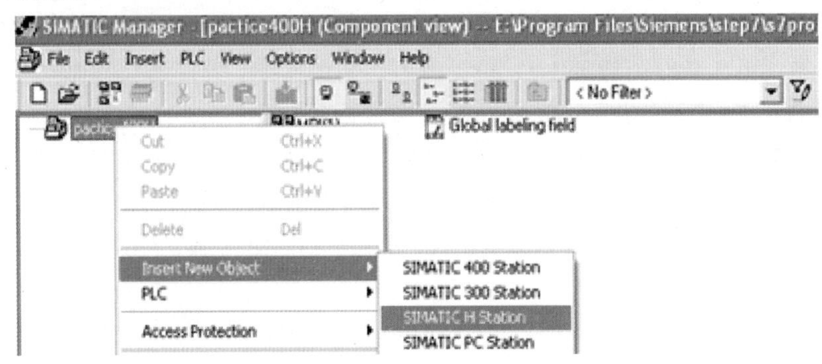

图 5－51　新建项目

(2) 选中 SIMATIC H 站点，双击 Hardware 进行组态。根据插槽的序列号，先插入插槽 UR2-H，再插入电源模块和 CPU 模块，这里选用 CPU 412-3 H。设置 CPU 的通信方式为 PROFIBUS，设置 DP 地址为 2，新建一个 PROFIBUS 网络，取名为 PROFIBUS (1)，如图 5－52 所示。

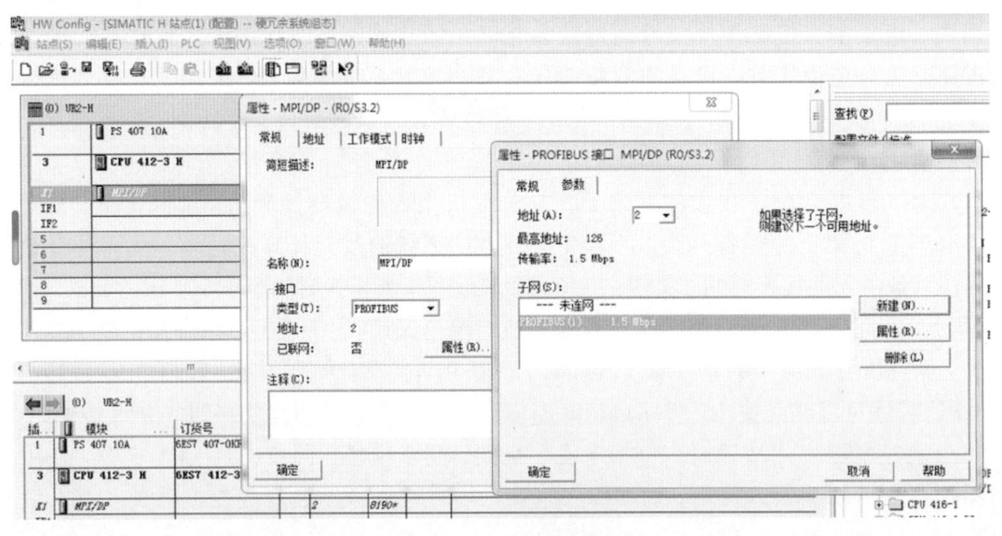

图 5－52　新建网络

(3) 在 CPU 模块内的 1F1 和 1F2 插槽内插入同步模块 HSync Submodule，如图5－53 所示。

(4) 将已组态好的插槽进行复制并粘贴在其边上，建立与第一个 CPU 相对应的冗余 CPU。接着设置第二个 CPU 的 DP 地址，并点击“新建”插入新的 DP 网络，从而形成如图 5－54 所示的组态。

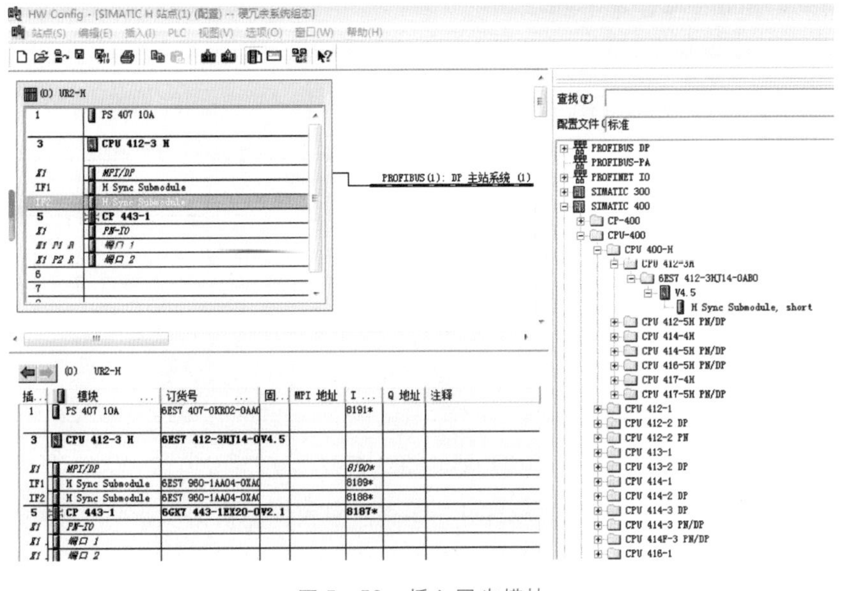

图 5-53　插入同步模块

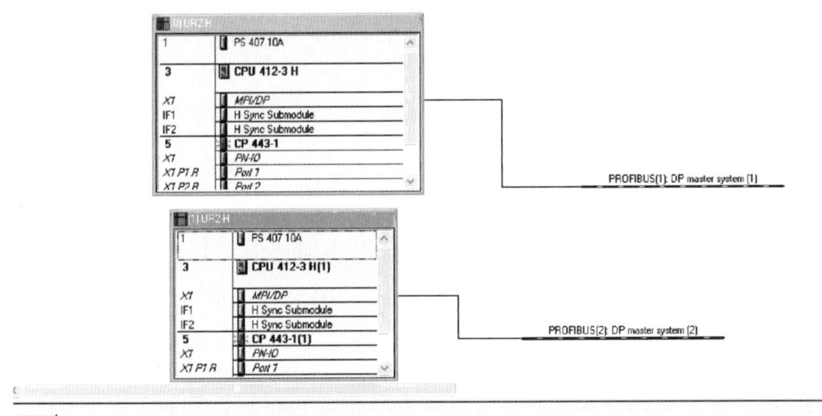

图 5-54　插入新的 DP 网络

(5) 插入 ET200M 冗余通信模块。在右侧菜单的 PROFIBUS-DP 中找到 ET200M，且从中找到与硬件序列号相对应的 IM 153-2 模块，插入 PROFIBUS 网络中。同样先要设置 DP 地址，这里选为 3。点击刚插入的 IM 153-2 模块，插入与硬件相对应的数字量模拟量输入/输出模块。点击右侧菜单中的 IM 153-2 选项，在下拉菜单中根据订货号选择相对应的模块。同样在右侧菜单 PROFIBUS-DP 中找到 DP/PA Link 以及与硬件相对应的Y-Link通信模块，然后将它拖到 DP 网络中并设置 DP 地址(这里设为 4)。之后选择 Interface Module for PROFIBUS-DP。在添加后多出的 DP 线上插入最终的 DP 模块 G120 变频器。G120 模块可以在右侧菜单 PROFIBUS-DP 中找到 SINAMICS，在 G120 中找到 CU240S-DP。最终我们可以得到一个如图 5-55 所示的组态网络。

(6) 点击 G120 并在屏幕下方设置输入/输出地址，此地址区域是 PLC 与变频器通信交换数据的区域。在实际通信时变频器可通过 PLC 发送出的控制字工作。

(7) 到此，硬件组态完毕，编译保存后即可下载。注意，在下载前还应把各个模块

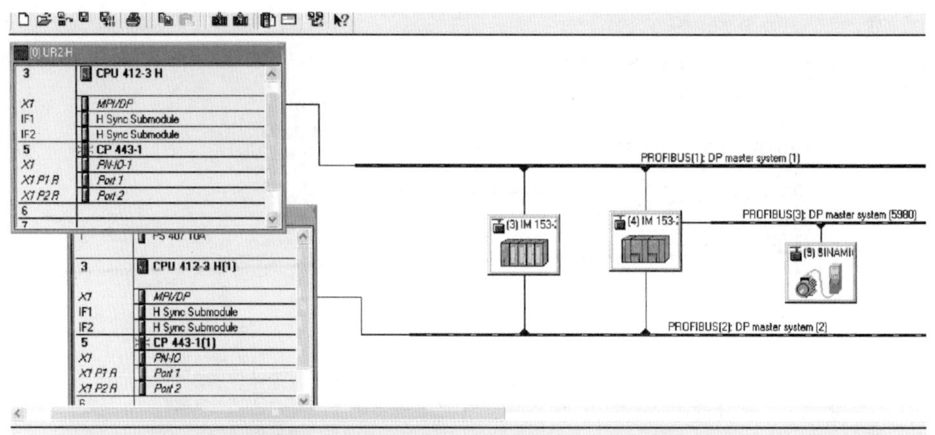

图 5-55 组态网络

硬件上的拨码开关即 DP 地址对应设置好，变频器参数也应根据实际的驱动电机做相应的设置。在对冗余模块进行下载时要先下载硬件组态，此时会出现两个 CPU，这时先下载到 CPU 412-3H，后下载到 CPU 412-3H(1)。然后可以根据实际情况，自己开发 PLC 程序来设计实际的动作，编辑好 PLC 程序后，同样要先下载到 CPU 412-3H，后下载到 CPU 412-3H(1)。

三、西门子 PLC 软冗余系统

1. 西门子 PLC 软件系统简介

软冗余又叫软件冗余(SWR)，和 S7-400 H 硬件冗余系统相对应。顾名思义，软件冗余是指用户通过使用程序来完成 PLC 系统的冗余功能，可应用于对主备系统切换时间为秒级的控制系统中，它的硬件平台一般是 S7-300/400，是西门子提高系统可用性的一种低成本解决方案，可以应用于对主备系统切换时间要求不高的控制系统中。这种 PLC 冗余方案已在国内外很多行业和项目中使用。

软冗余能够实现以下各种模块的冗余：主机架电源、背板总线等冗余；PLC 处理器冗余；PROFIBUS 现场总线网络冗余(包括通信接口、总线接头、总线电缆的冗余)；ET200M 站的通信接口模块 IM 153-2 冗余。软冗余是一个软件包，用于将 S7-300 和 S7-400 系列的标准 CPU 配置成容错控制器。同步冗余 CPU 的冗余链接由标准的通信接口如 CP 或 MPI 接口完成。I/O 设备的连接是通过两个冗余 PROFIBUS-DP 网络与带有冗余 IM 153-2 接口模块的 ET200M 站实现的。

在软冗余系统进行工作时，A、B 控制系统(处理器、通信单元、I/O 设备)独立运行，由主系统的 PLC 掌握对 ET200 从站中的 I/O 控制权。A、B 系统中的 PLC 程序由非冗余(Non-Duplicated)用户程序段和冗余(Redundant Backup)用户程序段组成，主系统 PLC 执行全部的用户程序，备用系统 PLC 只执行非冗余用户程序段，而跳过冗余用户程序段。其中冗余的 CPU 程序与非冗余的 CPU 程序可以由用户自己定义。

数据同步所需要的时间取决于同步数据量的大小和同步冗余 CPU 的冗余链接方式，MPI 方式周期最长，PROFIBUS 方式适中，PROFINET 方式最快。这里有一个计算公式：主备系统的切换时间 = 故障诊断检测时间 + 同步数据传输时间 + DP 从站切换时间。

2. 西门子 PLC 软冗余系统的实现

同样，我们也通过一个简单的项目来说明如何实现 S7-300 PLC MPI 同步方式的软冗余，S7-400 PLC 与其他同步方式组态编程方法类似。这里我们需要的硬件有两套，即 314-2DP 和一个 ET200M 从站，需要的软件除了 STEP7 5. x 软件以外，还需要软冗余软件包，软冗余软件光盘内包括冗余功能程序块库、不同系统结构的例子程序和软冗余使用手册。安装了软冗余软件包之后，便可以在 STEP7 中使用 SWR_LIB 库。可以在 SIMATIC Manager 中通过菜单命令"文件→打开→库"访问 SWR_LIB 库，此库包含五个块数据包。在这些数据包中，有两个用于 S7-300，其中 XSEND_300 用于 MPI 同步，AG_SEND_300 用于 PROFIBUS 和 Ethernet 同步。

1）硬件组合

首先打开 SIMATIC Manager，新建一个项目，并插入两个 S7-300 站，即 SIMATIC 300(A) 和 SIMATIC 300(B)。然后打开 SIMATIC 300(A)站，从硬件目录中选择机架，并在机架上插入 CPU 314-2DP，新建一条 DP 网络，DP 地址设置为 2，将 ET200M IM 153-2 组态到 DP 主站网络中，DP 地址为 3，插入 ET 200M IM 153-2 上的 I/O 模块。对 SIMATIC 300(B)站重复上述过程。最终的组态结果如图 5-56 所示。

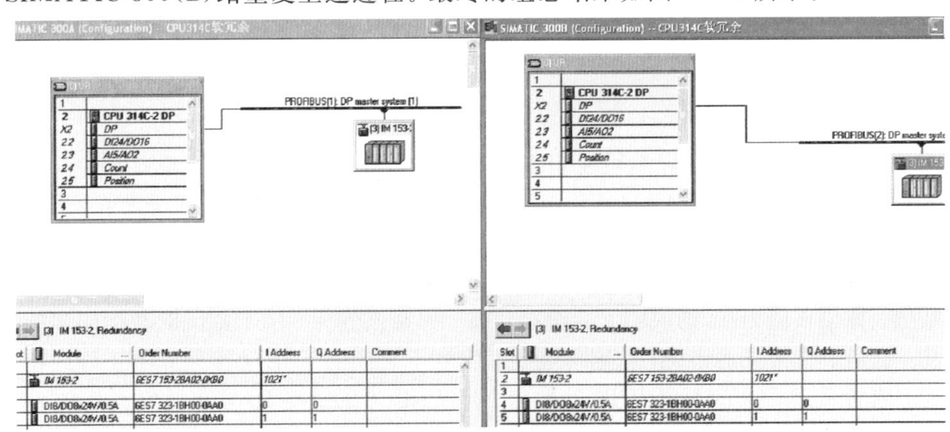

图 5-56　组态结果

将两个 CPU 315-2DP 的 MPI 地址分别设为 2 和 3，通过菜单命令"文件→打开→库"中找到所需要的软冗余程序并拷贝到示例程序中，如图 5-57 所示。

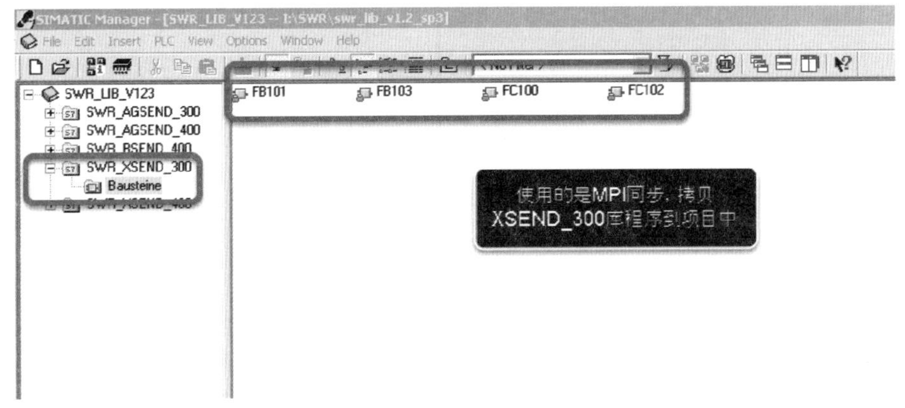

图 5-57　软冗余程序拷贝

2）软件编程

在 A 站的 Block 中插入 OB100、OB35、OB86 组织块，并对其中的 OB100、OB35、OB86 进行编程。在 OB100 中调用 FC 100′SWR_START′进行软冗余的初始化。图 5－58 中给出了一个 FC100 功能块参数的例子，可供编程参考，具体每个功能参数这里不再一一说明，可以参考 S7-300 软冗余手册或通过帮助功能了解。

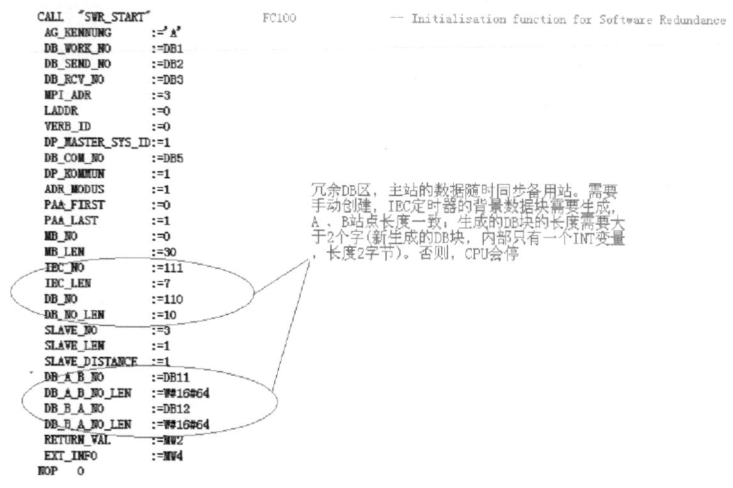

图 5－58　软冗余的初始化

一般我们将非冗余程序段编写在 OB1 中，而将冗余程序段编写在 OB35 中，这里使用的是 OB35 的默认属性，即每 100 ms 中断触发一次。还可以根据实际的需要在 CPU 属性中修改中断的时间间隔。在 OB35 里调用 FB 101 ′SWR_ZYK′ 功能块，FB101 块中封装了冗余功能的程序段，实现冗余功能。调用 FB101 时，我们可以在线读出 RETURN_VAL 参数的数值。如果该值为 0，则说明冗余链接正常；如果该值为 8015，则说明数据同步的连接不成功，这是一个常见的错误，原因可能是 CP342-5 之间的 FDL 链接建立不正确或物理链路不通，或者是 FC100 的 VERB_ID 参数与 NETPRO 中的链接 ID 号不一致。当执行″SWR_START″程序块时，系统分配这些数据区，不能用 S7 的定时器和计数器，只能使用 IEC 标准的定时器和计数器。OB35 中的程序可以分为 4 个部分，如图 5－59 所示。

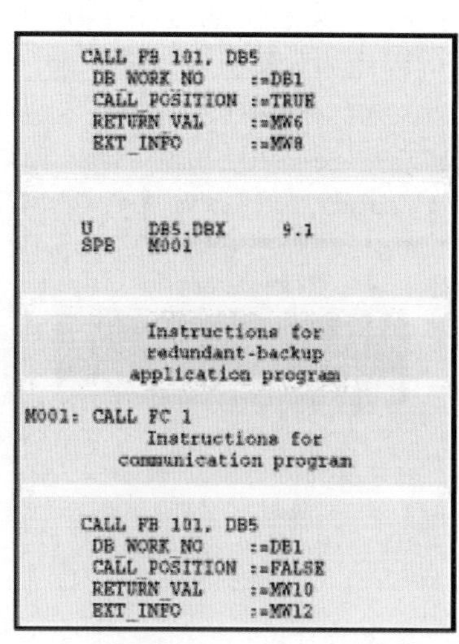

A. 在循环程序块(OB1或OB35)的开始调用FB101，并将CALL_POSITION置为TRUE

B.你可以在DB5中得到控制字(DBW10)和状态字(DBW8)的信息。分析状态字中的信息，如果当前站为备用系统，则跳过冗余程序段。

C.冗余程序段。

D.在循环程序块(OB1或OB35)的结尾调用FB101，将CALL_POSITION置为FALSE，停止系统冗余程序段。

图 5－59　程序分步讲解

OB35 中的冗余程序示例如图 5－60 所示。

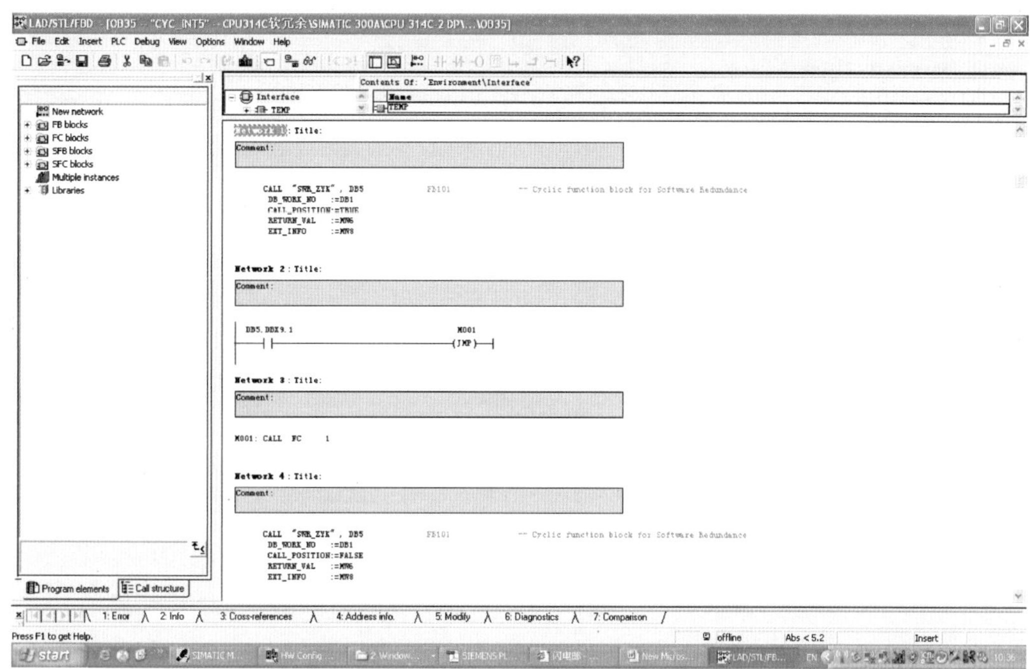

图 5－60　冗余程序实例

图 5－60 中，第一步为启动系统的冗余数据同步功能；第二步为根据状态字判断是否为主系统，为主系统时才执行第三步，否则跳到第四步；第三步为冗余的程序段；第四步为停止系统的冗余数据同步。

通过对 OB35 中的程序在线监控，可得知当前冗余功能成功与否，如图 5－61 所示。图中显示，FB101 的返回值 RETURN_VAL 和 EXT_INFO 为 0，说明冗余功能正常。

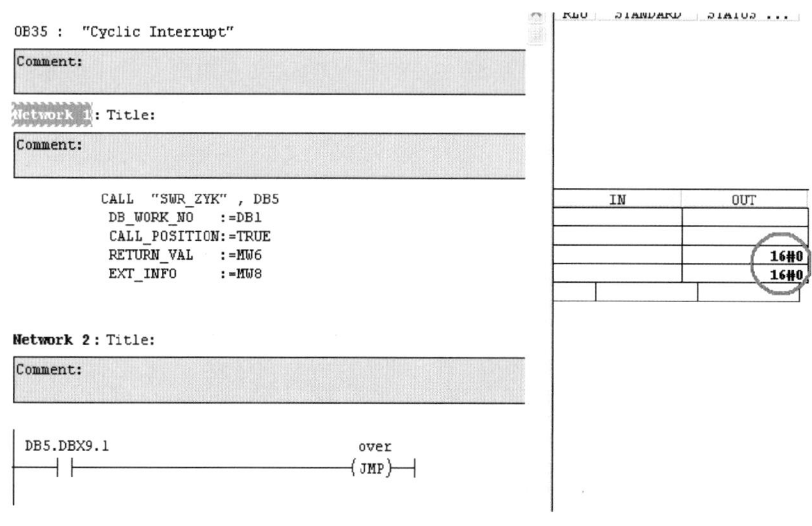

图 5－61　冗余功能正常

OB86 中的程序如图 5－62 所示。

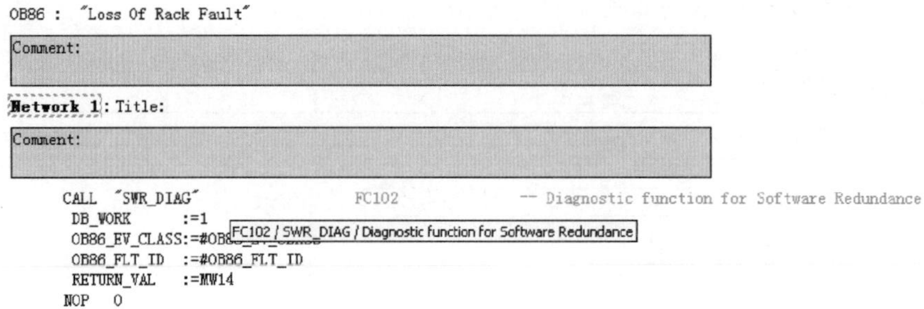

图 5-62 OB86 中的程序

最终得到的程序如图 5-63 所示。

CPU314C软冗余
SIMATIC 300A
CPU 314C-2 DP
S7 Program(1)
Sources
Blocks
SIMATIC 300B
CPU 314C-2 DP
S7 Program(2)
Sources
Blocks

Object name	Symbolic name	Created in language	Size in the work me...	Type	Version (Header)	Name (Header)	Unlinke
System data	---	---	---	SDB	---	---	---
OB1			38	Organization Block	0.1		---
OB35	CYC_INT5	LAD	178	Organization Block	0.1		---
OB80	CYCL_FLT	LAD	38	Organization Block	0.1		---
OB82		LAD	38	Organization Block	0.1		---
OB85		LAD	38	Organization Block	0.1		---
OB86	RACK_FLT	LAD	78	Organization Block	0.1		---
OB87		LAD	38	Organization Block	0.1		---
OB100	COMPLETE RESTART	STL	324	Organization Block	0.1		---
OB121	PROG_ERR	LAD	38	Organization Block	0.1		---
OB122		LAD	38	Organization Block	0.1		---
FB101	SWR_ZYK	STL	4030	Function Block	1.3	SWR_ZYK	---
FB103	SWR_SFCCOM	STL	1636	Function Block	1.3	SWR_SFC	---
FB104		STL	38	Function Block	0.1		---
FC1		LAD	42	Function	0.1		---
FC5		LAD	38	Function	0.1		---
FC6		LAD	38	Function	0.1		---
FC100	SWR_START	STL	3028	Function	1.3	SWR_STA	---
FC102	SWR_DIAG	STL	2480	Function	1.3	SWR_DIAG	---
DB5		DB	194	Instance data block ...	0.0		---
DB11		DB	54	Data Block	0.1		---
DB12		DB	54	Data Block	0.1		---
DB110		DB	54	Data Block	0.1		---
DB111		DB	54	Data Block	0.1		---
DB112		DB	54	Data Block	0.1		---
DB113		DB	54	Data Block	0.1		---
DB114		DB	54	Data Block	0.1		---
DB115		DB	54	Data Block	0.1		---
DB116		DB	54	Data Block	0.1		---
DB117		DB	54	Data Block	0.1		---
DB118		DB	54	Data Block	0.1		---
DB119		DB	54	Data Block	0.1		---
SFB3	TP	STL	---	System function block	1.0	TP	---

图 5-63 程序图

通过 FB101 背景数据块中的状态字和控制字，用户可以知道系统的运行情况和当前哪个系统为主系统、哪个为备用系统以及状态字的定义，如图 5-64 所示。

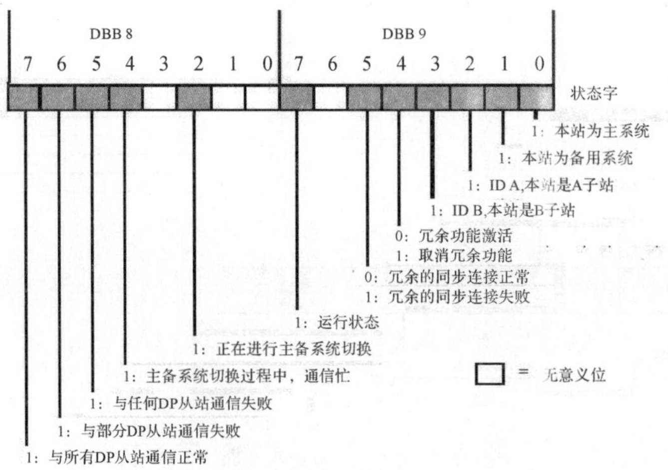

图 5-64 背景数据块中的状态字和控制字

用户可以通过写控制字中对应的位，启/停备用系统与主系统之间的冗余通信，也可以实现主系统与备用系统之间的手动切换。控制字的具体定义如图 5 - 65 所示。

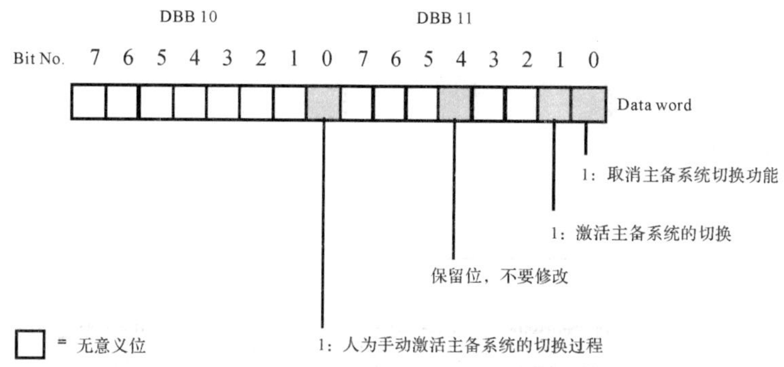

图 5 - 65 主系统与备用系统之间的手动切换

通过设定 DB5. DBX10. 0 为 1，实现主系统与备用系统的手动切换。

在 OB86 中调用诊断功能块 FC102 'SWR_DIAG'，当系统出现 PROFIBUS 总线错误时，该功能块返回诊断信息，供 FB101 使用。插入 FB101 内部调用的 FB104、FC5、FC6 等功能块。至此，所有的软冗余组态与编程过程就完成了，将所有的程序块下载到 PLC 中，即可对系统进行调试。

项目三　基于 TIA Portal 的自动检测生产线的设计与调试

岗课赛证融合知识点 6

课程思政 13

学习目标：

(1) 了解 S7-1200 PLC 的基本情况；

(2) 了解 TIA 博途软件的基本使用方法；

(3) 掌握 S7-300 PLC 与 SPIDER67 之间的 DP 通信；

(4) 掌握 S7-1200 PLC 与 SPIDER67 之间的 PN 通信；

(5) 掌握 S7-300 PLC 与 S7-1200 PLC 之间的 PN 通信。

"智能制造"已经成为时代热词。智能制造系统的实现涉及多方面的技术，而且需要各种技术的高度集成，才能实现柔性化、智能化甚至定制化生产。在这样的背景下，一些企业纷纷对自己原有的生产线进行改造升级。然而在新建生产线或改进已有的生产线时，往往会遇到各种不同的控制子系统。将这些不同结构的子系统集成到一起，则称作工业控制网络系统集成。本章主要介绍西门子厂家不同系列的控制器之间以及西门子的 PLC 与其他厂家的远程 I/O 模块之间如何实现系统集成。

项目背景及要求

工业 4.0、中国制造 2025、互联网＋、人工智能等都是近些年出现的热词。对于制造业各个行业的企业来说，实现智能制造是新一轮工业革命的最终目的，智慧工厂(Smart Factory)为智能制造提供了模式参考。本节主要介绍某智慧工厂示范基地项目，并引出自动检测生产线的设计与调试。

一、项目背景

所谓智慧工厂，是指以现代管理理念和先进制造技术为基础，以数据、信息和知识为核心的更灵活、更高效、更安全、更环保、更和谐和可持续的新一代制造业范式。它是现代工厂信息化发展的新阶段，是在数字化工厂的基础上，利用物联网技术和设备监控技术加强信息管理和服务，从而掌握产销流程、提高生产过程的可控性、减少生产线上人工干预、即时正确地采集生产线数据，以及合理的生产计划编排与生产进度，再加上绿色智能的手段和智能系统等新兴技术，所构建的一个高效节能、绿色环保、环境舒适的人性化工厂。智慧工厂的基础在于自动检测与生产。

在这样的技术发展背景下，某企业投资 700 多万元建设了一条智能化生产线，其中自动检测生产线的控制系统设计与实施将作为子项目交由工程公司承包。

二、项目要求

自动检测生产线演示动画

智能化生产线中包含了多道生产流程，其中自动检测生产线的控制系统主要包括一套 S7-300 PLC 和一套 S7-1200 PLC 以及一台 G120 变频器和一套 SPIDER67 远程 I/O 模块。为了实现自动检测生产线的设计和调试，首先要了解 S7-1200 PLC 和 SPIDER67 远程 I/O 模块的相关知识。

项目准备

本项目主要介绍 S7-1200 PLC 的常用模块、特点及应用领域，以及 TIA 博途 V13 的基本使用方法、SPIDER67 网关和 I/O 模块。

一、认识 S7-1200 PLC

1. S7-1200 PLC 简介

S7-1200 是西门子公司推出的小型 PLC，该 PLC 以其极高的性价比，在国际国内占有很大的市场份额，并在我国各行各业得到了广泛的应用，代表了下一代 PLC 的发展方向。

S7-1200 的结构紧凑、功能全面、扩展方便，其 CPU 模块上集成有工业以太网通信接口和多种工艺功能，可以作为一个组件集成在完整的综合自动化系统中。其带有集成 PROFINET I/O 接口的控制器，可与 SIMATIC 控制器、HMI、编程设备和其他自动化组件进行通信。所有 CPU 都可用于单机、网络以及分布式结构，安装、编程和操作极为简便。S7-1200 可作为集成式 Web 服务器，带有标准和用户特定 Web 页面，且具有数据记录功能，可用于归档用户程序的运行数据。S7-1200 具有强大的集成工艺功能，如计数、测量、闭环控制和运动控制等，其 CPU 模块集成了数字量和模拟量输入/输出。S7-1200 可直接用于控制器的信号板卡，同时具有可通过 I/O 通道对控制器进行扩展的信号模块。

S7-1200 控制器用于处理开环和闭环控制任务。由于 SIMATIC S7-1200 既具有模块化的紧凑型设计，同时又具有高性能，因此它也适用于广泛的自动化应用，包括取代各种继电器和接触器，以及完成网络或分布式结构中的各种复杂自动化任务。

SIMATIC S7-1200 系列包括以下模块：依性能分级的不同型号紧凑型控制器以及丰富的交直流控制器；各种信号板卡（模拟量和数字量），用于在 CPU 模块上进行经济的模块化控制器扩展，可节省安装空间；各种数字量和模拟量信号模块；各种通信模块和处理器；带 4 个端口的以太网交换机，用于实现各种网络拓扑；SIWAREX 称重系统终端模块；PS1207 稳压电源装置，其电源电压为 AC 115/230 V，额定电压为 DC 24 V。

SIMATIC S7-1200 系列具有以下机械特性：坚固、紧凑的塑料机壳；连接和控制部件易于接触，并由前盖板提供保护；模拟量或数字量扩展模块上具有可拆卸的连接端子。

SIMATIC S7-1200 支持各种通信协议，其 CPU 模块上集成的 PROFINET 接口可与编程设备、HMI 设备、其他 SIMATIC 控制器、PROFINET I/O 自动化组件等设备进行通信，并且支持 TCP/IP、ISO-on-TCP 和 S7 通信，如图 6－1 所示。同时，集成的 PROFINET 接口可通过标准 5 类电缆连接现场编程器和 PC，还可连接 SIMATIC HMI 精简面板和其他 SIMATIC S7-1200 控制器。

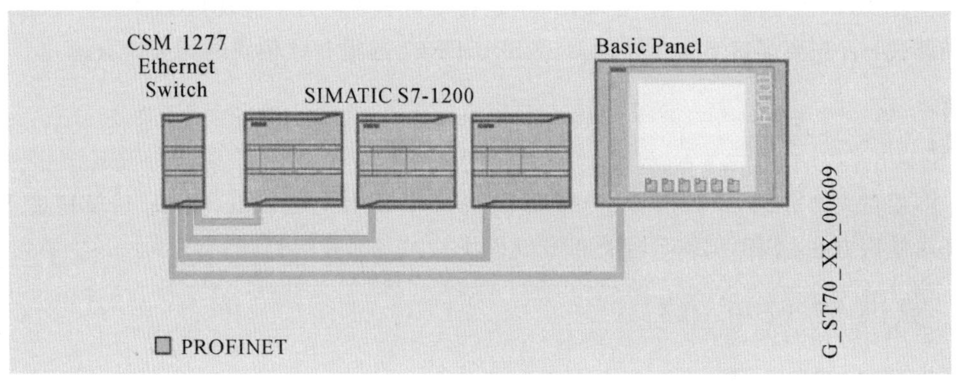

图 6－1　通过 CSM 1277 以太网交换机连接多台设备

除了集成的 PROFINET 接口可实现通信以外，S7-1200 还可以通过扩展通信模块实现多种通信。例如：通过 CM 1243-5 DP 模块，可以实现 PROFIBUS-DP 主站通信；通过 CM 1242－5 DP 模块，可以实现 PROFIBUS-DP 从站通信；通过 GPRS 模块，可以连接到 GSM/G 移动网络；通过 LTE 模块，可以在第四代 LTE(长期演进)移动网络中进行通信；通过 RF120C 模块，可以连接到 SIMATIC Ident 系统；通过 SM1278 模块，可以连接到 IO-Link 传感器和执行器。此外，S7-1200 还可以通过各种通信模块实现点到点连接和各种安全通信等功能。

2. S7-1200 PLC 的主要模块

S7-1200 主要由 CPU 模块、信号板、信号模块、通信模块组成，各种模块安装在标准导轨上。通过 CPU 模块或通信模块上的通信接口，PLC 被连接到通信网络上，可以与计算机、其他 PLC 或其他设备通信。图 6-2 为 S7-1200 的实物图。

1) CPU 模块

CPU 模块主要由微处理器(CPU 芯片)和存储器组成。在 PLC 控制系统中，CPU 模块相当于人的大脑和心脏，它不断地采集输入信号，执行用户程序，刷新系统的输出；而存储器则用来储存程序和数据。

集成的 PROFINET 以太网接口用于与编程计算机、HMI(人机界面)、其他 PLC 通

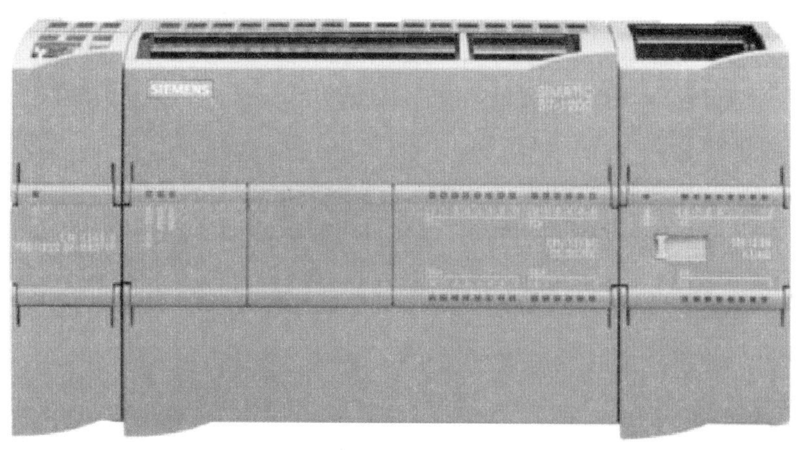

图 6-2　S7-1200 实物图

信。此外，它还通过开放的以太网协议支持与第三方设备进行通信。

S7-1200 CPU 集成有 6 个高速计数器。其中，3 个高速计数器的最高输入频率为 100 kHz，另外 3 个高速计数器的最高输入频率为 30 kHz。此外，S7-1200 CPU 还集成了两个 100 kHz 的高速脉冲输出，可以输出脉冲宽度调制(PWM)信号。

S7-1200 集成了 50 KB 的工作存储器、最多 2 MB 的装载存储器和 2 KB 的掉电保持存储器。使用 SIMATIC 存储卡最多可以扩展 24 MB 的装载存储器。

2）信号板

每块 CPU 模块内可以安装一块信号板，安装后不会改变 CPU 的外形和体积。有两种型号的信号板，一种有两点数字量输入和两点数字量输出；另一种有一点模拟量输出。

3）信号模块

信号模块安装在 CPU 模块的右边，扩展能力最强的 CPU 模块可以扩展 8 个信号模块，以增加数字量和模拟量输入/输出点。

输入(Input)模块和输出(Output)模块简称 I/O 模块，数字量(又称为开关量)输入模块和数字量输出模块简称 DI 模块和 DO 模块，模拟量输入模块和模拟量输出模块简称 AI 模块和 AO 模块，这些模块统称为信号模块，简称 SM。

信号模块是系统的眼、耳、手、脚，是联系外部现场设备和 CPU 模块的桥梁。输入模块用来接收和采集输入信号，数字量输入模块用来接收从按钮、选择开关、数字拨码开关、限位开关、接近开关、光电开关、压力继电器等传来的数字量输入信号。模拟量输入模块用来接收电位器、测速发电机和各种变送器提供的连续变化的模拟量电流、电压信号，或者直接接收热电阻、热电偶提供的温度信号。

数字量输出模块用来控制接触器、电磁阀、电磁铁、指示灯、数字显示装置和报警装置等输出设备，模拟量输出模块用来控制电动调节阀、变频器等执行器。

CPU 模块内部的工作电压一般是 DC 5 V，而 PLC 的外部输入/输出信号电压一般较高，例如 DC 24 V 或 AC 220 V，因此从外部引入的尖峰电压和干扰噪声可能会损坏

CPU 中的元器件，或使 PLC 不能正常工作。因此，在信号模块中，用光耦合器、光敏晶闸管、小型继电器等器件来隔离 PLC 的内部电路和外部的输入、输出电路。所以说，信号模块除了传递信号外，还有电平转换与隔离的作用。

4）通信模块

S7-1200 CPU 最多可以添加三个 RS-485 或 RS-232 串行通信模块，可以使用 ASCII 通信协议、USS 驱动协议、MODBUS RTU 主站和从站协议，对通信的组态和编程采用扩展指令或库功能。

5）SIMATIC HMI 精简系列面板

全新的 SIMATIC HMI 精简系列面板(又称为基本面板)的触摸屏操作直观，有 4 in、6 in、10 in 和 15 in(1 in＝2.54 cm)四种规格，其防护等级为 IP 65，可以在恶劣的工业环境中使用。

SIMATIC HMI 精简系列面板与 SIMATIC S7-1200 无缝兼容，为紧凑型自动化应用提供了一种简单的可视化控制解决方案。

3. S7-1200 PLC 的特点

S7-1200 的结构紧凑、功能全面、扩展方便，安装、编程和操作极为简便，其主要特点如下：

(1) 编程方法简单易学。

梯形图是使用广泛的 PLC 编程语言，其电路符号和表达方式与继电器电路原理图相似，梯形图语言形象直观、易学易懂，熟悉继电器电路图的电气技术人员只需花几天时间就可以熟悉梯形图语言，并能使用它编制数字量控制系统的用户程序。

(2) 功能强，性价比高。

一台小型 PLC 内有成百上千个可供用户使用的编程元件，可以实现非常复杂的控制功能。与相同功能的继电器系统相比，它具有很高的性价比。PLC 可以通过通信联网，实现分散控制、集中管理。

(3) 硬件配套齐全，用户使用方便，适应性强。

PLC 产品已经标准化、系列化、模块化，配备有品种齐全的各种硬件装置供用户选用，用户能灵活方便地进行系统配置，组成不同功能、不同规模的系统。PLC 的安装接线也很方便，一般用接线端子连接外部接线。PLC 具有较强的带负载能力，可以直接驱动大多数电磁阀和中小型交流接触器。

硬件配置确定后，通过修改用户程序，就可以方便、快速地适应工艺条件的变化。

(4) 可靠性高，抗干扰能力强。

传统的继电器控制系统使用了大量的中间继电器和时间继电器。由于触点接触不良，容易出现故障。PLC 用软件代替中间继电器和时间继电器，仅剩下与输入和输出有关的少量硬件元件。与继电器控制系统相比，它可以减少大量的硬件触点和接线，大大减少了因触点接触不良造成的故障。

PLC 使用一系列硬件和软件抗干扰措施，具有很强的抗干扰能力，平均无故障时间达到数万小时以上，可直接用于有强烈干扰的工业生产现场，所以 PLC 被广大用户公认为是最可靠的工业控制设备之一。

(5) 系统的设计、安装、调试工作量少。

PLC 用软件功能取代了继电器控制系统中大量的中间继电器、时间继电器、计数器等器件，使控制柜的设计、安装、接线工作量大大减小。

PLC 的梯形图程序可以用顺序控制设计法来设计。这种设计方法很有规律，很容易掌握。对于复杂的控制系统，用这种方法设计程序的时间比设计继电器系统电路图的时间要少得多。

(6) 维修工作量小，维修方便。

PLC 的故障率很低，并且有完善的故障诊断功能。PLC 或外部的输入装置和执行机构发生故障时，可以根据信号模块上的发光二极管或编程软件提供的信息，方便快速地查明故障的原因，用更换模块的方法迅速排除故障。

(7) 体积小，能耗低。

复杂的控制系统使用 PLC 后，可以减少大量的中间继电器和时间继电器，小型 PLC 的体积仅相当于几个继电器的大小，因此可以将开关柜的体积缩小到原来的 1/2～1/10。

PLC 控制系统与继电器控制系统相比，减少了大量的接线，节省了控制柜内安装接线的工作量，缩小了开关柜的体积，因此可以节省大量的费用。

二、TIA 博途 V13 基本使用方法

上节讲述了 S7-1200 的相关知识，本节主要讲述 S7-1200 的编程软件，现在工作、学习中主要用的 TIA 博途软件有 V13、V14、V15 等型号。本节主要介绍 TIA 博途 V13 软件的安装要求、特点、项目创建及程序编写。

全集成自动化软件 TIA Portal(中文名为博途）是西门子工业自动化集团发布的新一代全集成自动化软件。它几乎适用于所有的自动化任务。借助这个软件平台，用户能够快速、直观地开发和调试自动化控制系统。与传统方法相比，TIA V13 无须花费大量时间集成各个软件包，从而显著节省了时间，提高了设计效率。截至目前，它的最新版本是 V15，有 Basic、Comfort、Advanced、Professional 四个版本。

1. TIA V13 的安装要求

(1) 电脑硬件要求(专业版)：

- 处理器：四核以上；
- 内存：不低于 4 GB，建议 8 GB；
- 硬盘：300 GB 以上；
- 显示器：不小于 15.6 寸宽屏；
- 图形分辨率：不低于 1920×1080。

(2) 操作系统要求：

- Windows 7 Home Premium SP1(针对 Basic 版)；
- Windows 7 Professional SP1 或 Enterprise SP1 或 Ultimate SP1；
- Windows 8.1(针对 Basic 版)；

- Windows 8.1 Pro 或 Enterprise；
- Windows Server 2012 R2 Standard；
- Windows Server 2008 R2 Standard Edition SP2。

(3) 兼容性要求(针对 Professional 版)：

- TIA Portal V13、STEP7 V5.5、STEP7 Micro/WIN V4.0 SP9 可以在同一台电脑上安装并使用；
- TIA Portal WinCC V13 和 WinCC flexible 2008 SP3 可以在同一台电脑上安装并使用；
- TIA Portal WinCC V13 和 WinCC V7.0～V7.3 不能在同一台电脑上安装并使用。

2. TIA V13 的特点

TIA V13 操作直观、上手容易、使用简单，使用户能够对项目进行快速而简单的组态。由于它具有通用的项目视图、用于图形化工程组态的最新用户接口技术、智能的拖放功能以及共享的数据处理等特点，从而可有效地保证项目的质量。

用户可以在以下两种不同的视图中选择一种最合适的视图：

(1) 在入口(Portal)视图中，可以概览自动化项目的所有任务。初学者可以借助面向任务的用户指南以及最适合其自动化任务的编辑器来进行工程组态。

(2) 在项目视图中，整个项目(包括 PLC 和 HMI 设备)按多层结构显示在项目树中。本书主要使用项目视图。

可以使用拖放功能为硬件分配图标，组态连接设备的通信网络。用户可以在同一个工程组态软件框架下同时使用 HMI 和 PLC 编辑器，大大提高了效率。

图形编辑器保证了对设备和网络快速直观地进行组态，使用线条连接单个设备就可以完成对通信连接的组态。在线模式可以提供故障诊断信息。

该软件采用了面向任务的理念，所有的编辑器都嵌入到一个通用框架中。用户可以同时打开多个编辑器，只需轻点鼠标，便可以在编辑器之间切换。

软件能自动保持数据的一致性，可确保项目的高质量，经修改后的应用数据也能在整个项目中自动更新。交叉引用的设计保证了变量在项目的各个部分以及在各种设备中的一致性，因此可以统一进行更新。系统自动生成图标并分配给对应的 I/O 模块。数据只需输入一次，无须进行额外的地址和数据操作，从而降低了发生错误的风险。

通过本地库和全局库，用户可以保存各种工程组态的元素，例如块、变量、报警、HMI 的画面、各个模块和整个站。这些元素可以在同一个项目或在不同的项目中重复使用。借助全局库，可以在单独组态的系统之间进行数据交换。

常用的命令可以保存在一个收藏列表中，所有的工程组态模块可以复制并添加到其他 S7-1200 项目中。

3. 创建一个项目

1) Portal 视图和 Project 视图

TIA Portal 提供了两种不同的工具视图：基于项目的项目视图(Project View)和基

于任务的入口视图(Portal View)。项目视图可以访问项目中所有的组件，本书主要使用项目视图。

双击桌面“TIA Portal V13”图标，进入启动画面，图 6－3 是启动画面的主要部分。点击视图左下角的“项目视图”，切换到项目视图，如图 6－4 所示。

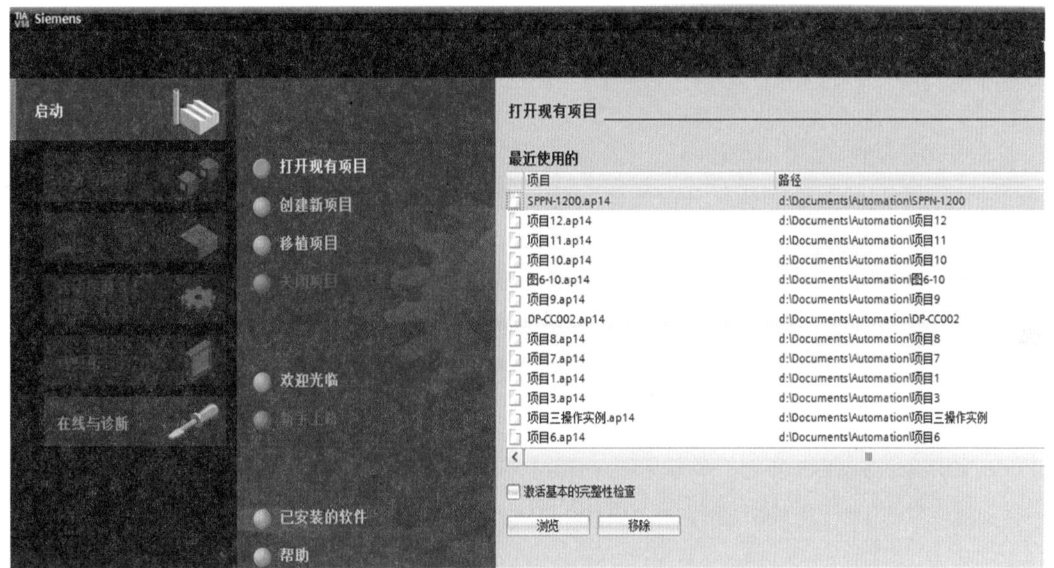

图 6－3　TIA V13 启动画面

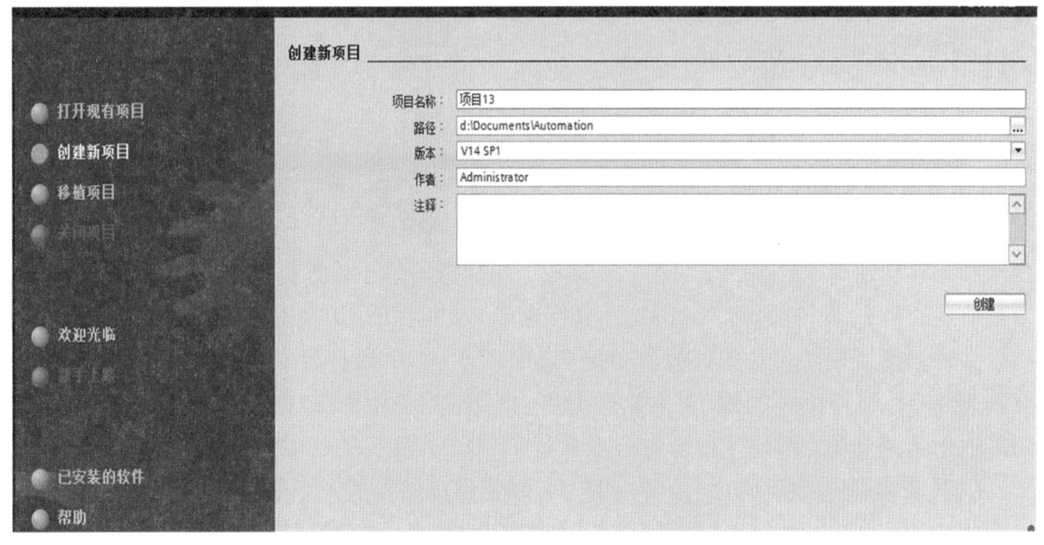

图 6－4　TIA V13 项目视图

2）生成一个项目

执行“项目→新建”菜单命令，在弹出的“创建新项目”对话框(见图 6－5)中修改项目的名称，或者使用系统指定的名称。点击“路径”输入框右边的“...”按钮，可以修改保存项目的路径。点击“创建”，开始生成项目。

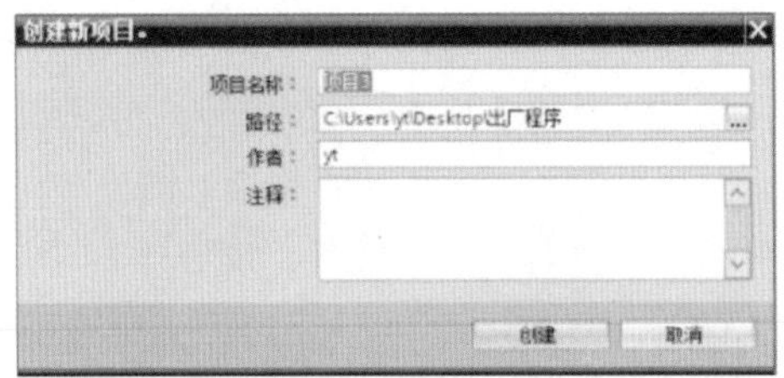

图 6－5 “创建新项目”对话框

3）添加 PLC 设备

（1）在网络视图中添加设备。生成项目后，双击图 6－6 左边窗口项目树中的“设备和网络”项，中间的工作区是打开的网络视图。点击图 6－6 中最右边竖条上的“硬件目录”项，打开右边的硬件目录窗口。用鼠标将“\控制器\SIMATIC S7-1200\CPU\CPU 1214C DC/DC/DC”文件夹中某个订货号的 CPU 拖到网络视图中，添加一个名为 PLC_1 的设备。

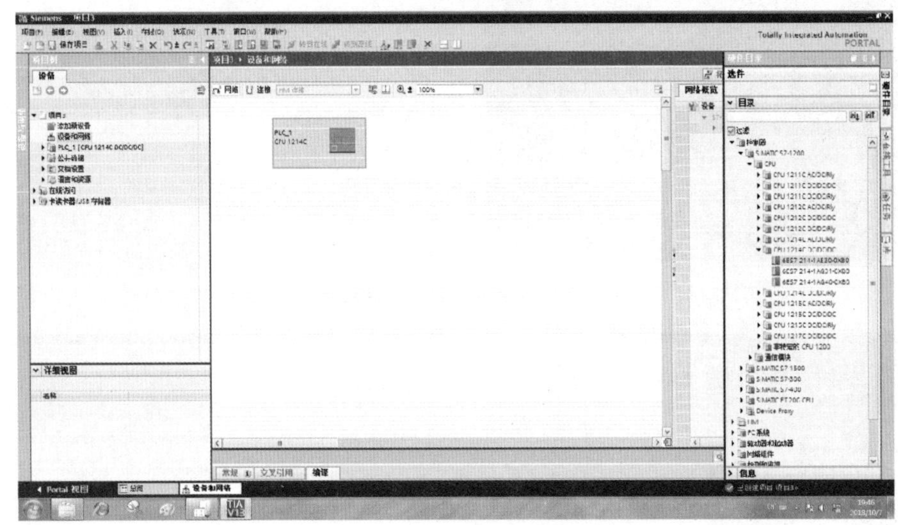

图 6－6 通过网络视图添加设备

没有移动到允许放置该模块的工作区时，光标提示禁止放置；反之，光标的形状变为带有加号的箭头（允许放置）。此时松开鼠标左键，被拖住的 CPU 模块将被放置到工作区。

如果激活了硬件目录的过滤器功能（选中图 6－6 中硬件目录窗口中的“过滤”复选框），硬件目录只显示与工作区有关的硬件。例如，用设备视图打开 PLC 的组态画面时，如果选中了过滤器，则硬件目录窗口不显示 HMI，只显示 PLC 的模块。

双击该站点的图标，打开设备视图，可以看到机架和插入 1 号槽的 CPU。

（2）用添加新设备对话框添加设备。双击项目树中的“添加新设备”项，弹出“添加新设备”对话框。点击其中的“SIMATIC PLC”按钮或“SIMATIC HMI”按钮，选中要添加的设备的订货号，然后点击“确定”，可以添加一个 S7-1200 PLC 或精简系列面板设备。在项目树、硬件视图和网络视图中可以看到添加的设备，如图 6－7 所示。

4）设置自动打开项目视图

在项目编辑器中执行“选项→设置”菜单命令，选中工作区左边窗口的“常规”，用单选框选中工作区右边窗口的项目视图，以后每次打开软件都将显示项目视图，如图 6－8 所示。

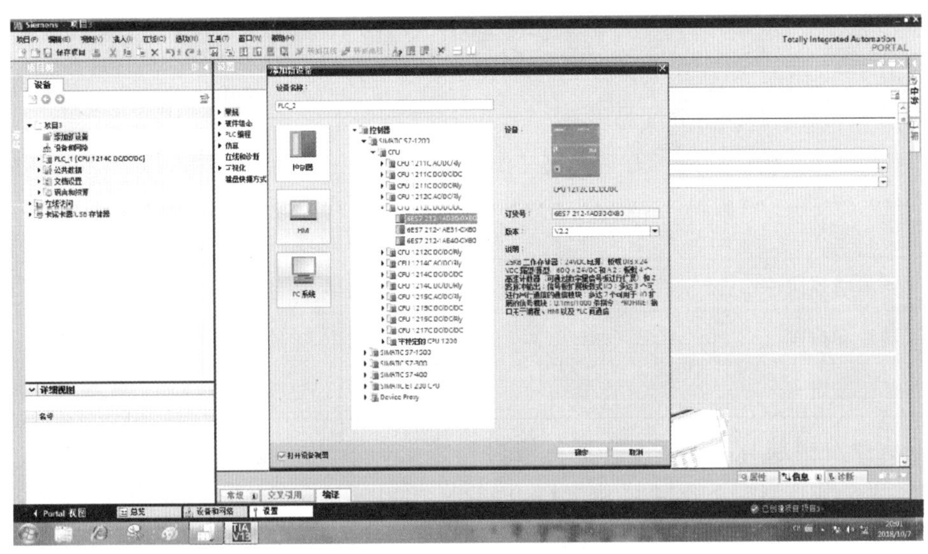

图 6-7　通过“添加新设备”添加设备

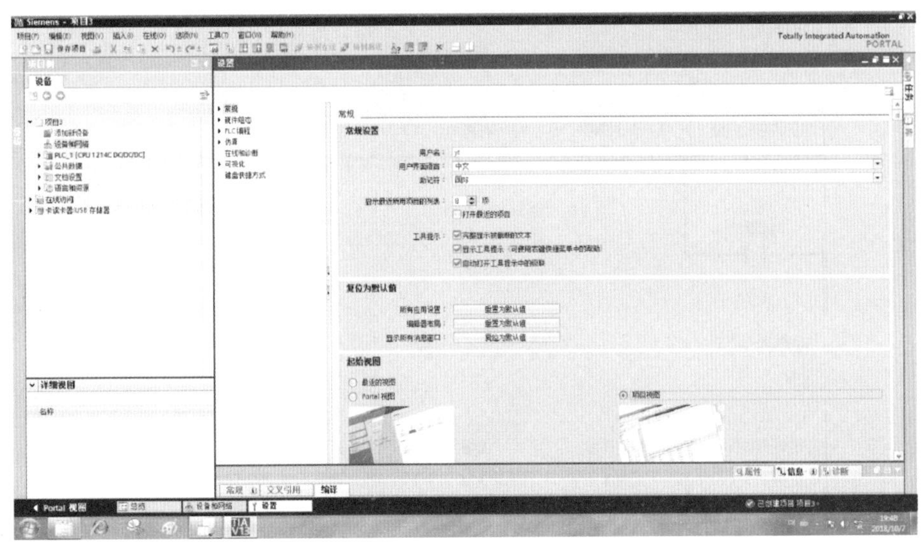

图 6-8　设置自动打开项目视图

4. 电机正反转实例

在众多的系统中均要求电机能够实现正反转操作。从电机的工作原理可知，将三相电源中的任意两个进行对调，就能实现电机的反向运转，因此电动机实现正反转的实质便是电源进线的调换。但若仅调换进线，容易导致电源短路，因此必须设置互锁。图6-9是三相异步电机正反转的主电路原理图，图中 KM1 和 KM2 均是交流接触器主触头，当 KM1 吸合时，KM2 交流接触器主触头就会断开，然后便

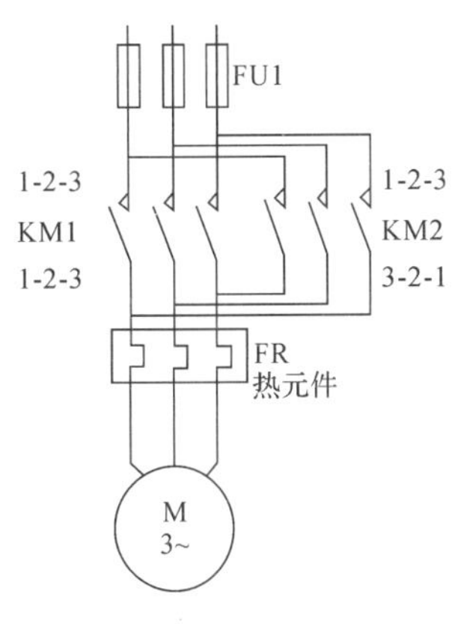

图 6-9　三相异步电机正反转主电路原理图

可实现电机的正转。若断开交流接触器主触头 KM1，KM2 就会吸合，此时电机将实现反转。图 6－9 中的 FU1 主要用于防止电源短路。

由分析可知，I/O 的分配见表 6－1。

表 6－1 I/O 分配表

元件名称	PLC 输入	元件名称	PLC 输出
正转启动按钮	I0.0	正转输出 KM1	Q0.0
反转启动按钮	I0.1	反转输出 KM2	Q0.1
停止按钮	I0.2		

在程序块中编写程序，当按下正转启动按钮 I0.0 时，Q0.0 变为 1 状态并自锁，KM1 发生动作。当按下反转启动按钮 I0.1 时，Q0.1 变为 1 状态并自锁，KM1 断开，KM2 动作。任意时刻，按下停止按钮 I0.2 时，KM1 和 KM2 均断开。PLC 控制程序的编写见图 6－10。

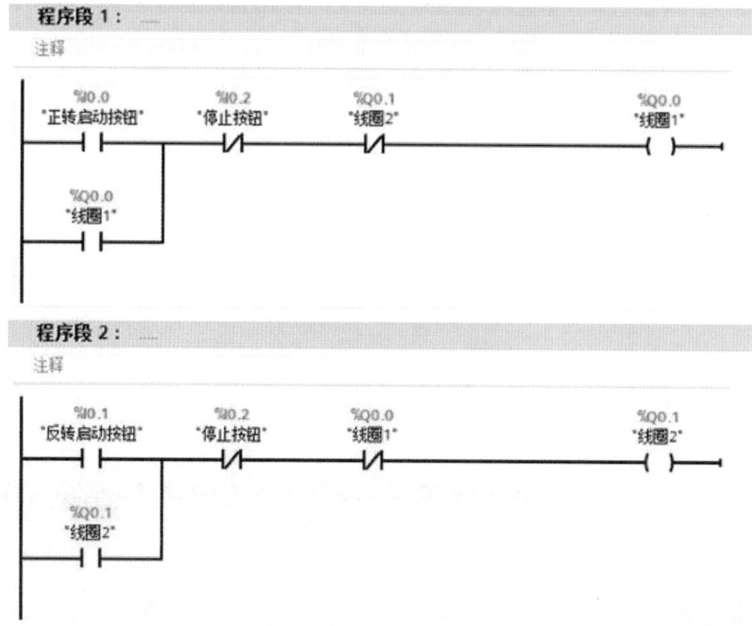

图 6－10 PLC 程序编写

三、SPIDER67 网关及 I/O 模块

在学习过 S7-1200 的硬件组成与软件编程之后，接下来将学习 SPIDER67 网关及 I/O模块。SPIDER67 网关型号种类很多，各自的接口模块也都不同，可从电源接口、总线接口、扩展接口等方面进行选择。另外，本节还将对 SPIDER67 网关的面板与 I/O 模块进一步介绍。

1. SPIDER67 网关(SPCL-GW-001)介绍

(1) 选型介绍。有关 SPIDER67 网关产品的选型与介绍见表 6－2。

表 6－2　SPIDER67 网关产品选型与介绍

序　号	产 品 型 号	描　述
1	SPPN-GW-001	标准 PROFINET 从站接口模块 1 个针端 7/8 电源接口 2 个孔端 M12 D-Code 总线接口 4 个孔端 M12 B-Code 扩展接口
2	SPEC-GW-001	标准 EtherCAT 从站接口模块 1 个针端 7/8 电源接口 2 个孔端 M12 D-Code 总线接口 4 个孔端 M12 B-Code 扩展接口
3	SPCL-GW-001	CC-Link 从站接口模块 1 个 7/8 针端电源接口 2 个 M12 A-Code 总线接口(针＋孔) 4 个孔端 M12 B-Code 扩展接口
4	SPDB-0800D-001	8 点 PNP 输入或无源触点 4 个孔端 M12 A-Code 信号接口
5	SPDB-08UP-001	8 点输入/输出，可组态 4 个孔端 M12 A-Code 信号接口
6	SPDB-0008D-001	8 点有源输出，每通道 0.5 A 4 个孔端 M12 A-Code 信号接口
7	SPDB-0300A-001	3 点模拟量电流信号输入 0～20 mA，4～20 mA，±20 mA 可选 3 个孔端 M12 A-Code 信号接口
8	BB6S30P01Dxxx BB6S30P01Mxxx	双端预铸扩展连接电缆 PVC 材质，五芯屏蔽电缆，外径 6.5 mm 长度可定制，D＝厘米，M＝分米
9	BB6S06	扩展终端电阻 连接到最后一个 I/O 模块

(2) 网关插口如图 6－11 所示，包括电源接口、扩展接口、设置/显示窗口、通信接口等。

(3) 网关指示灯包括扩展通道通信指示灯、扩展通道电源指示灯、系统状态指示灯、PN 网络状态指示灯 In、网关电源供电指示灯、PN 网络状态指示灯 Out、扩展电源供电指示灯等。

每个 SPIDER67 网关占用一个从站地址，最多可以扩展 4 路 I/O 模块连接，每路最多可以连接 6 个 I/O 模块，极限扩展距离为 100 m。作为 PROFINET 从站，SPIDER67 网关可以通过组态工具指定设备名称和相应的 IP 地址，也可根据网络拓扑结构由 PLC 自动分配 IP 地址，以此来实现基于工业以太网结构的 PROFINET 网络的通信要求。每个 SPIDER67 网关可以通过扩展接口连接最多 24 个 I/O 模块，模块排序

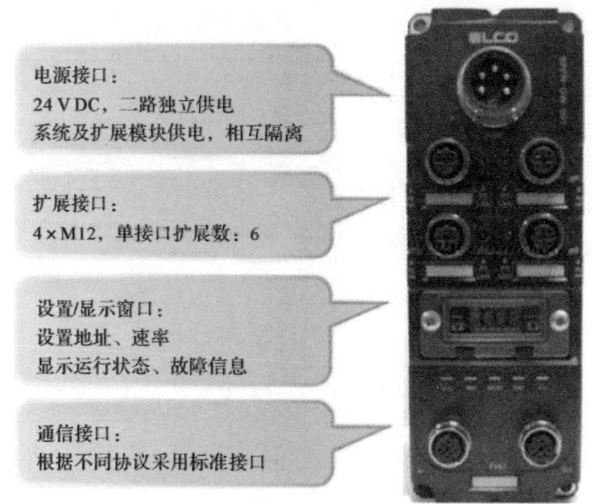

图 6－11　网关插口

按照所连接扩展口的顺序(P0—P1—P2—P3)和距离网关由近到远分配为 1～24 号，并在编程软件 STEP7 中进行组态分配。如果扩展口连接的模块不到 6 个，则后面的模块编号自动提前，如 P0 口接 3 个模块，则 P1 口的第一个模块编号为 4，依此类推，连接了几个模块则编号就到几号。

2. I/O 模块介绍

(1) I/O 模块插口包括扩展接口和 I/O 接口，如图 6－12 所示。SPIDER67 系列的 I/O 模块为串行连接，由 SPIDER67 网关的扩展接口通过专用扩展电缆先连接到第一个模块的 In 口，再由第一个模块的 Out 口连接到第二个模块的 In 口，依次连接最多四个 I/O 模块。SPIDER67 系列的 I/O 模块采用统一的外观设计，所有数字量和模拟量、输入和输出模块的外形尺寸相同，只是信号连接有 4 点 M12 和 8 点 M8 两种不同的接口形式。其中 M12 接口为 A-Code 形式，每个接口可连接 2 个数字量或 1 个模拟量信号；M8 接口为三针形式，每个接口可连接 1 个数字量信号。

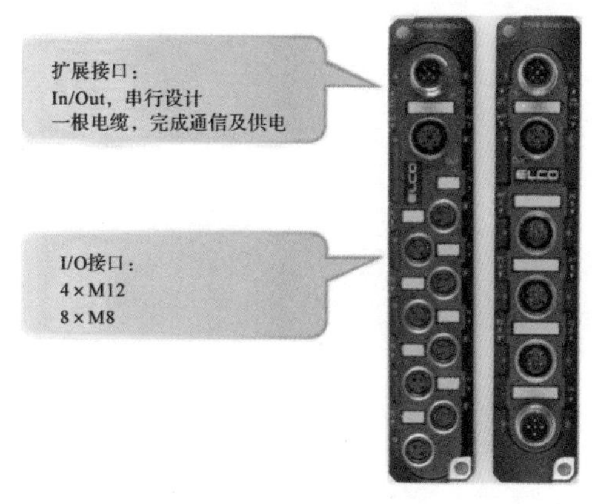

图 6－12　I/O 模块插口

(2) I/O 模块包括地址配置输出指示灯、地址配置输入指示灯、模块状态指示灯、扩展模块通信指示灯、信号/状态指示灯功能。

项目演练

一、S7-300 PLC 与 SPIDER67 之间的 PN 通信

S7-300 PLC 与 SPIDER67 之间的 PN 通信实例

下面以一个实例来说明如何实现 S7-300 PLC 与 SPIDER67 之间的 PN 通信。

当 KEY1 接通后，灯 Y0 亮，5 s 后，灯 Y0 灭，灯 Y1 亮；又经过 5 s，灯 Y1 灭，灯 Y2 亮；再经过 5 s 后，灯 Y2 灭，灯 Y0 亮。依次循环，直到 KEY1 断开。

1. 硬件组态

(1) 打开 SIMATIC Manager，新建项目。

(2) 将新项目命名为“实例”，存储位置默认，点击“确定”。

(3) 右击“实例”，插入新对象 SIMATIC 300 站点。

(4) 双击硬件，添加硬件组态。

(5) 在右边选框中添加 RACK-300 和 CPU 314C-2 PN/DP，在弹出的窗口中新建网络。

(6) 添加 PROFINET IO 中的 Additional Field Devices →I/O→SPPN-GW-001 项，如图 6 - 13 所示，将其挂到新建的网络上，点击“＋”，展开列表，选择 SPDB-0404D-001 4DI4DO Fixed。

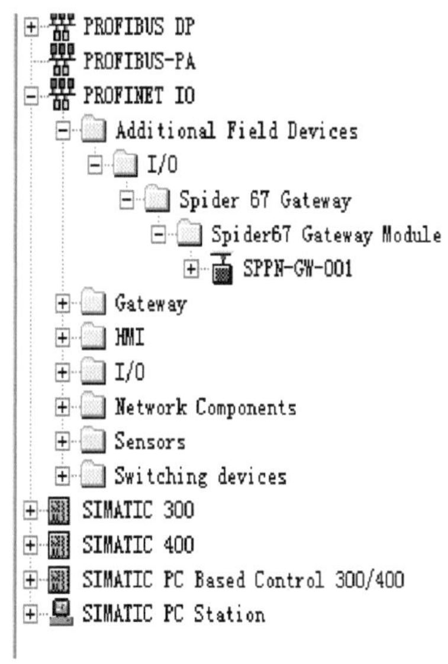

图 6 - 13　添加设备

(7) 点击编译保存，组态完成。

2. 软件编程

(1) 点击 S7 程序，双击“符号”，建立如图 6 - 14 所示的变量。

符号编辑器 - [S7 程序(1) (符号) -- 实例\SIMATIC 300(1)\CPU 314C-2 PN/DP]

符号表(S)　编辑(E)　插入(I)　视图(V)　选项(O)　窗口(W)　帮助(H)

全部符号

	状态	符号	地址		数据类型
1		KEY1	I	0.0	BOOL
2		Y0	Q	0.0	BOOL
3		Y1	Q	0.1	BOOL
4		Y2	Q	0.2	BOOL
5					

图 6 - 14　编辑变量表

(2) 打开 OB1，编写程序，程序内容如图 6 - 15 所示。

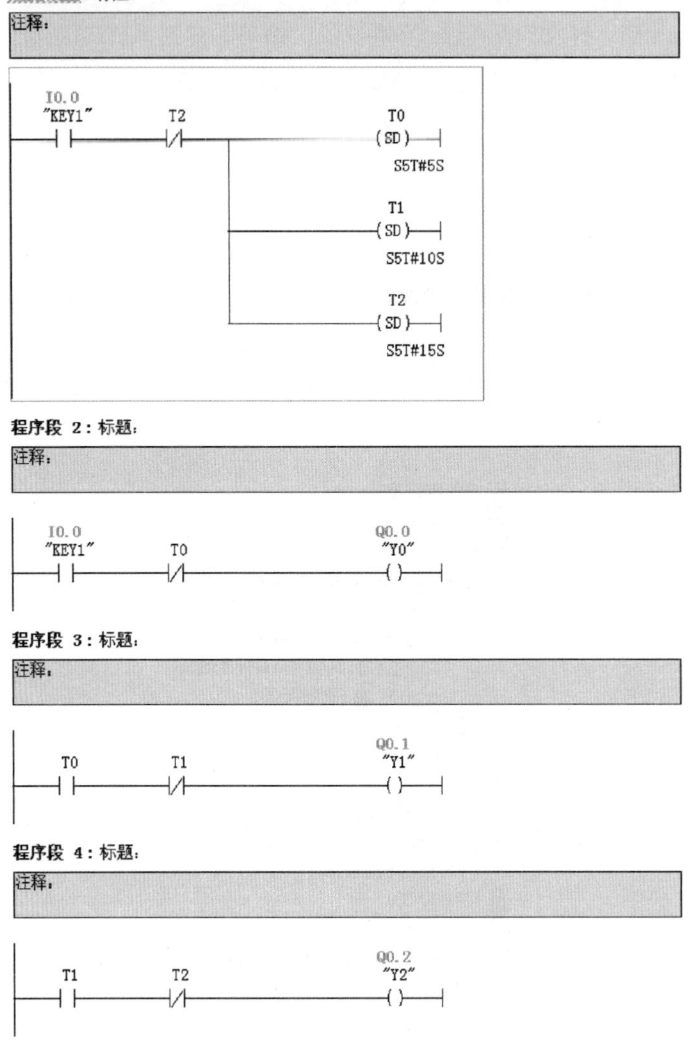

图 6－15　PLC 程序

二、S7-1200 PLC 与 SPIDER67 之间的 PN 通信

1. SPIDER67 网关的配置

通过西门子 Portal 软件可以很方便地为 PROFINET I/O 设备分配设备名称和 IP 地址等信息，可按以下步骤进行：

S7-1200 PLC 与 SPIDER67 之间的 PN 通信实例

（1）为 SPIDER 网关提供电源，并通过交换机或网线直连的形式，将其与组态电脑置于同一网络内。

（2）在 Portal 软件左侧“项目树”的“在线访问”中，选择与电脑对应的网卡，更新可访问的设备。

（3）在树形结构中，可以看到目前电脑所连接的 PROFINET 设备，通过 MAC 地址选择要分配设备名称的 SPIDER 网关，如图 6－16 所示。

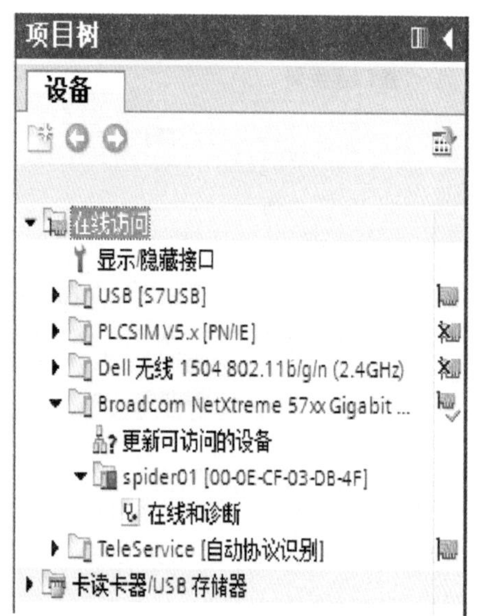

图 6－16　网关配置

（4）在右侧的“在线访问”窗口中，通过“分配名称”选项可以为 SPIDER67 模块分配设定好的设备名称。

（5）同样可以通过“分配 IP 地址”选项直接给 SPIDER67 模块分配新的 IP 地址。（分配 IP 地址也可以在设备组态时进行。）

完成以上步骤后，就可以用新分配的设备名称作为 SPIDER67 模块的标识在程序中进行组态调试了。

注：SPIDER67 网关的 MAC 地址以激光雕刻或标签的形式标注在模块的侧面，SPIDER67 网关的设备名称会在网关的 LED 显示屏内滚动显示（新分配的设备名称可能需要重新上电才能正确显示）。

2. 西门子系统 PROFINET 网络组态

本例中 SPIDER67 系统包含 1 个网关模块 SPPN-GW-001，其扩展口连接 1 个 SPDB-0008D-001，1 个 PDB-0800D-001 和 1 个 SPDB-0024D-V001，具体操作步骤如下：

（1）创建一个新项目。点击创建新项目，填写项目名称，点击“创建→项目视图”项。

（2）安装宜科 SPIDER67 产品的 GSD 文件。点击菜单中的“选项→管理通用站描述文件(GSD)”，弹出“管理通用站描述文件”窗口，在原路径下找到 GSD 文件，点击“确定”，在“导入文件路径的内容”中勾选需要安装的文件，点击“安装”即可。

（3）添加 PLC 型号。在项目树中双击“添加新设备”项，在弹出的“添加新设备”窗口中添加 CPU 1211DC/DC/DC PLC。

（4）设置 PLC 相关参数。在“设备组态”窗口的“设备视图”选项卡中，右击新建的“PLC 选择属性→PROFINET→以太网地址→添加新子网”项，设置 PLC 的 IP 地址。

（5）在“网络视图”选项卡中，从右边的“硬件目录”中选择 ELCO 的 SPPN-GW-001 网关，并将其拖到网络中，如图 6－17 所示。

图 6－17　添加网关

（6）在网络视图中，双击 SPIDER67 网关，进入 SPPN-GW-001 的设备视图，点击以太网地址，将子网设置成与 PLC 的子网一致，设置 IP 地址和设备名称，在窗口中设置 SPIDER67 网关的设备名称 spider67 PN，如图 6－18 所示。

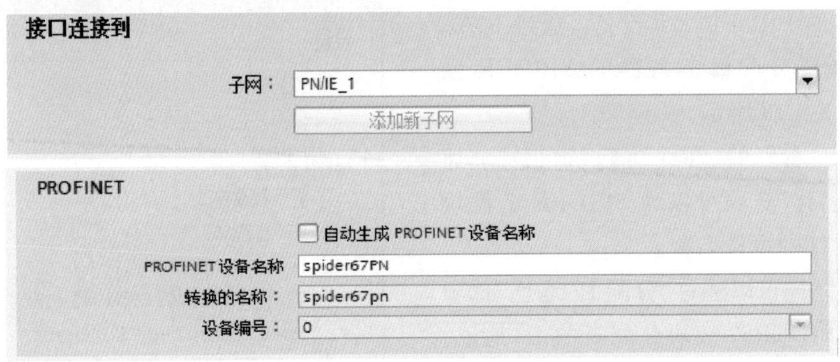

图 6－18　网关配置

（7）在网络视图中，点击蓝色提示“未分配”，再选择主站 PLC_1. PROFINET 接口_1 插入站点。

（8）根据硬件实际的 I/O 模块配置情况，在“硬件目录”窗口中，将本次使用的模块型号和数量按照扩展口“P0—P1—P2—P3”的顺序依次从 SPPN-GW-001 目录添加到 SPIDER67网关的各个槽位并分配输入/输出地址，如图 6－19 所示。

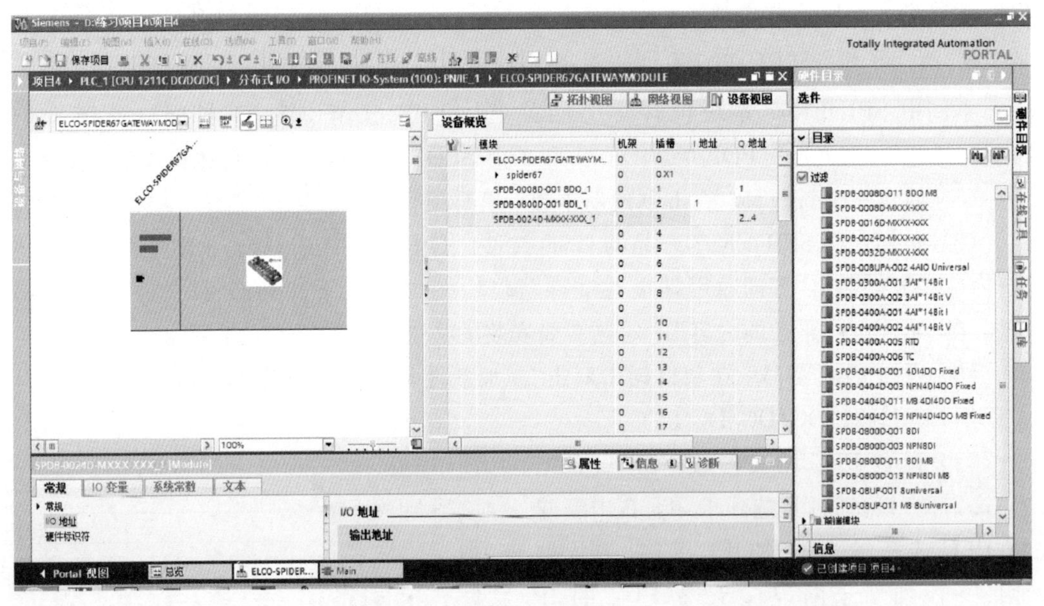

图 6－19　地址配置

（9）下载硬件组态。选中 PLC，然后点击“下载”。点击开始搜索前，勾选显示所有兼容设备，选择要下载到的设备(Siemens_1200)，再点击“下载”。

三、S7-300 与 S7-1200 PLC 之间的 PN 通信

S7-1200 的 S7 通信仅支持 S7 单边通信，即通信时需要 S7 PLC 调用 PUT/GET 指

令；仅需在客户端单边组态连接和编程，而服务器端只需准备好通信的数据即可。

S7-300 与 S7-1200 PLC 之间的 PN 通信实例

1. 博途软件中的 PUT 和 GET 指令

博途软件中的 PUT 和 GET 指令如图 6-20 所示。

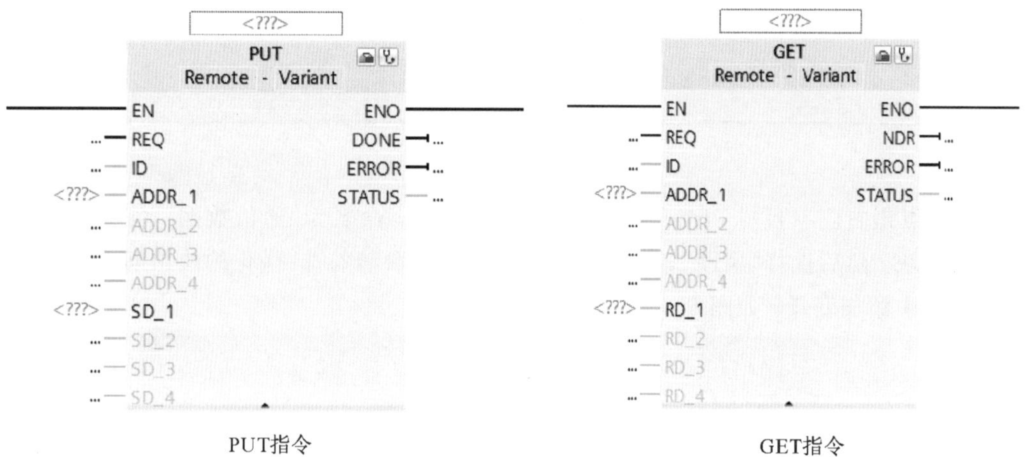

图 6-20　PUT 和 GET 指令

PUT 指令、GET 指令的部分引脚介绍如表 6-3 所示。

表 6-3　引脚介绍

参　数	描　述	数据类型	存　储　区	描　述
REQ	INPUT	BOOL	I、Q、M、D、L、常数	上升沿触发调用功能块
ID	INPUT	WORD	I、Q、M、D、L、常数	地址参数 ID
ERROR	OUTPUT	BOOL	I、Q、M、D、L	接收到新数据
STATUS	OUTPUT	WORD	I、Q、M、D、L	故障代码
ADDR_1	IN_OUT	ANY	I、Q、M、D、	指向伙伴的数据区域指针
SD_1	IN_OUT	ANY	I、Q、M、D、L	本站发送数据地址
RD_1	IN_OUT	ANY	I、Q、M、D、L	本站接收数据地址

2. 软件组态与编程

博途软件组态与编程步骤如下：

(1) 新建程序，项目命名为 PLC1200-300 通信，点击“确定”。

(2) 点击“设备与网络”，添加设备。PLC 型号分别为 CPU 1214C DC/DC/DC、CPU 314C-2 PN/DP。

(3) 点击“设备视图和设备属性”，建立以太网地址。

(4) 点击“组态网络”，点击“连接”，选择 S7 连接。点击 PLC_1 网口，将其拖曳到 PLC_2，如图 6-21 所示。

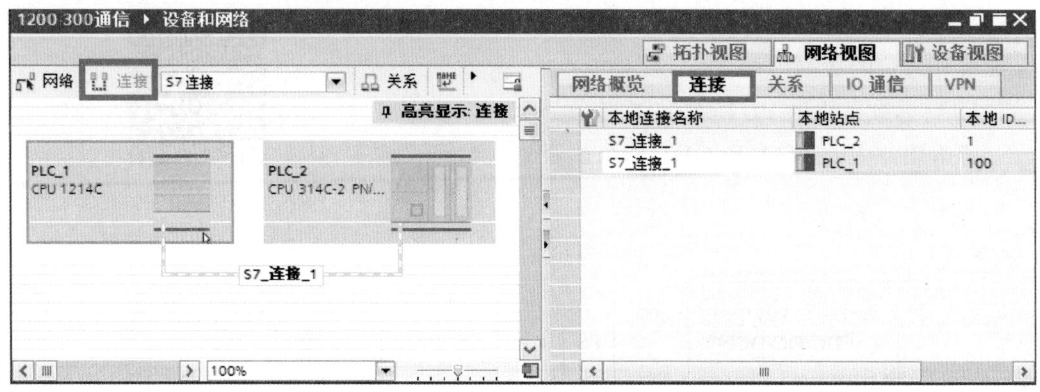

图 6－21　通信组态

（5）点击右侧项目树 PLC，分别建立 DB 数据块，命名为“通信数据”。右键单击新建的数据块，然后选择“属性”，在弹出的窗口属性中取消勾选“优化的块访问”。在新建的数据块中添加变量，如图 6－22 所示。

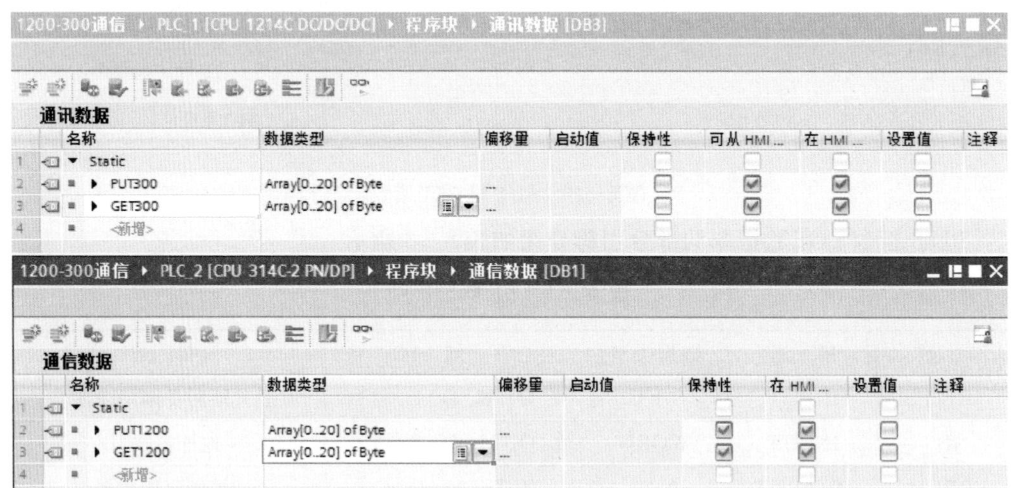

图 6－22　在数据块中添加变量

（6）在指令栏中先选择 S7 通信，再选择 PUT/GET 指令。

（7）编写 PLC 程序，如图 6－23 所示。

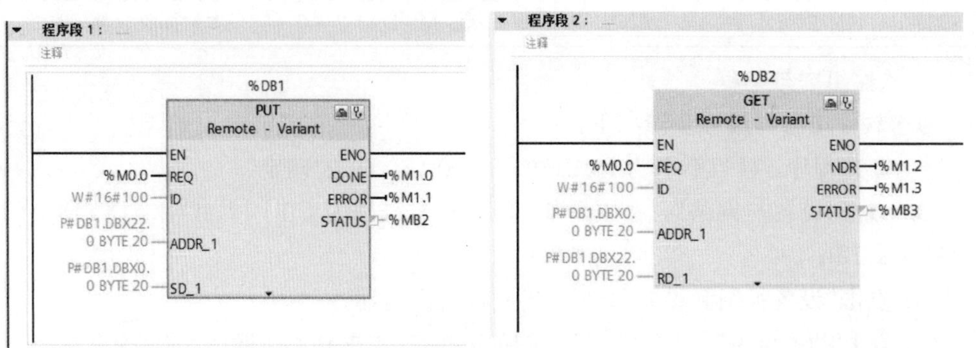

图 6－23　PLC 程序编写

项目实战

一、网络结构图设计

根据项目要求设计系统网络结构图，如图 6-24 所示。

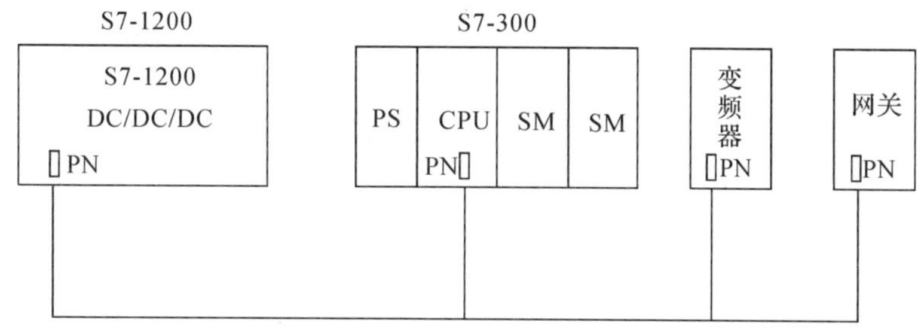

图 6-24　网络结构图

二、TIA 博途网络组态

项目三操作演示

TIA 博途网络组态过程如下：

(1) 打开 TIA Portal，新建项目，命名为 300PLC-1200PLC，点击“确定”。

(2) 选择设备与网络选项，添加设备 1200PLC(6ES7 214-1AG40-0XB0)、300PLC(6ES7 314-6EH04-0AB0)。

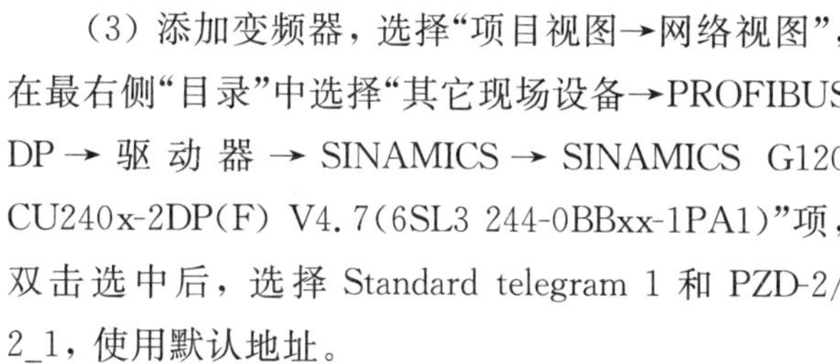

(3) 添加变频器，选择“项目视图→网络视图”，在最右侧“目录”中选择“其它现场设备→PROFIBUS DP→驱动器→SINAMICS→SINAMICS G120 CU240x-2DP(F) V4.7(6SL3 244-0BBxx-1PA1)”项，双击选中后，选择 Standard telegram 1 和 PZD-2/2_1，使用默认地址。

(4) 添加网关，选择“项目视图→网络视图”，在最右侧“目录”中选择“其它现场设备→PROFIBUS IO→I/O→ELCO→SPPN-GW-001”项，双击选中后，选择 SPDB-08UP-001 8universal_1 和 SPDB-0003A-001 3AO * 14Bit I_1，使用默认地址(GSD 文件及使用说明详见 ELCO 官网)，如图 6-25 所示。

图 6-25　添加网关

(5) 选择设备视图，配置设备。

(6) 选择“设备 1200PLC→常规→PROFINET”，在选项里添加子网 PN/IE_1，并将 IP 设置为 192.168.0.1，其他默认即可。

(7) 选择设备“300PLC→常规→PROFINET”，在选项里选择 PN/IE_1，并将 IP 设置为 192.168.0.3，MPI/DP 添加新子网 PROFIBUS_1，其他默认即可。

(8) 选择变频器、PROFIBUS 地址，选择 PROFIBUS_1，地址修改为 3，其他默认即可。

(9) 选择网关，选择 PROFINET 地址→以太网地址，选择 PN/IE_1，IP 设置为 192.168.0.2。

(10) 组态完成，网络结构图如图 6-26 所示。

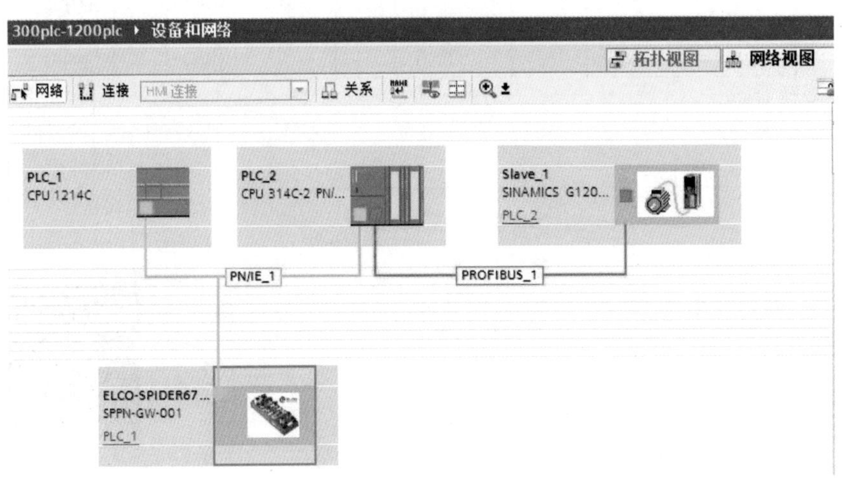

图 6-26 网络结构图

三、编程与调试

在此需要对 S7-1200 和 S7-300 PLC 分别编写程序。

1. S7-1200 PLC 的编程

(1) 选择 1200PLC，选择“项目树→程序块→添加新块”项，添加两个 FC 块，分别命名为“程序”和“通信”。然后添加 OB 块(不优化块)，命名为“数据”，建立如图 6-27 所示的变量。

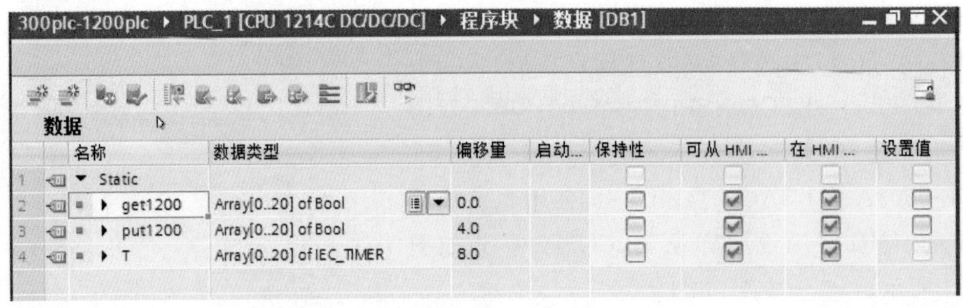

	名称	数据类型	偏移量	启动...	保持性	可从 HMI ...	在 HMI ...	设置值
1	▼ Static				☐	☐	☐	☐
2	▸ get1200	Array[0..20] of Bool	0.0		☐	☑	☑	☐
3	▸ put1200	Array[0..20] of Bool	4.0		☐	☑	☑	☐
4	▸ T	Array[0..20] of IEC_TIMER	8.0		☐	☑	☑	☐

图 6-27 变量的建立

(2) 主程序的编写。在主程序中调用通信子程序、控制子程序和运动轴子程序，具体如图 6-28 所示。

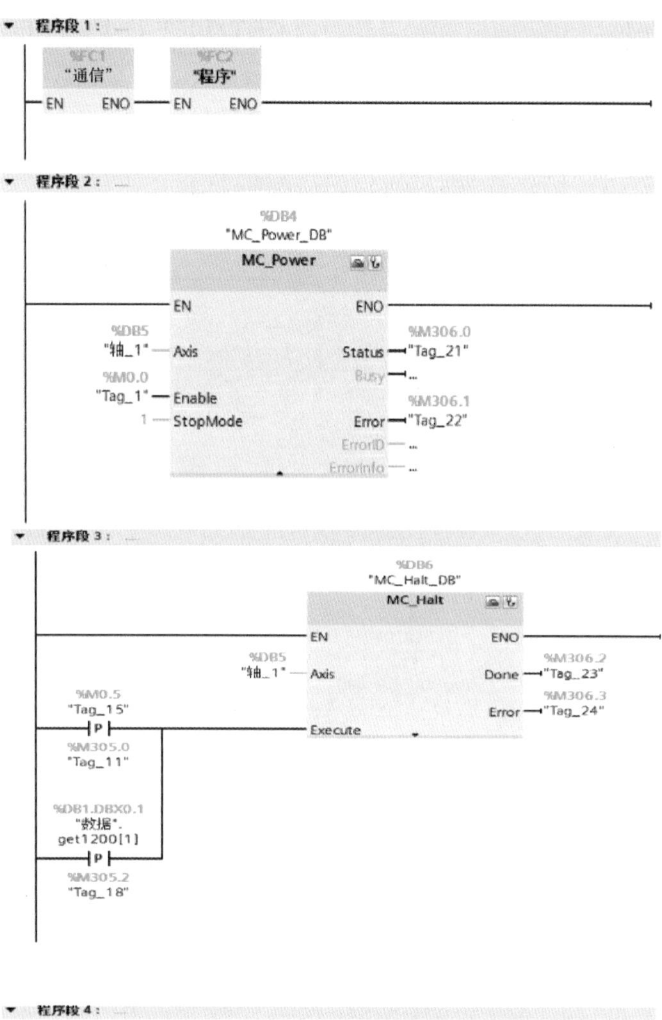

程序段 1：
%FC1
"通信"
EN
ENO
%FC2
"程序"
EN
ENO
程序段 2：
%DB4
"MC_Power_DB"
MC_Power
EN
ENO
%DB5
"轴_1"
Axis
%M0.0
"Tag_1"
Enable
1
StopMode
%M306.0
Status
"Tag_21"
Busy
%M306.1
Error
"Tag_22"
ErrorID
ErrorInfo
程序段 3：
%DB6
"MC_Halt_DB"
MC_Halt
EN
ENO
%DB5
"轴_1"
Axis
%M0.5
"Tag_15"
P
%M305.0
"Tag_11"
Execute
%M306.2
Done
"Tag_23"
%M306.3
Error
"Tag_24"
%DB1.DBX0.1
"数据".
get1200[1]
P
%M305.2
"Tag_18"

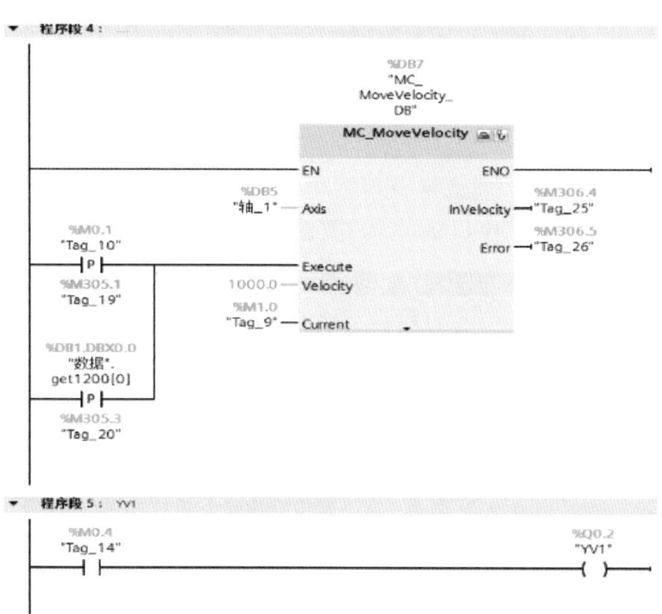

程序段 4：
%DB7
"MC_
MoveVelocity_
DB"
MC_MoveVelocity
EN
ENO
%DB5
"轴_1"
Axis
%M0.1
"Tag_10"
P
%M305.1
"Tag_19"
Execute
1000.0
Velocity
%M1.0
"Tag_9"
Current
%M306.4
InVelocity
"Tag_25"
%M306.5
Error
"Tag_26"
%DB1.DBX0.0
"数据".
get1200[0]
P
%M305.3
"Tag_20"
程序段 5：
YV1
%M0.4
"Tag_14"
%Q0.2
"YV1"

图 6－28　部分主程序

（3）通信子程序的编码。使用 S7 通信中的 GET/PUT 指令，在 FC1 中编写通信子程序，实现与 S7-300 PLC 的通信，如图 6－29 所示。

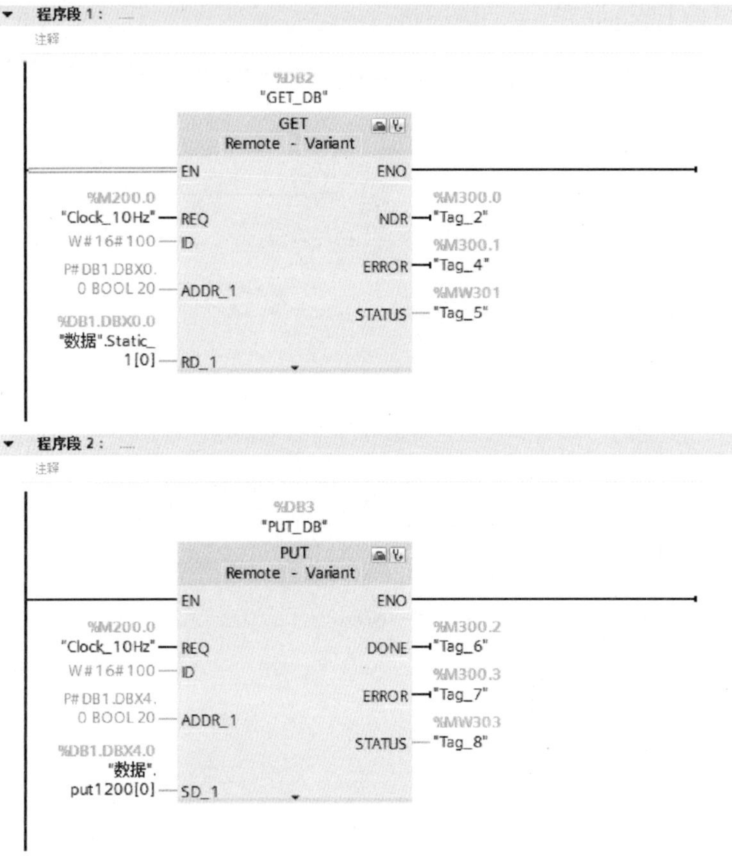

图 6－29 通信程序

（4）FC2 中程序的编写。根据项目控制要求，在 FC2 中编写相应的子程序，用户可自行编写。

2. S7-300 PLC 的编程

（1）选择 300PLC，选择“项目树→程序块→添加新块”项，添加 FC 块，命名为“程序”。然后添加 OB 块（不优化块），命名为“数据”，建立如图 6－30 所示的变量。

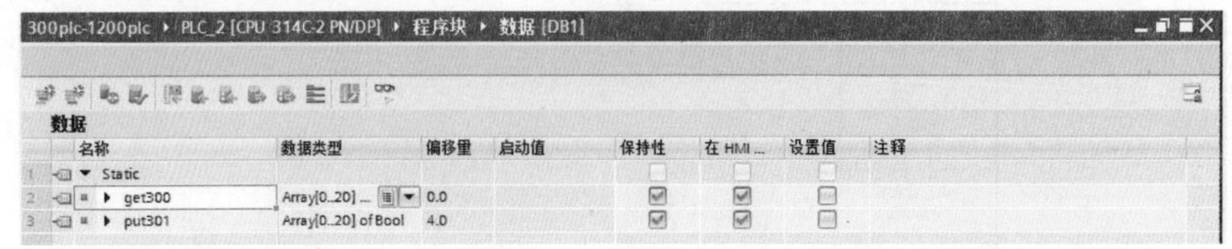

图 6－30 变量的建立

（2）主程序的编写。在主程序中调用控制子程序，具体如图 6－31 所示。

（3）FC1 中程序的编写。根据项目控制要求，在 FC1 中编写相应的子程序，用户可自行编写。

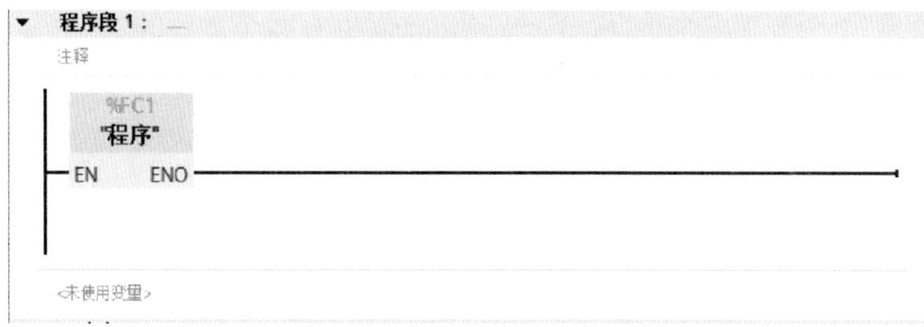

图 6-31　主程序

项目拓展：快速工业 APP 生成

课程思政 14

传统工控现场的人机交互设备一般采用工业触摸屏或工控机。随着工业自动化与互联网信息化的融合及移动互联网的发展，移动端的工业 APP 逐渐进入工业控制现场，方便了设备及生产过程的数据监控甚至可实现远程非关键控制。

同时，随着智能制造的发展，工业互联网平台也应运而生，智能制造领域的工业互联网平台作为智能制造的核心，用于采集工业现场有效数据，同时汇聚了企业各种应用软件数据，因数据量非常庞大，所以针对企业内外不同人员开发相应的工业软件，并有选择地提取平台数据，成为合适且必然的选择。作为工业软件的新形态——工业 APP，它无疑为我们打开了一扇门，让我们多了一条通往新工业化道路的出口，多了一个“换道超车”的路径。我们要抓住这个稍纵即逝的历史机遇，高度重视工业互联网给我们带来的以工业 APP 形式发展工业软件的契机，在大力建设和发展工业互联网的同时，把工业软件的短板补齐，把工业 APP 的建设推向高潮。

一、宜科工业 APP 快速开发套件概述

宜科德国工业自动化有限公司(ELCO Industrie Automation GmbH)于 2014 年成立，作为宜科公司设立在德国的技术研发中心，公司专注于智能制造技术研发和工业 4.0 研究。宜科不断在智能制造理念及技术领域保持与德国同步，包括工业数据采集产品及解决方案，以及工业 APP 快速开发解决方案。在这样优越的大环境下，WorkBench 应运而生。

宜科 WorkBench 是一款面向工业现场的轻量化快速工业 APP 生成工具，具有跨平台开发(支持 Windows/Linux/macOS 系统下开发)、图形化开发、快速部署、多平台应用(应用支持 H5/Android/IOS)、使用简便、接口齐全等特点，具有广泛的应用性，可实现设备可视化、设备管理、远程运维、趋势预测、数据预处理、大数据分析等功能。该工具可以让非专业开发人员轻松快速地开发工业 APP 界面，通过 APP Cloud 在云端进行编译部署，而不需要用户关心构建及维护基础设施，通过集成的工业 APP 商店即可进行 APP 的下载与分发，为 APP 整个生命流程提供服务，节省开发成本，提高开发效率。

二、WorkBench 及配套应用组件简介

作为一款工控现场人机界面开发工具，WorkBench 之所以可实现快速的工业 APP 开发及部署，一方面是因为 WorkBench 本身的图形化编程界面及极简开发语言的使用；另一

方面，正如俗语“一个好汉三个帮”所言，WorkBench 也有两个重要的“帮手”，即配套服务组件 Process Hub 与应用云组件 APP Cloud。下面分别对 WorkBench 及配件应用组件进行简介。

1. WorkBench 工作台

WorkBench 工作台由顶部、左侧、中心和右侧四部分组成，顶部为菜单和工具栏；左侧是项目导航器，它包含了工作区中的每个项目，同时与创建项目的所有编辑器和工具保持连接；中心部分为编辑区域；右侧为属性编辑器，它是一个可活动的编辑器，用户可对编辑区域中选中的图形进行编辑。WorkBench 工作台界面如图 6-32 所示。

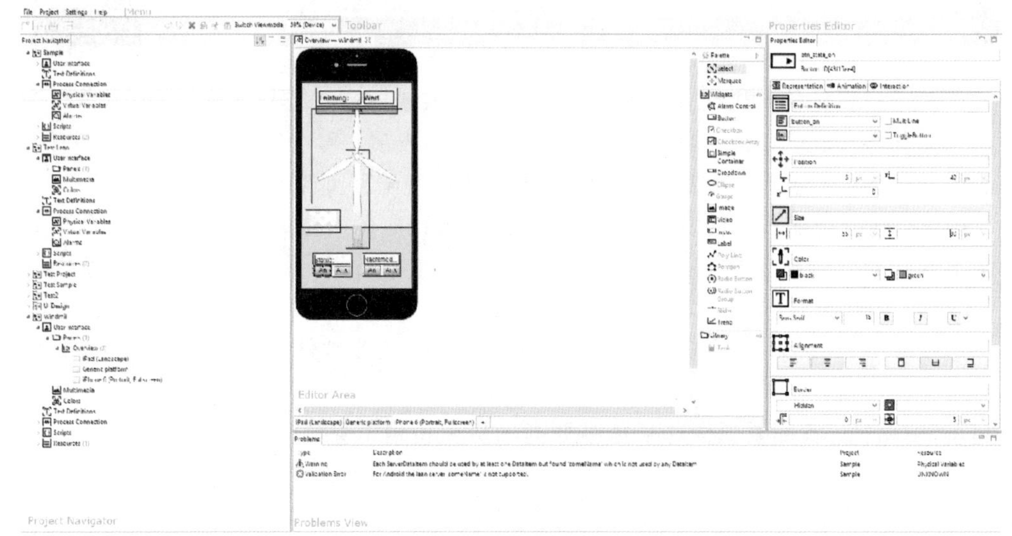

图 6-32 WorkBench 工作台界面

2. 服务组件 Process Hub

Process Hub 作为 HMI 应用程序连接现场工控设备及工业互联网平台的网关软件，对于 HMI 应用程序，支持 WebSocket 协议；对于连接终端，它可提供多种支持协议和特性，能满足绝大多数通信需求，可支持的通信协议有 Modbus TCP、OPC Data Access（DA）、OPC XML-DA、OPC Unified Architecture（UA）、RapidM2M、Simatic S7、Simulation Connector 等。Process Hub 启动界面如图 6-33 所示。

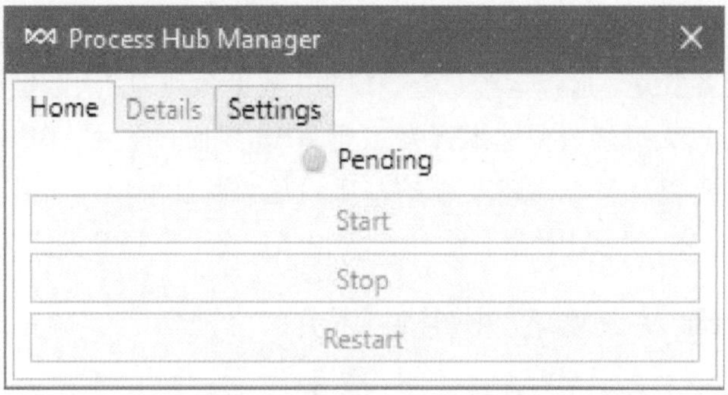

Process Hub Manager
Home Details Settings
Pending
Start
Stop
Restart

图 6-33 Process Hub 启动界面

3. 应用云组件 APP Cloud

APP Cloud 是整个开发套件的一项高级功能，可通过 WorkBench 工作台对其进行访问。它被用于将生成的项目推送到云中，编译并发布到它自己的 APP Store 中，这使得在云的帮助下，可以在 Windows、Linux 或 MacOS 系统上创建可用的 Android 或 IOS 应用程序，即除了 H5 网页应用之外，Android 与 IOS 的 APP 可以通过基于构建服务的云端生成。应用程序云配置界面如图 6－34 所示。

图 6－34　应用程序云配置界面

参考文献

[1] 甘永梅. 现场总线技术及应用[M]. 北京：机械工业出版社，2008.

[2] 陈在平，岳有军. 工业控制网络与现场总线技术[M]. 北京：机械工业出版社，2006.

[3] 夏继强. 现场总线工业控制网络技术[M]. 北京：北京航空航天大学出版社，2005.

[4] 孙汉卿. 现场总线技术[M]. 北京：国防工业出版社，2014.

[5] 雷霖. 现场总线控制网络技术[M]. 北京：电子工业出版社，2015.

[6] 赵文兵. 工业控制组态及现场总线技术[M]. 北京：北京理工大学出版社，2011.

[7] 郑长山. 现场总线与 PLC 网络通信图解项目化教程[M]. 北京：电子工业出版社，2016.

[8] 郑发跃. 工业网络与现场总线技术基础与案例[M]. 北京：电子工业出版社，2017.

[9] 汤晓华. 现代电气控制系统安装与调试[M]. 北京：高等教育出版社，2018.

[10] 孙海维. SIMATIC 可编程序控制器及应用[M]. 2 版. 北京：机械工业出版社，2013.

[11] 周志敏. PROFIBUS 总线系统设计与应用[M]. 北京：中国电力出版社，2009.

[12] MANFRED POPP. The New Rapid Way to PROFIBUS-DP[M]. PROFIBUS Nutzerorganisation e. V, 2003

[13] 梁涛，杨彬，岳大为. Profibus 现场总线控制系统的设计与开发[M]. 北京：国防工业出版社，2013.

[14] 李清林. PROFIBUS-DP 从站编程开发[Z]. 成都：成都理工大学，2011.

[15] CAN Specification V2.0[M]，BOSCH，1991.

[16] 陈启军，等. CC-LINK 控制与通信总线原理及应用[M]. 北京：清华大学出版社，2007.

[17] (德)马科，等. OPC 统一架构[M]. 北京：机械工业出版社出版，2012.

[18] 郇极. 工业以太网现场总线 EtherCAT 驱动程序设计及应用[M]. 北京：北京航空航天大学出版社，2010.